FRONTIERS OF
ADVANCED MATERIALS RESEARCH
IN CHINA
ANNUAL REPORT (2024)

中国新材料
研究前沿报告
2024

中国材料研究学会
组织编写

化学工业出版社

·北京·

内 容 简 介

本报告结合当前我国各行业对新材料的应用与需求情况，重点关注我国重点领域新材料的先进生产技术与应用情况、存在的问题与发展趋势，主要介绍了二维半导体材料、单分子科学、塑性无机非金属材料、稀土掺杂光学微腔、共价有机骨架材料、单原子催化、接触电致催化、磁性分子探针等相关新材料的特性、应用与先进技术，指出了当前的技术难题，为未来我国新材料领域的技术突破指明了方向。

书中对新材料产业各领域的详细解读，将为新材料领域研发人员、技术人员、产业界人士提供有益的参考。

图书在版编目（CIP）数据

中国新材料研究前沿报告．2024 / 中国材料研究学会组织编写．-- 北京：化学工业出版社，2025．7．
ISBN 978-7-122-48351-5

Ⅰ．TB3

中国国家版本馆CIP数据核字第202548MM30号

责任编辑：刘丽宏 　　　　　　　文字编辑：吴开亮
责任校对：张茜越 　　　　　　　装帧设计：王晓宇

出版发行：化学工业出版社
　　　　　（北京市东城区青年湖南街 13 号　邮政编码 100011）
印　　装：河北尚唐印刷包装有限公司
787mm×1092mm　1/16　印张 14　字数 308 千字
2025 年 11 月北京第 1 版第 1 次印刷

购书咨询：010-64518888　　　　　售后服务：010-64518899
网　　址：http://www.cip.com.cn
凡购买本书，如有缺损质量问题，本社销售中心负责调换。

定　　价：158.00元 　　　　　　　　版权所有　违者必究

新一轮科技革命与产业变革深入发展，新的"技术-经济"周期加速酝酿。科学研究持续突破认知边界，技术创新空前活跃，自然科学与工程技术深度交融，推动前沿科技领域的重大群体性突破。全球竞逐新赛道，高技术领域成国际竞争主战场，科技创新版图深度重构，正重塑全球秩序与发展格局。我国建设科技强国面临环境更复杂、任务更艰巨、挑战更严峻。亟需强化基础研究，推动产业升级，从源头破解技术瓶颈，率先突破关键颠覆性技术，对掌握未来发展新优势、把握全球战略主动权至关重要。

新材料是新能源、人工智能、生物医药、电子信息等战略领域的核心引擎。历年公开出版的《中国新材料研究前沿报告》《中国新材料产业发展报告》《中国新材料技术应用报告》《中国新材料科学普及报告：走近前沿新材料》新材料系列品牌战略咨询报告，锚定全球科技创新关键阶段，面向国家重大需求，聚焦"卡脖子"与"前沿必争"领域突破，破解行业发展重大共性难题及新兴产业推进关键瓶颈，通过集群聚智，持续提升原始创新能力、构建产业技术体系、推动技术应用融合、强化科学普及，形成体系化国家战略布局。

本期公开出版的四部咨询报告为《中国新材料研究前沿报告（2024）》《中国新材料产业发展报告（2024）》《中国新材料技术应用报告（2024）》《中国新材料科学普及报告（2024）——走近前沿新材料6》，由中国材料研究学会组织编写，由中国材料研究学会新材料发展战略研究院组织实施。其中，《中国新材料研究前沿报告（2024）》聚焦行业发展重大原创技术、关键战略材料领域基础研究进展和新材料创新能力建设，定位发展过程中面临的问题，并提出应对策略和指导性发展建议；《中国新材料产业发展报告（2024）》围绕先进基础材料、关键战略材料和前沿新材料的产业化发展路径和保障能力问题，提出关键突破口、发展思路和解决方案；《中国新材料技术应用报告（2024）》基于新材料在基础工业领域、关键战略产业领域和新兴产业领域中应用化、集成化问题以及新材料应用体系建设问题，提出解决方案和政策建议；《中国新材料科学普及报告

（2024）——走近前沿新材料 6》旨在推送新材料领域的新理论、新技术、新知识、新术语，将科技成果科普化，推动实验室成果走向千家万户。四部报告还得到了中国工程院重大咨询项目"关键战略材料研发与产业发展路径研究""新材料前沿技术及科普发展战略研究""新材料研发与产业强国战略研究"和"先进材料工程科技未来 20 年发展战略研究"等课题支持。在此，对参与这项工作的专家们的辛苦工作，致以诚挚的谢意！希望我们不断总结经验，提升战略研究水平，有力地为中国新材料发展做好战略保障与支持。

　　以上四部著作可以服务于我国广大材料科技工作者、工程技术人员、青年学生、政府相关部门人员。对于图书中存在的不足之处，望社会各界人士不吝批评指正，我们期望每年为读者提供内容更加充实、新颖的高质量、高水平图书。

二〇二四年十二月

当前科研范式深刻变革，基础研究、应用研究与试验发展深度融合，转化周期缩短，与工程科技联系更紧密。国际科技竞争持续向基础前沿前移，必须抢抓机遇，从底层推动原创颠覆性创新，强化基础研究与产业研发联动，构建理论技术闭环迭代机制，从而开辟新领域、新赛道，塑造新动能、新优势，加速发展新质生产力。我国产业体系仍存在短板，根源在于基础理论认知不足。面向现代化经济体系建设与产业链安全需求，亟需强化学术本源与前沿突破，前瞻布局需求导向的基础研究，贯通基础研究→产业应用、技术攻关→颠覆性创新全链条路径。

新材料作为新质生产力的物质基础，已成为全球战略竞争的焦点，学术制高点决定未来产业主导权。前沿研究呈现了材料‑器件一体化趋势，交叉学科与先进制造深度耦合。我国新材料的研发水平出现了结构体系化、前沿引领化、应用跨越化的新态势，亟需发挥工程科技人员与基础研究专家汇聚优势，协同凝练基础科学问题；强化系统工程思维在基础研究布局中的核心作用；贯通基础研究→应用转化链条，牵引科学突破，驱动科技创新与产业变革，实现高水平科技自立自强。

《中国新材料研究前沿报告（2024）》（以下简称《报告》）是在中国材料研究学会承担中国工程院重大战略咨询项目"先进材料工程科技未来20年发展战略研究"所取得的研究成果的基础上完成的专题研究报告，是中国材料研究学会品牌系列出版物之一。《报告》坚持以国家重大战略需求为导向，重点攻关"卡脖子"关键核心技术，聚焦关键战略材料的最新研究动态，深入开展调查研究，关注重大原创基础研究，提升基础创新能力，构建制造和应用核心技术自主发展体系，形成了多篇兼具专业性、前瞻性、时效性的专题调研报告，从而推进新材料行业重大原创或颠覆性技术开发的新学术生态的建设。

《报告》涉及的新材料包括二维半导体材料、单分子科学、塑性无机非金属材料、稀土掺杂光学微腔、共价有机框架材料、单原子催化、接触电致催化及其新材料、磁性分子探针、生物化学晶体管、团簇组装低维材料等。各章包含研究背景、全球研究进展与

前沿动态、我国研究发展现状及学术地位、作者在该领域的主要研究成果和学术成就、我国在该领域近期研究发展重点及展望等。

我谨代表编委会对中国工程院及其化工、冶金与材料工程学部提供的支持表示感谢，对致力于中国新材料前沿科学与技术发展、提供内容框架指导、撰写专题报告、审阅修改报告的所有专家、作者以及为本报告的编辑和出版做出贡献的所有人士表示诚挚的感谢。

特别感谢参与本书编写的所有作者！

第1章　二维半导体材料　程瑞清　尹蕾　何军

第2章　单分子科学　郭雪峰　杨晨　贾传成

第3章　塑性无机非金属材料　史迅　仇鹏飞　谢森宇　陈立东

第4章　稀土掺杂光学微腔　施雷　徐康　张新亮

第5章　共价有机框架材料　张振杰　毛天晖　张楠　刘兆菲

第6章　单原子催化　闵祥婷　刘存　唐晶晶　于博宇　乔波涛

第7章　接触电致催化及其新材料　王中林　唐伟　史开洋　董轩立

第8章　磁性分子探针　侯仰龙　王静静　王衒人　汪志义

第9章　生物化学晶体管　魏大程　王学军　赵俊虹

第10章　团簇组装低维材料　郭宇　刘志锋　周思　赵纪军

希望本书的出版能够为有关部门的管理人员、从事新材料研发的科技人员、新材料产业界人员以及其他相关人员提供有益的参考。

谢建新

二〇二四年十二月

第 4 章 稀土掺杂光学微腔　　/ 065

第 5 章 共价有机框架材料　　/ 082

第 7 章　接触电致催化及其新材料　　/ 122

第 8 章　磁性分子探针　　/ 147

第 9 章　生物化学晶体管　　/ 166

第1章

二维半导体材料

程瑞清 尹 蕾 何 军

以过渡金属硫族化合物为代表的新型二维半导体材料具有接近物理极限的原子级厚度和适中且可调的带隙,在极限尺寸下仍能保持与块体硅相当的载流子输运性能,有望在晶体管极限微缩尺寸下实现高速、低功耗开关特性。同时,二维半导体材料可与传统薄膜加工工艺高度兼容,仅需对光刻、刻蚀、沉积等主流硅基产线工艺进行少量适应性调整,即可完成晶体管及逻辑电路的制备与集成。特别是,二维半导体材料具有原子级平整且无悬挂键的表界面,其层间弱耦合特点使得通过范德华堆叠实现高质量异质结器件和高密度三维集成成为现实,从而突破硅基芯片面临的技术瓶颈,推动集成电路向更高集成度、更高性能和更多功能发展,近年来正成为学术界和产业界广泛关注的前沿热点。全球范围内,发达国家为抢占下一代集成电路制高点均已对二维半导体材料进行了战略布局,英特尔、三星、台积电和欧洲微电子研究中心等世界头部半导体科技企业均陆续公布了以二维半导体材料为沟道材料的下一代集成电路技术路线,这标志着二维半导体材料当前正处在从基础研究到产业应用的关键阶段。在这个重要机遇期,本章将重点阐述二维半导体材料的研究背景与研究进展,总结我国在该领域的学术地位和发展动态以及作者团队在该领域的学术思想和主要研究成果,最后凝练出该领域的发展重点和未来方向。

1.1 / 二维半导体材料的研究背景

集成电路是现代化产业体系的核心枢纽,关系国家安全和中国式现代化进程。作为集成电路的基本单元,互补金属氧化物半导体晶体管的持续微缩推动了硅基集成电路技术的发展。通过尺寸缩放,单个芯片上可以容纳的晶体管数目大约每经过 18 ～ 24 个月便会翻一番,正如摩尔定律所预测的那样。随着集成密度的提升(如今单芯片晶体管数量已超过千亿个),微处理器的计算能力和能效显著增强,同时制造成本大幅降低。在经过半个多世纪的快速发展后，硅基晶体管尺寸缩微已接近量子物理极限，由短沟道、介质隧穿、界面散射等效应引起的漏电流增大、开关比下降和工艺热预算等问题成为未来半导体制造业面临的难以逾越的障碍。在后摩尔时代，发展基于新材料、新原理以及新架构的新型器件技术相较于继续缩小硅基晶体管尺寸的技术路线，预期更具能效优势。国际半导体器件与系统路线图于 2022 年明确指出后摩尔时代工艺节点（2028 年 1.5nm 和 2031 年 1nm），大规模集成电路的制造将主要基于新型二维半导体[1]。

自从 2004 年石墨烯被发现以来，二维材料体系迅速成为了科研界关注的焦点，由此掀起了一股从基础研究到应用研究的热潮。尽管石墨烯在电子信息行业的潜力万众瞩目，但本征无带隙特性使其在逻辑电路制造领域面临挑战。以过渡金属硫族化合物、黑磷、硒氧化铋为代表的二维半导体材料兼具合适带隙与较高迁移率，为解决传统硅基半导体器件持续微缩进程中遇到的关键问题以及研发下一代电子、光电器件提供了新的契机。它们种类丰富、性质多样，层内通常以强的共价键或离子键结合而成，而层与层之间依靠弱的范德华（范德瓦尔斯）力堆叠在一起，涵盖了从金属、半导体到绝缘体等各种材料类型。图 1-1 展示了几种具有不同带隙的典型二维半导体材料，并比较了三维体材料与二维层状材料的结构差异[2]。一方面，不同于表面具有大量悬挂键的三维体材料，二维半导体材料的厚度可以低至 1nm 以下，用作导电沟道时可以被栅电极良好地控制，从而提供更高的可缩放性以及对短沟道效应更强的免疫能力。其理想的无悬挂键结构可使载流子免于由表面粗糙度、电荷中心等导致的散射机制的影响，从而将载流子的传输限制在二维平面内，获得长自由程和高迁移率。另一方面，不同的二维材料可以借助范德华力按选定次序逐层堆叠，形成全新的人工异质结构。由于不受晶格匹配的限制，范德华异质结具有很强的普适性，几乎适用于所有的二维材料组合，在设计和制造半导体异质结构方面给我们带来了前所未有的便利和近乎无限的可能性[3]。与此

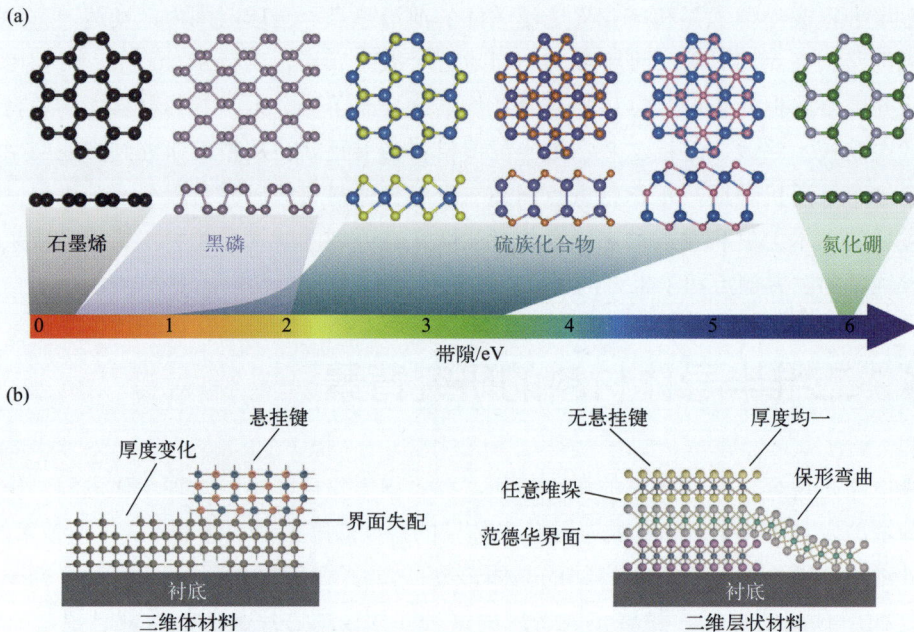

图 1-1　几种典型的二维半导体材料[2]（a）以及三维体材料与二维层状材料的结构差异[2]（b）

同时，范德华异质结超薄的厚度、原子级陡峭的界面和强的层间耦合作用使其表现出许多新奇的物理效应，其严格依赖层数的厚度也保证了性质的稳定。

除了以上在微电子器件方面的应用优势，二维半导体材料还在光电子、能源存储与转化、生物传感等领域展现出巨大的潜力。在光电子领域，体系维度降低所带来的量子限制效应和弱介电屏蔽效应可赋予二维半导体材料极低的暗态电流和较大的激子结合能，其光电耦合效率和探测率相比体半导体显著提升，在光电系统中具有重要的应用价值[4]。尤其是二维过渡金属硫族化合物具有独特的光与物质相互作用和自旋能谷锁定等特性，为探索不同激发态物相下的非常规光学性质提供了理想平台。在能源存储与转化领域，二维半导体材料高的导电性、大的比表面积和丰富的活性位点使其在超级电容器、氢能制备、二氧化碳转化、锂离子电池等方面表现出色。例如，北京大学团队于 2025 年报道了一种用于钙钛矿太阳能电池的二硫化钼（MoS_2）薄膜集成策略，通过转移工艺将晶圆级连续单层 MoS_2 集成到钙钛矿层的上、下界面以形成稳定器件构型，从而在物理上最大限度地阻挡钙钛矿离子向载流子传输层的迁移，显著增强了钙钛矿太阳能电池的效率和稳定性[5]。在生物传感领域，二维半导体材料的独特性质不仅赋予其更高的检测灵敏度与极低的检测限，实现痕量生物标志物精准识别，更在靶向药物递送、精准疾病治疗等多元化生物医学应用场景中凭借其良好的生物相容性和安全性提供了新路径。例如，曼彻斯特大学团队于 2023 年报道了分子通过智能相变 MoS_2 膜对外部 pH 值的记忆效应和刺激性调节传输，证明了其在伤口感染自主监测和 pH 值依赖的纳米过滤中的潜在应用[6]。随着制备技术的不断完善和应用研究的深入，二维半导体材料有望在更多关键领域释放潜力，助力技术革新。

1.2 / 二维半导体材料的研究进展与前沿动态

二维半导体材料的研究已历经十多年，在基础凝聚态物理研究、工程技术应用等方面均取得了重要的研究进展。接下来将从二维半导体材料及其异质结构、二维半导体材料器件技术应用这两个方面进行介绍。

1.2.1 / 二维半导体材料及其异质结构

二维半导体材料已发展成为一个庞大的家族，洛桑联邦理工学院团队曾采用高通量计算鉴定出 5619 种具有层状结构的化合物，其中 1825 种可通过剥离制备出薄层结构[7]。二维半导体材料的可控制备，尤其是规模化工业级制备能力，是推动其走向实际应用的核心指标要求。近年来，研究者们持续致力于将二维材料薄膜的制备规模从微米级孤立岛状结构拓展至英寸级标准晶圆。二维半导体材料的制备方法主要分为自上而下的剥离法和自下而上的合成法两大体系：前者主要涵盖机械剥离、液相剥离和激光减薄等技术，后者则包括化学气相沉积、脉冲激光沉积、湿化学合成、原子层沉积和分子束外延等核心工艺[3]。

剥离法主要是通过外力来打破层状材料层间弱的范德华力，继而得到二维薄层结构。其中，微机械剥离法是目前实验室中制备二维层状材料最简单且最常用的方法之一。这种方法操作简单，所得材料具有很高的晶体质量，但其产量较低且可控性差，只适用于基础科学研究。为满足大规模生产的需要，新的剥离工艺在不断地涌现。例如，麻省理工学院团队利用材料间界面韧性的差异，开发出一种可制备晶圆级二维材料的层分辨率级剥离技术[7]。由于镍金属与层状材料间的界面韧性比层状材料内部范德华界面的韧性强得多，顶部镍金属层可将较厚的二维材料整体从蓝宝石基底上提起。在底部也沉积镍金属之后，层状材料在原子级平整的"镍胶带"作用下即可实现晶圆级单层薄膜的制备。哥伦比亚大学团队将层状材料的单晶块体作为母体，利用原子级平整的"金胶带"也剥离出大尺寸、高质量的单晶单层材料[8]。这两种方法都具有很强的普适性，可用于制备六方氮化硼、过渡金属硫族化合物等多种二维材料类型。

气相沉积是目前应用最为广泛的二维半导体材料合成方法，其主要利用气相前驱体在基底表面的相互反应生成目标产物，具有设备简单、维护方便、成本低廉等优点[3]。康奈尔大学团队率先基于金属有机化学气相沉积方法在 4 英寸硅基衬底上制备出 MoS_2 与二硫化钨（WS_2）单层多晶薄膜[9]。之后，韩国三星集团实现了 6 英寸 MoS_2 与 WS_2 多晶薄膜的高通量快速生长[10]，英特尔、北京大学、武汉大学、复旦大学等团队也相继制备出 12 英寸多晶 MoS_2 晶圆[11-13]。在实现集成电路制造等诸多高端应用时，多晶薄膜中晶界的存在会严重影响半导体的均一性，从而限制集成器件的高性能。因此，二维半导体单晶晶圆的高质量制备近年来一直是该领域的重要研究方向之一。当前，实现大面积二维半导体单晶薄膜制备的策略主要有两种，即单核快速长大和多核协同外延，如图 1-2 所示[2]。

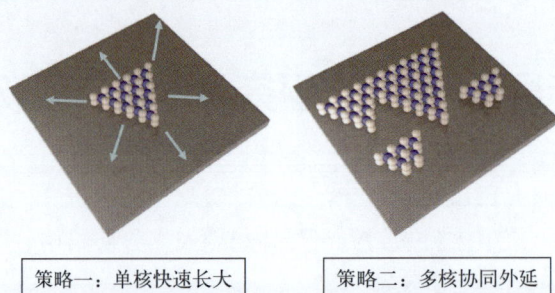

| 策略一：单核快速长大 | 策略二：多核协同外延 |

图 1-2　实现大面积二维半导体单晶薄膜的两种典型策略[2]

单核快速长大即通过控制材料的成核，使其从单一晶核逐渐长大形成大单晶。在气相输运过程中，如何通过优化衬底及生长条件以最小化成核密度，并促使该晶粒迅速外延生长至目标尺寸，是此策略首要解决的问题。2021 年，北京大学团队报道了一种利用相变和重结晶过程控制半导体相二碲化钼（$MoTe_2$）的单一成核相变生长方法，通过面内二维外延制备出 1 英寸单晶 $MoTe_2$ 薄膜[14]。北京科技大学团队于 2025 年提出一种二维柴可拉斯基法（即直拉单晶制造法），通过在可润湿衬底上建立大规模的二维液体前驱体并降低成核密度，在常压下可快速生长出厘米级尺寸、无晶界的单晶 MoS_2 域[15]。多核协同外延即在衬底表面的多个成核位点上精准调控各位点晶畴的取向一致性，最终通过晶畴的有序生长与无缝拼接形成大面积单晶薄膜。在衬底表面构建原子级台阶结构，通过能量势垒的差异影响原子的吸附、扩散和结合行为，是当前诱导晶畴形成单一取向最常用的方案。例如，北京大学团队通过熔融固化方法制备出具有表面台阶结构的金薄膜并将其作为范德华外延衬底，发现台阶对 MoS_2 畴区取向有显著的诱导作用，可导致 MoS_2 沿台阶边缘的成核与单一取向生长，成功制备出 1 英寸单晶单层 MoS_2 薄膜[16]。南京大学、北京大学团队基于具有特定方向台阶的蓝宝石衬底，利用其上台阶和下台阶间的能量差异实现了二维半导体的单向排列和无缝拼接，分别制备出 2 英寸 MoS_2 和 WS_2 单晶单层薄膜[17,18]。武汉大学团队提出一种金属辅助外延策略，利用金属掺杂剂改变晶畴与衬底表面的结合能以实现畴区取向的控制，率先突破了 MoS_2、WS_2 等多种关键二维半导体单晶薄膜的 4 英寸晶圆制备[19]。需指出的是，合成二维半导体材料所需的热预算远超过硅基电路后道工艺的温度限制（通常低于 400℃），而当前二维材料的晶圆级无损转移技术尚不成熟，亟待发展二维半导体材料的低温生长技术以突破集成瓶颈。麻省理工学院团队于 2023 年报道了一种将低温生长区域与前驱体高温分解区域分离的低热预算合成方法（生长温度小于 300℃），实现了二维半导体材料 MoS_2 与标准硅电路的直接集成，为未来电子器件的单片三维集成开辟了新路径[20]。

除上述二维层状材料以外，具有非层状结构的二维材料也逐渐引起了人们的关注，其不仅可以拓展二维半导体材料体系的传统认知边界，还能极大地丰富二维尺度下的新奇物理特性与电子学现象。然而，非层状材料一般具有三维成键的晶体结构，难以实现机械剥离或二维各向异性生长[3]。为了实现非层状半导体材料的二维化，许多新的制备方法被提出。例如，皇家墨尔本理工大学团队使用共晶镓基合金作为反应溶剂，在室温下制备出多种超薄的二维金属氧化物薄膜并可转移到任意基底上[21]。模板法也是制备二维非层状材料的常用方法之一。威斯康星大学麦迪逊分校团队采用表面活性剂油烯基硫酸酯阴离子层作为软模板，制备出厚度仅为 1～2nm 的大尺寸非层状氧化锌纳米片[22]。Ⅲ-Ⅴ族半导体具有直接带隙结构和比硅更高的载流子迁移率。宾夕法尼亚州立大学团队利用石墨烯作限制层，在碳化硅基底上实现了原子级厚度二维氮化镓的制备，研究发现二维氮化镓的禁带宽度拓宽到了 5eV 并表现出 P 型导电类型[23]。与传统的外延技术相比，范德华外延不需要考虑外延材料与生长基底间严格的晶格匹配。一方面，无悬挂键生长基底通过范德华力与吸附原子相互作用，使其在基底表面相对自由地迁徙，从而促进材料的侧向生长并有效地减少界面缺陷态；另一方面，所得产物与生长基底之间的作用力很弱，可以实现向其他基底的转移[3]。国家纳米科学中心团队利用范德华外延在云母基底上制备出高纵横比的二维碲化镉纳米片，这也是国际上首次通过气相传输方法制备出亚 5nm 厚度的非层状单晶纳米片，相关器件展现出优异的光电探测性能、良好的耐弯折性以及 P 型导电类型[24]。针对二维非层状半导体空穴迁移率提升的挑战，南京理工大学团队于 2025 年利用气-液-固-固生长机制合成出原子级薄、高质量的二维 β 相氧化铋晶体，其室温下空穴迁移率达到 $136.6cm^2/(V \cdot s)$ [25]。

异质结是现代半导体器件的基石之一，在集成电路、光电探测、激光器等诸多领域发挥着不可替代的作用。传统半导体异质结主要通过外延生长技术制备而成，其要求异质材料的晶格常数、界面极性和热膨胀系数应尽量匹配[3]。因此，传统半导体异质结的种类只局限于一些特定的材料组合。近年来，受二维层状材料的启发，范德华异质结作为一种全新的异质结构筑方式，引起了科研人员的广泛关注。诺贝尔物理学奖获得者安德烈·盖姆等人于 2013 年首次提出了范德华异质结的概念，即不同的二维原子晶体可以借助范德华力按选定次序逐层堆叠，形成全新的人工异质结构[26]。这种无化学键的构筑方式使异质结的电子能带结构可通过异质材料的种类、厚度、堆叠次序、堆叠角度等多个自由度来进行设计，从而为我们提供了一个全新的结构平台去探索新型电子和光电子器件[3]。相邻原子层间的范德华间隙一般定义为层间距与共价键键长的差值，一般在 0.2nm 左右。目前，构建二维范德华异质结主要有物理垂直堆垛和原位异质外延两种路径，如图 1-3 所示。

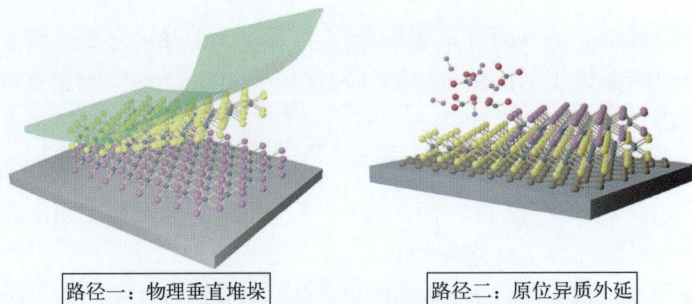

路径一：物理垂直堆垛　　路径二：原位异质外延

图1-3　构建二维范德华异质结的两种典型路径[2]

物理垂直堆垛即通过物理转移的方法将选定材料逐层堆叠在一起。哥伦比亚大学团队于 2010 年开发出湿法转移技术，并通过手动辅助操作构筑了首个二维范德华异质结构[27]。随着对二维异质结研究的深入，在以上转移技术的基础上陆续开发出可构筑更大尺寸、更复杂异质结的方法。例如，康奈尔大学团队利用自主开发的程序化真空堆叠工艺，实现了晶圆级异质结的逐层构筑[28]。与在空气中堆叠的异质结（表面粗糙度约为 700pm）相比，真空堆叠工艺可以获得更干净的界面和更光滑的表面（表面粗糙度约为 270pm）。东京大学团队开发出可以自动搜索二维材料并将它们自动组装成异质结构的机器人系统，成功构筑出 29 层的超晶格结构，极大促进了二维异质结的构筑效率[29]。原位异质外延即通过气相沉积、分子束外延等化学生长方法原位合成各种范德华异质结，其相比上述物理垂直堆垛方法具有更高的生产效率和可扩展性。莱斯大学团队于 2014 年利用化学气相沉积首次实现了范德华异质结的一步直接合成[30]。南京大学团队于 2023 年提出了一种"高温到低温梯度生长"新策略，成功制备出包括二维超导异质结在内的多种晶圆级范德华异质结构[31]。

1.2.2 ／ 二维半导体材料器件技术应用

得益于二维材料种类的多样性、构筑方法的普适性以及与主流硅基制造工艺的兼容性，现代半导体工业中几乎所有类型的器件（如电流调谐、信号处理、能量转换、数据存储等）均可通过二维体系实现[3]。此外，二维异质结还具有许多独特的优势，为探索新型电子、光电子器件带来前所未有的契机。下面简单介绍二维半导体材料器件技术应用方面的研究进展。

作为下一代高密度集成电路的关键候选技术，二维半导体器件在过去十多年来取得了显著进展。2016 年，加州大学伯克利分校团队利用 MoS_2 作为半导体沟道、金属性碳纳米管为栅极，实现了物理栅长仅为 1nm 的场效应晶体管[32]。国家纳米科学中心团队于 2017 年开发出一种新的刻蚀技术，并构建出单层 MoS_2 超短沟道晶体管器件［沟道物理长度缩小到 8nm，相关工艺流程如图 1-4（a）所示]，没有明显的短沟道效应[33]；进一步地，于 2021 年实现了亚 5nm 栅极长度的二维铁电负电容晶体管器件，亚阈值摆幅可低至 6.1 毫伏每十倍频程，突破了亚阈值摆幅玻耳兹曼限制，如图 1-4（b）所示[34]。基于二维半导体材料构建的垂直结构晶体管器件近年来也成为研究的焦点。2021 年，湖南大学团队采用低能量的范德华电极集成方法，将 MoS_2 垂直晶体管沟道长度微缩至小于 1nm 的物理极限[35]。清华大学团队于 2022 年通过石墨烯侧向电场来控制垂直 MoS_2 沟道的开关，实现了 0.34nm 物理栅长的二维晶体管[36]。这些研究进展凸显了二维半导体材料在后摩尔极限沟道尺寸信息器件中的应用优势，为芯片性能的提升提供了全新的技术路径。

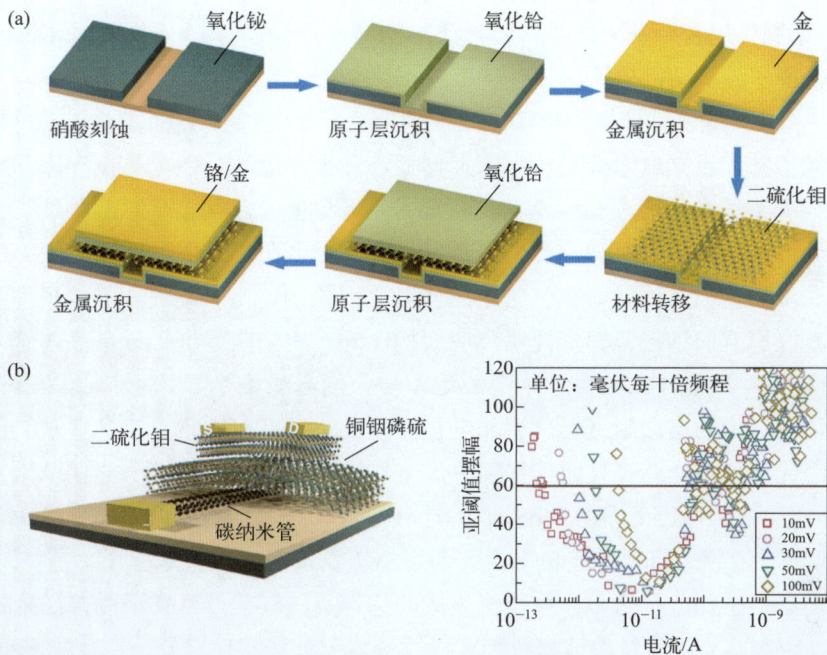

图 1-4　二维半导体亚 10nm 超短沟道晶体管器件制作工艺流程图[33]（a）；亚 5nm 栅长二维铁电负电容晶体管器件示意图及其电学性质[34]（b）

除了上述晶体管架构的创新，二维半导体近年来在金属半导体接触工程、栅介质层集成技术、大规模集成工艺等关键领域均取得了重要突破。在接触工程方面，加州大学洛杉矶分校团队通过层压范德华金属电极，解决了金属沉积的高能过程对二维半导体材料损伤的难题，所形成金属半导体界面连接的肖特基势垒接近理论极限值[37]；麻省理工学院、南京大学等团队相继提出以半金属铋和锑作为单层过渡金属硫族化合物接触电极的方案，所制备的 MoS_2 晶体管接触电阻分别低至 123Ω·μm 和 42Ω·μm，接近量子极限[38,39]。在栅介质集成方面，新南威尔士大学团队探索了可转移的超高介电常数钛酸锶单晶薄膜作为二维场效应晶体管栅极电介质的应用，展现出理想的亚纳米级临界电场厚度和低漏电流特性[40]；武汉大学团队开发出兼具高介电常数和宽带隙的二维单晶栅介质氧化钇薄膜，并可与二维半导体材料集成形成理想界面[41]。在大规模集成工艺方面，维也纳工业大学团队基于 MoS_2 成功制备了包含 115 个晶体管的 1 位微处理器，可执行外部程序和逻辑运算，并在之后完成了二维半导体逻辑芯片与模拟芯片的原理性验证[42,43]；南京大学团队通过设计 - 工艺协同优化开发出空气隔墙晶体管结构，实现了吉赫（GHz）频率的二维半导体环形振荡器电路[44]；韩国三星电子于 2024 年报道了 MoS_2 场效应晶体管的晶圆级集成技术，直接基于商用 8 英寸晶圆厂实现了超过 99.9% 的高器件良率，展现出二维半导体材料向工业规模化应用迈进的突破性进展[45]；复旦大学团队于 2025 年制造出基于二维半导体材料的 32 位 RISC-V 架构微处理器，首次实现 5900 个晶体管的集成度[46]。

存储器是数字电路的核心组件，在数据存储与信息处理中发挥着关键作用，主要分为电荷型存储和阻变型存储两大类。电荷型存储主要包括静态随机存取存储器、动态随机存取存储器、闪存（如浮栅晶体管和电荷捕获器件）以及新兴的铁电场效应晶体管[47]。成均馆大学团队于 2013 年制备出首个基于二维材料异质结的浮栅存储器件[48]；国家纳米科学中心团队基于非对称范德华异质结，构筑出具有高擦除 / 写入电流比（约 10^9）和高可编程整流比（约 $2×10^7$）的多功能集成器件，展现出多场景应用能力[49]。阻变型存储主要依靠材料的电阻开关行为来存储信息，包括电阻式随机存取存储器、相变存储器、铁电随机存取存储器和离子晶体管等[47]。早期阶段，阻变型存储器件主要是指两端垂直结构器件，其制造工艺简单、可扩展性高，通过施加置位电压和复位电压实现高阻态与低阻态之间的切换。国家纳米科学中心团队基于二维铟基半导体材料在空气中的自氧化现象构建出了高性能的单极性忆阻器，在此基础上创新提出双向调控范德华异质集成架构，通过将忆阻器嵌入硅基晶体管中，构筑出电开关特性可极大调控的忆阻晶体管[50]。近年来，随着二维半导体材料及其器件研究的深入，类似晶体管结构的横向阻变器件也相继被开发出来，其可实现灵活的多端协同调控，在模拟生物神经元和突触功能等方面具有独特优势[47]。例如，美国西北大学团队采用多晶单层 MoS_2 作为横向沟道，偏压诱导的 MoS_2 缺陷迁移通过动态调节肖特基势垒高度驱动了器件的开关行为，实现了忆阻器和晶体管的融合，即可栅极调谐的忆阻晶体管[51]。

近年来，具备感知、存储与计算功能集成的感存算一体化器件已成为神经形态机器视觉领域的研究前沿与热点。传统块体材料因难以通过均匀外场实现有效调控且缺乏可编程能力，无法满足感存算一体化智能探测功能的需求；与之形成对比的是，二维半导体的载流子浓度与导电极性可通过局域场精准调节，能够在单一器件内集成功能性与沉默性突触单元，从而突破传统架构局限，为高效智能计算提供新路径。例如，香港理工大学团队设计了一种新型光控阻变存储器，可将光探测、光存储和光可调控的突触塑性行为集成于一体，以应用于仿神经形态的视觉传感器。该存储器的阵列同时展示了图像探测、存储以及预处理功能，实现了在传感端图像存储和处理功能的集成[52]。华中科技大学团队提出了二维半导体材料与铁电近邻耦合实现感存算一体的新方法，设计出一种同质晶体管 - 存储器架构和新型类脑神经形态硬件[53]。一方面，利用固定的铁电极化等效为非易失栅极电场对二维半导体材料沟道进行电学掺杂，从而构建 PN 结、结型晶体管等器件，用于构建外围电路；另一方面，铁电畴的极化翻转调制能够改变结型晶体管的结区内建势垒，用于构建非易失存储器，并提升高低阻值比，以实现存内计算。除上述光学（视觉）感存算一体化器件外，该技术体系还涵盖基于压力感知的触觉型、气体分子识别的嗅觉型以及声波响应的听觉型等多模态感存算一体化器件。

此外，二维半导体材料大多具有优异的光吸收能力和直接带隙结构，带隙几乎覆盖从红外到紫外的全波段，非常适用于制备光电探测器、发光二极管等超薄光电子器件。例如，东南大学团队于 2024 年利用氧等离子体插层技术将少层间接带隙二维半导体材料解耦为单层堆叠的直接带隙多量子阱结构，实现了二维半导体材料高效光致与电致发光[54]。此外，二维半导体中强的量子限域效应使其激子结合能高达 500meV，远超过传统Ⅲ-Ⅴ族半导体量子阱结构中的激子结合能（约为 10meV），这足以使激子在室温下工作[3]。在由二维过渡金属硫族化合物构筑的具有Ⅱ类能带结构的异质结中，电子和空穴位于异质结的不同层中，但由库仑相互作用耦合，这种空间上的分离使得层间激子的寿命达到几纳秒，比层内激子寿命（约为 10ps）高出两个数量级以上。洛桑联邦理工学院团队基于 MoS_2/WSe_2 异质结制作了可在室温下工作的激子晶体管，激子强度开关比达到 100 以上，有望作为新的信息载体用于逻辑器件中[55]。2023 年，中国科学院物理研究所团队基于单层 WSe_2 与转角石墨烯形成的二维范德华异质结器件样品首次报道了对里德堡莫尔激子的实验观测，系统地展示了对里德堡激子的可控调节以及空间束缚，为实现基于固态体系的里德堡态在量子科学和技术等方向的应用提供了潜在途径[56]。2025 年，加州大学伯克利分校团队开发出一种无需电极通电的光学测量技术来研究激子输运行为，实现了库仑拖曳特性测量与激子流阻的定量测定[57]。

1.3 / 我国在二维半导体材料领域的学术地位及发展动态

1.3.1 / 我国在二维半导体材料领域的学术地位及作用

晶圆级二维半导体材料的发展以及超越主流技术性能的器件的创造，展示了二维半导体技术的巨大潜力。我国对二维半导体材料行业发展高度重视，已出台多项支持政策。例如，工业和信息化部、国务院国资委于 2023 年组织编制了《前沿材料产业化重点发展指导目录（第一批）》，明确将二维半导体材料列为 15 种前沿材料之一，指出其是"具有超薄（原子尺度）、带隙适中、高迁移率、低温后道工艺兼容、可后端集成等优点的半导体材料，最大限度抑制短沟道效应，符合异质集成趋势"，支持其在新一代信息技术等领域的产业化应用，体现了我国大力发展二维半导体材料行业的决心。图 1-5 给出了近年来有关二维半导体和过渡金属硫族化合物的学术论文数量对比。可以看到，我国在二维半导体领域发表的学术论文数量从 2014 年的 599 篇一路增长到 2024 年的 3099 篇，全球占比也从 18% 增长到 36%；关于过渡金属硫族化合物的学术论文数量从 2014 年的 55 篇增长到 2024 年的 1249 篇，全球占比从 12% 增长到 30%。

虽然我国并非最早开始研究二维半导体材料的国家，但通过持续的投入和创新，已经迅速崛起成为该领域的重要力量。目前，我国在二维半导体领域已构建起贯穿全技术链的创新体系，依托多学科协同攻关与持续的原创技术突破，在二维半导体材料可控制备、基础物性研究、新型器件研发及规模化集成工艺等四大维度实现了系统性突破，形成了覆盖全技术链的自主知识产权体系。例如，在材料制备方面，我国科研团队首次开发出硒氧化铋[58]、β 相

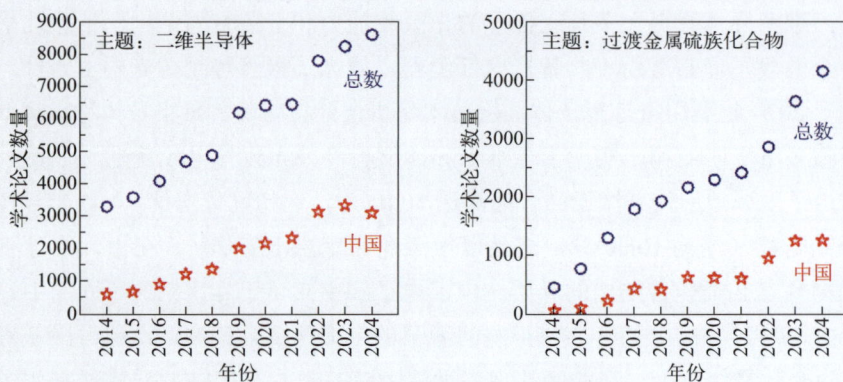

图1-5　近年来有关二维半导体和过渡金属硫族化合物的学术论文数量对比（数据来源：*Web of Science*）

氧化铋 [25] 等高迁移率二维半导体材料，并率先实现了 12 英寸多晶 MoS_2 薄膜 [12-13]、1 英寸单晶 $MoTe_2$ 薄膜 [14]、4 英寸单晶 MoS_2 和 WS_2 薄膜 [19]、大面积双层 MoS_2 薄膜 [59]、大面积单晶黑磷及其合金薄膜 [60] 等二维半导体材料的晶圆级高质量制备；在异质结制备方面，我国科研团队率先制备出包括二维超导异质结在内的多种晶圆级范德华异质结构 [31]；在材料应用方面，我国科研团队基于二维半导体材料在国际上率先研制出 8nm 超短沟道晶体管 [33]、亚 5nm 栅长铁电负电容晶体管 [34]、亚 1nm 栅长晶体管 [36]、弹道硒化铟晶体管 [61] 等前沿器件，并首次实现了 GHz 频率环形振荡器电路 [44]、10 层全范德华单芯片三维系统 [62]、低功耗二维环栅晶体管 [63]、千门级微处理器 [46] 等集成应用。上述成果仅是我国在该领域研究进展的部分缩影，受限于文字篇幅未能全面呈现。可以说，我国已成为全球二维半导体材料研究的重要策源地，在二维半导体材料领域与美国、欧洲等的国际顶尖团队齐头并进，处于国际领先水平。

1.3.2　我国在二维半导体材料领域的发展动态

　　二维半导体材料被公认为是后摩尔时代大规模集成电路制造的重要技术路径，近年来在全球范围内引发研究热潮，我国也在该领域的学术产出和产业应用方面取得了显著的成就。以下从二维半导体材料的可控制备、器件研发到集成应用的全技术链视角，梳理我国科学家团队两年多来在二维半导体材料领域的代表性前沿研究进展。

　　二维半导体材料的可控制备是其进入半导体工业制造的核心指标要求。我国在晶圆级大尺寸二维半导体材料生长及其缺陷、层数精准控制方面发展迅速。目前，我国已实现 12 英寸晶圆级单层过渡金属硫族化合物的均匀生长，并在缺陷密度、电学性能等方面达到了国际领先水平。北京大学团队于 2023 年 7 月基于模块化局域元素供应生长技术实现了 MoS_2 晶圆批量化高效制备，晶圆尺寸可从 2 英寸扩大至 12 英寸；同时，多个生长模块可通过垂直堆叠组成阵列结构，实现多种尺寸晶圆薄膜的低成本批量化制备 [12]。同年 9 月，复旦大学团队在包括硅在内的任意衬底上通过原子层沉积生长特殊缓冲层，精确控制均匀单层成核，最终获得了均匀生长的大面积 MoS_2，15min 就可实现 12 英寸晶圆内低缺陷的二维单层全覆盖 [13]。在单晶晶圆的高质量制备方面，武汉大学团队于 2023 年 3 月提出了一种金属辅助外延策略，利用 Fe 等金属掺杂剂改变晶畴与衬底表面的结合能以实现畴区取向的控制，成功实现了

MoS_2、WS_2 等多种二维半导体单晶薄膜的 4 英寸晶圆制备 [19]。2025 年 1 月，北京科技大学团队利用二维熔融限域生长法，成功实现了厘米级单层单晶 MoS_2 的快速高质量制备 [15]。该策略区别于常规多点成核定向拼接的单晶生长方法，利用高温熔融玻璃对钼源前驱体的铺展作用，通过二维熔融前驱体限域生长实现快速且仅沿二维方向的晶体生长，成功生长出尺寸高达 1.5cm 的单层 MoS_2 单晶晶畴，单晶晶畴尺寸和生长速率高于已报道的二维 MoS_2 生长方法。针对菱方相过渡金属硫族化合物单晶制备难题，北京大学团队于 2024 年 7 月提出了"晶格传质 - 界面外延"材料制备新范式，首次实现了层数及堆垛结构可控的菱方相过渡金属硫族化合物单晶的通用制备 [64]。该策略通过将硫族元素以单原子供应方式充分溶解至合金衬底中，反应原子通过浓度及化学势梯度于金属晶格中不断传质，随后在衬底和二维半导体材料界面处外延析出新生层。除过渡金属硫族化合物体系外，我国在硒氧化铋 [58]、β 相氧化铋 [25] 等新型二维半导体材料的前沿探索中亦呈现活跃的研究态势。

在二维半导体材料器件方面，我国现阶段的研发实践呈现双轨并行的发展路径：一方面聚焦器件性能的极限突破，主要通过沟道工程、接触工程、介电工程、器件阈值调控等实现高性能、低功耗逻辑器件；另一方面则着力开拓新功能器件范式，基于二维半导体材料的独特物理与电子性质为光电系统、神经形态计算、量子计算、柔性电子等新兴领域提供差异化解决方案，形成覆盖基础器件物理到应用场景创新的完整技术链条。2023 年 1 月，南京大学团队通过增强半金属锑与二维半导体界面的轨道杂化，将单层 MoS_2 晶体管的接触电阻降低至 $42\Omega\cdot\mu m$，超越了以化学键结合的硅基晶体管接触电阻，并接近理论量子极限 [39]。2023 年 3 月，北京大学团队开发出一种掺杂诱导二维相变技术以克服二维半导体器件的金半接触难题，制备出 10nm 超短沟道弹道二维硒化铟晶体管，首次使得二维晶体管实际性能超过英特尔商用 10nm 节点的硅基鳍式晶体管，并将晶体管的工作电压降到 0.5V，这也是世界上迄今速度最快、能耗最低的二维半导体晶体管 [61]。2023 年 7 月，中国科学院上海技术物理研究所团队提出一种基于离子电子耦合效应的感存算一体神经形态光电器件，通过在 MoS_2 两端结构背靠背光伏探测器中引入硫空位，利用脉冲电压调控硫空位的空间分布，继而影响器件的空间电势，实现了零偏置电压下 11 个正 / 负光响应态的非易失可重构，解决了红外感知系统分立式架构带来的高延迟和高功耗问题 [65]。2024 年 8 月，中国科学院上海微系统与信息技术研究所团队开发出单晶金属插层氧化技术，室温下实现了单晶氧化铝栅介质材料晶圆制备，并利用自对准工艺制备出低功耗 MoS_2 顶栅晶体管阵列 [66]。其中，晶体管的击穿场强和界面态密度分别达到 17.4MV/cm 和 $8.4\times10^9/(cm^2\cdot eV)$。2024 年 11 月，武汉大学团队开发出兼具高介电常数（约 25.5）和宽带隙（约 6.9eV）的全新二维单晶栅介质氧化钇薄膜，其等效氧化层厚度低至 1nm 以下，所制备的 MoS_2 晶体管开关比超过 10^9、亚阈值摆幅接近理论极限，且能很好地屏蔽短沟道效应，满足国际半导体器件与系统路线图对未来低功耗芯片的要求 [41]。2025 年 1 月，南京大学团队基于二维半导体铁电晶体管技术提出一种稀疏神经网络的存内稀疏计算架构，其每个单元包含两个铁电晶体管，模拟铁电晶体管用于存储权重数据而数字铁电晶体管用于编码稀疏性信息，在此基础上进行了免索引单元开发和阵列级片上演示 [67]。

在二维半导体材料规模化集成应用方面，我国已形成系统化技术突破，不断推动着二维半导体集成电路的发展和演进。2023 年 10 月，南京大学团队通过设计与工艺协同优化开发出空气隔墙晶体管结构，不仅避免了对接触区域进行掺杂的额外工序，还大幅度降低了器件的寄生电容，在大面积单层 MoS_2 上实现了吉赫（GHz）频率的五级环形振荡电路阵列，最高工作频率达 2.65GHz，比原有记录提升了 200 倍[44]。2024 年 5 月，湖南大学团队报道了一种低温的范德华单芯片三维集成工艺，通过逐层集成范德华预制备电路层和半导体层构建出 10 层的全范德华单芯片三维系统，进一步通过集成不同功能的电路层实现了逻辑、传感和存储互联的三维异质集成和协同工作，为单芯片三维集成系统提供了一条低能量路径[62]。2025 年 2 月，北京大学团队首次实现了高迁移率二维铋基半导体与全环绕高介电常数氧化物外延异质结的精准合成与单片三维集成，并面向亚 3nm 节点研制了低功耗、高性能二维环栅晶体管及逻辑单元[63]。在相同工作条件下，二维铋基环栅晶体管的性能超越英特尔、台积电、比利时微电子中心报道的最先进环栅晶体管，其运算速度和能效同时超越当前商用硅基晶体管的最佳水平。2025 年 4 月，复旦大学团队制造出基于 MoS_2 的 32 位 RISC-V 架构微处理器，首次实现 5900 个晶体管的集成度，反相器良率高达 99.77%，具备单级高增益和关态超低漏电等优异性能，这也是二维逻辑芯片最大规模验证纪录[46]。与此同时，二维半导体材料与器件领域的产学研合作正不断深化。近期，北京科技大学团队携手新紫光集团共同建设了"8 英寸二维半导体晶圆制造与集成创新中心"，通过在二维半导体材料制备、关键装备研发、集成制造工艺技术等方面协同攻关，打造我国自主可控的先进制程集成电路二维半导体材料新赛道。未来，随着政策支持的持续加码和国际合作的深化，我国有望在二维半导体材料领域引领全球技术变革，为后摩尔时代的信息技术提供中国方案。

1.4 作者团队在二维半导体材料领域的学术思想和主要研究成果

二维半导体材料被国际学术界视为引领未来信息技术革命的战略性材料，作者团队长期深耕于二维半导体材料的可控制备及信息器件研究，在该方向做出了若干具有重要国际影响的成果，具体介绍如下。

1.4.1 二维半导体材料可控生长及掺杂

作者团队 2010 年就在国内外首先开展关键二维半导体材料的可控制备，并于 2013 年利用化学气相沉积的方法首次合成出单层到多层的 WSe_2 纳米片[68]，为国内最早开展二维层状半导体制备的课题组。在此基础上提出了金属辅助外延策略，在工业兼容、无特殊错切角度的 c 面蓝宝石衬底上合成出 4 英寸 MoS_2 和 WS_2 单晶晶圆，制备出具有低接触电阻、高电子迁移率和高电流开关比的晶体管器件[19]。理论计算表明，铁的引入显著降低了蓝宝石表面平行台阶的形成能量，并有助于单向排列过渡金属硫族化合物畴的边缘成核。2023 年 3 月，开发出一种新的缓释控源的生长策略，利用分子筛多孔供源通道控制磷源缓释供给，从而维持稳定的低压生长环境，避免传统的磷源对流供给模式而获得可控的扩散供给模式，有效降低了成核密度及晶体缺陷，首次实现了在介质衬底上的黑磷及其合金的高质量单晶薄膜制备[60]。薄膜单晶晶畴尺寸达到亚厘米级，薄膜的厚度可以通过磷源供应量在几纳米到几百纳米范围调节，在充足的磷源供应和生长时间下，薄膜可以生长至覆盖整个衬底。低温下载流子迁移率高达 6500cm²/（V·s），并首次在直接生长的黑磷薄膜中观测到了舒勃尼科夫 - 德哈斯量子振荡。砷元素掺杂将黑磷薄膜红外发射覆盖范围从 3.7μm 拓展到 6.9μm。图 1-6 给出了黑磷单晶薄膜的生长机理以及电学性质表征。2024 年 11 月，提出了一种共溅射掺杂技术，不仅可以在二维半导体 MoTe₂ 薄膜中实现精准的空穴导电或电子导电，还能进行空间区域的选择性掺杂，从而将不同导电类型的碲化钼薄膜集成在单一基底上，解决了离子注入等传统掺杂工艺不适用于原子级厚度的二维半导体材料等难题[69]。在此基础上制造出芯片尺寸的二维互补型反相器电路阵列，并展现出良好的器件性能和良率。

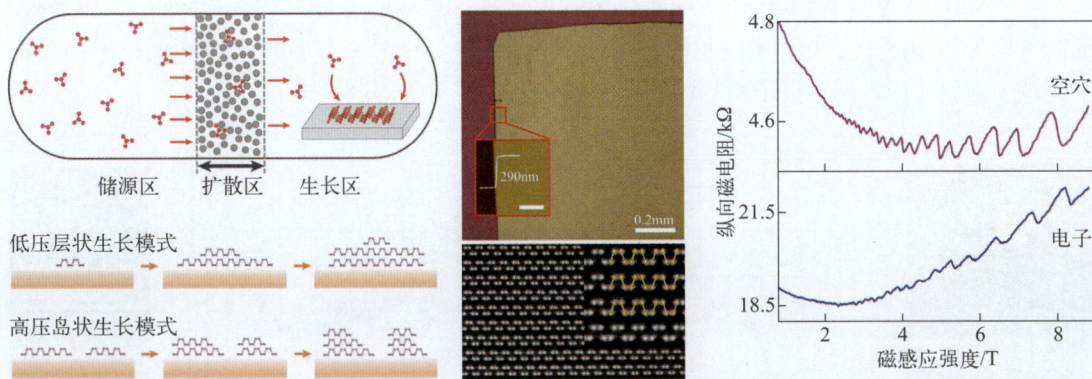

图 1-6　黑磷单晶薄膜的生长机理及电学性质表征[60]

作者团队在探索晶圆级二维层状半导体材料制备的同时，率先提出非层状半导体材料二维化概念，并建立了普适性的二维电子材料范德华外延方法学，实现了从六方晶体到立方晶体结构、从单组分到复杂的三组分体系等 30 余种非层状半导体材料的二维化及阵列结构。2017 年 7 月，作者团队利用范德华外延在云母基底上制备出高纵横比的二维碲化镉材料，这也是国际上首次通过气相传输方法制备出亚 5nm 厚度的非层状单晶纳米片[24]。2022年 1 月，合成出多种具有本征阻变行为的超薄二维铜硫族化合物，包括具有层状结构的碲化亚铜和具有非层状结构的硒化铜、五硫化九铜[70]。得益于具有低迁移势垒的高活性铜离子，二维铜基忆阻器展现出低的切换电压和功耗、快的切换速度和高度的均一性。同时，器件在80 ~ 420K 很宽的温度范围内都展现出稳定的保持能力和良好的循环耐力。在此基础上，发展了一种构建原子级规则图案的方法，利用层状碲化亚铜晶体结构中不同位点原子的化学键性差异，成功构筑出基于二维超离子导体的可扩展原子级图案[71]。相关电子器件表现出完全不同于原始器件的多阶阻变特性，且切换电压极低，可同时满足多态存储和低功耗的应用需求，为在二维尺度调控晶体结构和阻变性质开辟了一条新途径。作者团队还发展了用以模拟导电细丝动态演变和描述器件非线性忆阻特性的忆阻器集约模型，并演示了它们在图像增强中的应用。

2022 年 9 月，作者团队报道了一种限域范德华外延技术，借助动力学生长的引入，实现了高质量非层状二维铁氧体单晶的制备，其表面平整度可与层状材料媲美，厚度可至单个晶胞，不仅具有远高于室温的居里温度和优异的环境稳定性，还表现出厚度依赖的半导体特性和磁特性，实现了矫顽力的大幅度连续调节[72]。垂直方向上的超薄厚度可让其更易于进行栅压和电场的调制，从而为器件的高密度集成创造了机遇。理论模型表明，表面原子占比的显著增加会使磁矩偏离传统的奈尔型反平行排列，进一步增强铁磁相互作用。当样品厚度大于15nm时，磁畴信号表现出与晶体结构对称性密切相关的多畴结构。这时，二维铁氧体会被划分为多个平行反向的自发磁化区域。矩形磁滞回线清楚地表明了二维铁氧体单晶的垂直磁各向异性。随着厚度的减小，静磁能的减少无法再弥补畴壁能量的增加，样品磁结构开始向单畴状态转变，且在单胞厚度下依然保持室温下的长程磁有序和面外磁各向异性，磁力显微镜和磁光克尔显微镜表征分别佐证了这一关系，还揭示了二维铁氧体单晶中磁畴随磁场演变的规律，如图1-7所示。该工作系统地研究了二维铁氧体单晶的半导体性质和磁性质，并首次证实了原子级超薄半导体在室温硬磁和存储领域的潜力，为在二维尺度理解和调控磁相关性质提供了理想平台，也为电子器件的继续小型化开辟了一条新途径。

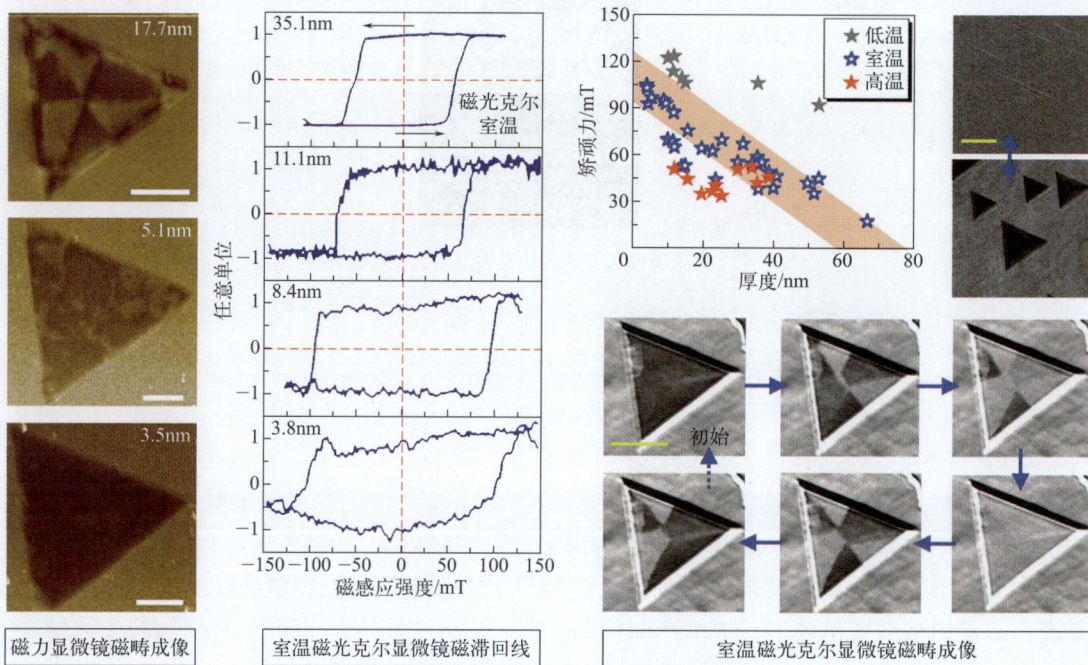

磁力显微镜磁畴成像	室温磁光克尔显微镜磁滞回线	室温磁光克尔显微镜磁畴成像

图1-7　二维室温磁性半导体铁氧体单晶的磁性质表征[72]

1.4.2 二维半导体器件性能调控与集成

作者团队经历10余年持续攻关，先后构建出单层 MoS_2 超短沟道晶体管器件（沟道物理长度低至8nm）和亚5nm栅长二维铁电负电容晶体管器件，率先证实了二维半导体在后摩尔信息器件上的应用优势[33,34]。在金半接触优化方面，作者团队于2023年设计了一种三维凸起电学接触结构，解决了二维材料应用于高性能集成电路的关键瓶颈之一[73]。通过逐层机械剥离，晶体管的沟道区域可以逐渐减小到单层厚度，而不会破坏其晶格，同时接触区仍然保持三维的体材料性能。通过这一方式实现了多种具有亚 1nm 厚度的单层晶体管，发现黑磷晶体管的载流子迁移率随着体厚度的减小而急剧下降，表现得更像传统的块状半导体而不是纯粹的范德华层状半导体。该研究展示了各种具有三维凸起接触的二维单层晶体管，提供了一种构建横向同质结或超晶格的通用方法。

在表界面优化方面，作者团队针对晶体管栅极介质及其界面缺陷态造成的栅极控制力不足及可靠性挑战，发展了范德华异质集成方法，利用原子尺度二维硫化铪的物性转变技术，在栅极绝缘层和 MoS$_2$ 沟道之间构建了宽度达到 5.3Å（1Å=1×10^{-10}m）的范德华间隙，有效地拉开了半导体沟道层与栅极绝缘层的距离，实现了准物理吸附的高质量二维栅介质 / 半导体界面[74]。同时，当间隙距离超过 3Å 时，介质缺陷与半导体层之间的耦合将被极大削弱，并保留功能材料各自固有的电学特性，抑制了栅极缺陷与沟道之间的能态耦合，获得了回滞电压低至 10mV、亚阈值摆幅接近理论极限的 MoS$_2$ 顶栅晶体管。基于该晶体管优良的电学性能，组装了或、与、非逻辑门电路，并实现超高的电压增益。该研究提出了新型半导体器件异质界面设计的新方法，构建了范德华栅极界面，增强了栅极控制能力，获得了大电流、亚阈值摆幅接近物理极限的二维晶体管，提升了器件输出能力并降低了功耗，为低功耗、高性能半导体器件的研制提供了新思路。在此基础上建立了一种通用的沟道界面调控方法，通过在二维材料表面预吸附水分子，在亚纳米尺度实现了范德华间隙在 0.5 ~ 10nm 范围内的精准调节，并进一步拓展到不同维度[75]。利用间隙组分、尺寸对材料性质进行了有效调控，例如，纳米尺度下水分子极化导致 MoS$_2$/ 范德华间隙 /MoS$_2$ 表现出理想二极管特性，制备的压力传感器具备目前最高的压力灵敏度。操纵二维材料间范德华间隙的高度、组分能够有效调制层间耦合效率，大幅度提升二维电子、光电子器件性能。除此之外，纳米限域的二维通道能够为 K$^+$、Cl$^-$ 等离子提供传输通道，通过外加电场可以选择性调控各类离子在通道内部的聚集与耗散行为，可用于脑机接口等新兴领域的研究。

2024 年 11 月，作者团队开发出兼具高介电常数（约 25.5）和宽带隙（约 6.9eV）的全新二维单晶栅介质氧化钆薄膜，突破了介电材料普遍受限于带隙和介电常数之间的反比关系[41]。在 5MV/cm 的电场作用下，等效氧化层厚度低至 1nm 的二维氧化钆仍展现出超低的泄漏电流（10^{-4}A/cm^2），满足国际半导体器件与系统路线图对低功耗器件的要求。进一步，通过范德华相互作用实现单晶氧化钆与二维半导体的无损集成，高介电环境以及高质量栅介质 / 半导体界面使所构筑的二维晶体管器件在低驱动电压下表现出优异的调控性能，开关比超过 10^9，亚阈值摆幅趋近玻耳兹曼物理极限，且能很好地屏蔽短沟道效应。基于以上低功耗二维晶体管构建的反相器电路增益达到 40，功耗低至 3.5nW。还利用双极性沟道中横向载流子分布的特定电场依赖性，在基于薄栅介质层的二维黑磷场效应晶体管中实现了室温负微分电阻特性[76]。不同于传统的基于量子隧穿效应的负微分电阻器件，黑磷晶体管中的负微分电阻现象源自双极性导电沟道中载流子类型在特定电场条件下的切换，而这在传统半导体器件构型中是无法实现的。黑磷负微分电阻器件展现出超高的峰值电流密度（34μA/μm）以及出色的栅电压调控能力。由于两种载流子（电子和空穴）的注入方式不同，其负微分电阻特性以及 Kink 特性（即异常电流增加现象）表现出与传统负微分电阻器件不同的温度依赖性。此外，器件还展现出优异的光可调性，不仅可以有效地调控峰值电流和峰值电压，还可在暗态不表现出负微分电阻特性的情况下通过光诱导出负微分电阻特性，为射频、逻辑等相关电子应用提供了新的思路。

随着微电子与信息技术向高性能、低功耗、高集成度方向发展，多器件混合集成和多参量功能调控已成为芯片的主流研究方向。作者团队利用范德华集成策略，在二维多功能光电耦合器件以及人工智能器件领域取得突破性研究成果，推动了后摩尔时代信息器件的发展。通过引入双极性垂直沟道构建非对称范德华异质器件，突破了传统载流子的注入/传输限制，从而获得了极强的电流调制能力，实现了"全在一"多功能（场效应晶体管、可编程二极管、光电探测器、非易失性存储等）新原理器件。器件的电流开关比超过 10^9，整流比超过 10^8，光触发开关比接近 10^7，外量子效率约为 7522%，存储器阻态比超过 10^9，多项性能指标是目前已报道的二维电子器件的最高值，同时实现了多种功能集成与超高器件性能[49]。基于二维铁电半导体开发出兼具日盲紫外探测、非易失性存储和神经形态计算能力的机器视觉系统[77]。二维铁电半导体中天然存在的移动电荷可改善传统铁电晶体管的抗疲劳特性，并能同时实现前端视网膜传感和后端卷积神经网络的功能，基于光电突触构建的人工神经网络具有较高的识别精度和良好的抗噪性能。2024 年 10 月，作者团队提出采用允许离子插入/脱插的二维范德华金属材料作为忆阻器阴极的策略，可以解决高开关比与模拟阻性行为之间的矛盾[78]。与传统阻碍离子渗透的惰性阴极不同，金属性二维范德华阴极允许原位的离子插入/脱插，由此引入额外的高扩散势垒来调控离子的运动，获得模拟阻性行为。与常规策略不同，这种二维范德华金属阴极的策略可以在保持高达 10^8 开关比的同时，实现超过 8 位的阻态和低至阿托焦耳级别的超低功耗。大开关比多阻态的模拟阻性行为确保了高精度芯片级别的卷积图像处理任务的成功执行，充分展示了基于二维范德华阴极策略的模拟阻性神经形态计算硬件在人工智能上应用的潜力。2025 年 2 月，利用少层 WS_2 首次证明了在二维半导体中室温下由激子莫特相变生成的电子-空穴等离子体中的放大自发辐射现象[79]。该工作建立了二维半导体中随激发载流子密度变化的光学介电响应模型，并准确再现了法布里-珀罗腔中悬空双层 WS_2 在不同电子-空穴物相下的发光特征。结合空间分辨光谱，揭示了二维半导体中简并电子-空穴等离子体相中载流子之间的强多体量子相互作用是实现放大自发辐射现象的关键驱动力。此项工作为二维半导体高激发态非平衡态物相中的光物质相互作用和多体作用提供了新的见解，并为利用高激发态激子相变开发先进光电子器件开辟了新的道路。

以上研究成果和学术思想不断丰富了二维半导体材料的基础研究内涵，并带动了相关先进材料与器件技术的研发进程，形成了从基础科学发现到前沿技术转化的完整创新链条，为推动半导体产业在原子级尺度的技术革新提供了重要的理论支撑与实践路径。

1.5 二维半导体材料的发展重点与展望

作为公认的晶体管沟道材料的终极形态，二维半导体材料在后摩尔时代电子技术中无疑将占据关键地位。其应用研究始于 2011 年前后，目前正处于从基础研究向工业应用过渡的关键阶段，全球主流硬件制造商正积极布局二维半导体方向，已形成竞争态势。但与此同时，该领域距离商业化落地仍存在诸多关键挑战亟待突破。图1-8展示了二维半导体材料及未来技术应用面临的挑战与策略。这些问题跨越了物理、材料、电子、集成电路等诸多学科，亟需学术界、产业界的联合创新。

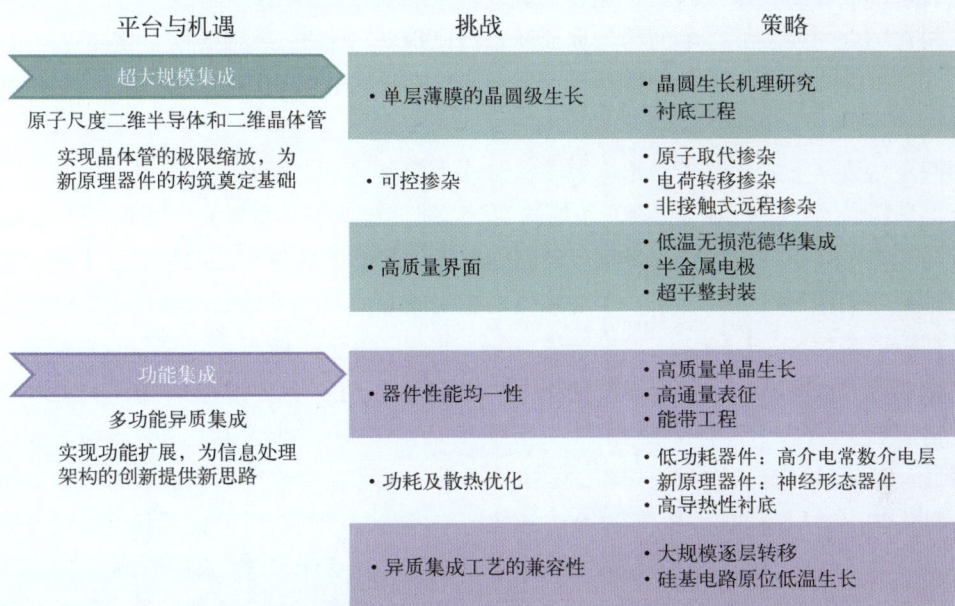

平台与机遇	挑战	策略
超大规模集成 原子尺度二维半导体和二维晶体管 实现晶体管的极限缩放，为新原理器件的构筑奠定基础	• 单层薄膜的晶圆级生长	• 晶圆生长机理研究 • 衬底工程
	• 可控掺杂	• 原子取代掺杂 • 电荷转移掺杂 • 非接触式远程掺杂
	• 高质量界面	• 低温无损范德华集成 • 半金属电极 • 超平整封装
功能集成 多功能异质集成 实现功能扩展，为信息处理架构的创新提供新思路	• 器件性能均一性	• 高质量单晶生长 • 高通量表征 • 能带工程
	• 功耗及散热优化	• 低功耗器件：高介电常数介电层 • 新原理器件：神经形态器件 • 高导热性衬底
	• 异质集成工艺的兼容性	• 大规模逐层转移 • 硅基电路原位低温生长

图1-8 二维半导体材料及未来技术应用面临的挑战与策略 [2]

凭借独特的原子级超薄结构与优异的物理特性，二维半导体材料突破了传统晶体管的尺寸缩放极限，并催生了非常规器件原理的创新探索。当前其应用于集成电路的核心瓶颈集中于晶圆级单层薄膜可控生长、载流子定向掺杂技术及原子级界面质量调控——这些要素构成了半导体器件工程的核心基石。在大面积材料制备方面，硅基晶圆的发展历程表明晶圆级材料在批量生产和成本控制中具有不可替代的关键作用。如前文所述，MoS_2、WS_2、$MoTe_2$、黑磷等典型二维半导体单晶的晶圆级生长技术已得到深入研究，部分体系实现了英寸级均匀薄膜制备。然而，由于二维材料生长遵循独特的范德华外延机制，目前仍缺乏普适性理论模型指导跨体系的大面积可控合成。近期研究发现，衬底工程通过精准设计晶格匹配度、表面微纳结构或界面能调控，可成为控制二维材料成核与生长动力学的高效策略。在载流子类型与浓度的定向调控方面，掺杂技术始终是半导体器件技术发展的核心。受硅基离子注入技术的启发，二维半导体材料已发展出三类主要的掺杂策略：

① 原子取代掺杂，即把掺杂剂原子嵌入晶格位点；

② 电荷转移掺杂，即通过表面吸附分子或原子实现载流子注入；

③ 非接触式远程掺杂，即通过特定电介质封装或分立栅极结构实现静电调控。然而这些技术普遍面临兼容性限制，P型掺杂效率较低，目前仅在$MoTe_2$、WSe_2、黑磷等双极性二维半导体材料上取得有限进展。此外，二维半导体材料的原子级厚度与载流子弱屏蔽效应导致掺杂过程中难以精确控制载流子浓度梯度，至今单层MoS_2晶体管仍未实现稳定可靠的P型掺杂工艺突破。在原子级厚度的二维半导体材料体系中，"界面即器件"的物理本质愈发凸显，

半导体/金属接触界面、半导体/电介质界面及半导体/衬底界面的质量直接决定了器件电学性能与新功能的实现潜力。近年来发展的范德华接触技术（如低能金属薄膜物理转移工艺）、半金属电极材料（如铋接触）及原子级平整封装技术（如超光滑衬底与电介质层制备），被证明能有效降低界面载流子散射并提升输运效率。欧盟已出台二维材料表征技术标准，我国需加快构建契合产业发展需求的相关标准体系，以推动二维半导体材料产业规范化、标准化进程。尽管挑战犹存，二维半导体材料与器件的现有进展让我们相信：超大规模集成的目标终将实现。

随着全球数据量的爆发式增长，半导体器件正加速向片上智能方向演进，即在单一芯片上实现信息获取、信号处理与智能决策的深度融合。二维半导体材料凭借其多功能集成潜力，为电子与光电子技术的异构融合提供了新路径，不仅推动了器件功能的跨维度扩展，更有望催生信息处理架构的颠覆性创新。在大规模功能集成方面，半导体材料特性与器件性能的均一性是保障电路稳定运行的核心前提。值得关注的是，多种二维半导体单晶的晶圆级均匀生长技术已取得关键突破，为实现器件驱动电流与阈值电压的一致性调控奠定了材料基础。未来研究需聚焦于原子级层数精准控制、工业级大面积薄膜制备工艺及高通量电学表征技术的协同开发。除材料自身的均一性外，二维电子器件对周边绝缘介质的依赖显著高于传统硅基器件，氧化物陷阱电荷的积累效应以及绝缘体缺陷带与二维材料带边的不利能级对齐等均会导致器件性能劣化。利用能带工程最大化沟道载流子与栅极绝缘体缺陷带的能量间距，可显著提升器件长期工作稳定性。从效能优化角度，降低电源电压、待机功耗与开关损耗是最直接的技术路径。例如，采用高介电常数电介质可增强栅极静电控制能力，在减少直接隧穿漏电流的同时实现工作电压的大幅降低。与此同时，隧道场效应晶体管、负电容晶体管、神经形态器件及自旋电子器件等新原理器件的快速发展，为突破传统硅基器件能耗极限提供了多元化技术范式。散热管理在高密度集成与封装中扮演着关键角色。由于二维半导体晶体管的原子级厚度导致热流路径高度受限，开发具有超高导热性能的衬底材料与电介质层成为保障器件性能稳定性与长期可靠性的必要条件。在异质集成技术领域，范德华集成策略可有效规避传统材料异质结面临的晶格失配、热膨胀系数差异等物理限制，实现不同材料体系间的高效能量转换与功能协同。二维半导体优异的硅基工艺兼容性、原子级结构可控性及材料种类的丰富多样性，使其成为异质集成技术的理想平台。未来，大规模逐层物理转移技术与硅基电路上的低热预算直接合成工艺，将成为推动二维半导体材料从实验室原型走向实际应用的关键突破口。在此背景下，需进一步加强二维半导体材料与器件技术顶层设计与战略布局，依托国家实验室等平台推动多学科交叉和产学研协同，建设专用验证平台，为技术应用落地打好基础。

参考文献

注：本章部分内容基于作者团队2024年发表在 *ACS Nano* 第18卷第11期第7739～7768页的综述文章，以及第一作者程瑞清的博士学位论文《二维范德华异质结的电输运特性与器件物理研究》，并做了适当修改和大量增补。

作者简介

程瑞清，武汉大学物理科学与技术学院副教授、博士生导师。长期致力于二维半导体材料与器件的研究，迄今在 *Nature Electronics*、*Nature Materials*、*Science Bulletin* 等学术期刊发表通讯作者及一作论文 30 余篇。入选 2023 年度教育部青年长江学者、第八届中国科协青年人才托举工程和武汉英才计划优秀青年人才，并获得中国科学院百篇优博、中国科学院院长优秀奖等荣誉，主持国家自然科学基金等各类项目 10 余项。

尹蕾，武汉大学物理科学与技术学院研究员。长期致力于二维半导体材料与器件的研究，迄今在 *Nature Materials*、*Nature Communications* 等学术期刊发表通讯作者及一作论文 20 余篇。入选第十届中国科协青年人才托举工程，先后获得中国科学院院长特别奖、中国发明协会发明创业奖创新奖一等奖、中国材料研究学会科学技术奖二等奖等奖项。

何军，现任武汉大学物理科学与技术学院院长，教授、博士生导师，国家杰出青年科学基金获得者、科技部国家重点研发计划首席科学家、国家"万人计划"中青年科技创新领军人才、科技部中青年科技创新领军人才。已发表 SCI 论文 200 余篇，其中包括 *Science*、*Nature Materials*、*Nature Nanotechnology*、*Nature Electronics* 等影响因子大于 10 的通讯作者论文百余篇。以第一完成人先后获得教育部自然科学奖一等奖、北京市自然科学奖一等奖、湖北省自然科学奖一等奖等奖项。

第 2 章

单分子科学

郭雪峰　杨晨　贾传成

2.1　单分子科学的研究背景

单分子科学作为一门研究微观世界的前沿学科，以分子为研究对象，通过多种技术手段在单分子层次上探究物质的基本属性和行为规律，已经成为科学发展的战略制高点之一。分子是构成物质世界的基本单元，也是生命调控的核心，其独特的分立能级结构和波函数空间分布使其呈现出丰富的光、电、磁、热、力等物理化学性质。通过研究单分子科学，不仅可以加深对物质和能量本质规律的认识，还能够推动物理、化学、材料、生物等学科的交叉融合和突破性进展，从而在基础科学和技术创新中占据重要地位。

当前，单分子科学研究的技术基础主要集中在光谱学、能谱学、力谱学、电学、热学和磁学等多种测量技术上。这些技术使得人们能够在单分子层次上实现对物性、结构以及动态行为的精准表征。近年来，单分子科学的研究取得了诸多突破性进展。例如，分子机器的提出与应用展示了单分子水平上机械功能的可能性；超分辨荧光显微技术突破了光学成像的分辨率极限，揭示了单分子动态行为；冷冻电子显微镜技术精确解析了生物分子的结构；光镊技术在捕获和操控单分子过程中表现出卓越的性能。这些研究不仅为学术发展提供了新思路，还为其在材料科学、纳米技术、生物医学等领域的应用带来了广阔的前景。

国际上，单分子科学研究已经形成了美国、欧洲和中国三极分布的态势。在美国，哈佛大学、哥伦比亚大学、西北大学和密歇根大学等机构的研究团队在单分子电学、热学、力学等方向取得了领先地位；欧洲通过分子电子学合作网络构建了强大的研究体系，在单分子科学基础研究和应用技术开发方面成果丰硕；中国虽然起步较晚，但近年来发展迅速，已跻身国际第一梯队。以北京大学、中国科学技术大学、中国科学院化学所、厦门大学和南京大学为代表的研究团队，依托化学、物理、生物和信息等学科的深度融合，形成了具有国际影响力的学术群体。特别是在单分子力学、电学、光学、热学表征技术以及单分子动态过程研究方面，中国已经在多个方向取得了显著的进展，为单分子科学的全球发展贡献了重要力量。近年来香山科学会议第716次学术会议"单分子科学与技术"、第329期双清论坛"单分子新奇物理化学现象的精准表征及调控"、南澳科学会议第九次会议"手性科学与技术国际论坛"等重要会议的召开，标志着我国单分子科学合作创新、协同发展新模式的建立。

尽管如此，我国的单分子科学研究在某些关键环节上依然存在明显短板。首先，在单分子物性测量的高端精密仪器研制能力方面，与国际领先水平存在较大差距。这种技术短板不仅制约了基础研究的深入开展，也限制了相关技术在应用层面的拓展。其次，在单分子新奇物性的研究和挖掘上，我国尚未形成标志性成果，许多前沿课题如单分子物态演变的本质规律研究仍处于初步探索阶段。此外，单分子科学与生命科学、医学、信息等领域的交叉融合不足，相关研究成果的转化效率不高，对复杂生物环境中分子行为的认识仍有待深化。

未来，单分子科学的研究需要在多个方向上实现突破。首先，应面向国家重大需求，突破单分子器件制造的关键技术，实现原子级精准的功能器件的制造和集成，为后摩尔时代的器件微型化提供技术支撑。这些器件不仅可以应用于纳米电子学，还有望实现分子电路的可靠集成以及功能密度的突破，有可能展现出远超传统电子器件的优势，还能为基础研究提供工具支持，例如研究单分子水平的能量传递和化学反应。其次，应着力发展多维测量技术，结合超快、超冷和可视化等技术，构建精密测量一体化平台，深度挖掘单分子和单键水平的新奇物理化学性质。通过这些技术，可以精准描绘单分子结构转化与化学反应的动态过程，揭示物质和生命活动的基本规律。在理论研究方面，应当开发适应复杂环境的新型模拟方法，关注分子与环境以及分子与外场之间的相互作用，深入研究动态过程和激发态行为。这些理论成果可以为实验研究提供指导，并推动跨学科的融合创新。在学科交叉方面，需要进一步拓展单分子科学的研究范畴，推动与物理、化学、生物、信息、医学等领域的深度融合，通过多学科协作产生颠覆性的应用成果。

总体来看，单分子科学不仅在基础科学领域具有重要意义，也为技术创新和产业升级提供了新的动力。当前，新一轮科技革命和产业变革深入发展。科学研究向极宏观拓展、向极微观深入、向极端条件迈进、向极综合交叉发力，不断突破人类认知边界。为打破科学研究瓶颈指明了方向，单分子科学正是其中的关键领域。在国际科学竞争日益激烈的今天，我国应进一步加强对单分子科学的战略支持，整合优势资源，突破关键技术瓶颈，推动具有中国特色的原创性研究。通过对单分子科学关键问题的深入研究和技术突破，我国有望建立具有国际影响力的"中国学派"，实现从"部分引领"到"全面领跑"的转变，为全球单分子科学的发展贡献更多"中国智慧"和"中国方案"。

2.2 单分子科学的研究进展与前沿动态

单分子科学是探求分子基本物理化学原理的前沿领域，在基础科学与应用方面均具有重大价值。发展至今，单分子科学已形成以单分子结为结构，以扫描探针显微镜、超分辨荧光成像为手段，以纳米结构为维度，以光学光谱、力谱为辅助的多方位技术相结合的格局。

2.2.1 扫描探针显微镜

扫描探针显微镜（scanning probe microscope, SPM）技术是一种能在分子甚至原子尺度上对表面进行成像和操作的技术。它通过尖锐的探针在样品表面扫描，结合纳米级传感器或耦合各种电磁波来收集表面特性信息。例如，1982 年发明的扫描隧道显微镜（STM）和 1986 年出现的原子力显微镜（AFM）是 SPM 技术的重要代表。STM 基于量子隧穿效应，AFM 则依靠微弱的相互作用力（如范德华力或静电吸引力）来研究分子的拓扑结构、形态和物理性质。对于有机小分子，SPM 与尖端增强拉曼散射（TERS）技术结合，可精确测量单个分子受外场影响的情况，构建分子的化学结构。

国内以苏州大学的迟力峰院士[1] 为代表的学者在 STM 单分子成像领域长期耕耘，硕果累累。STM 技术不仅可以实现分子静态成像，也可以捕捉反应的动态过程。比如借助原位 STM 在部分渗碳的 Fe(110) 表面上进行乙烯聚合的可视化表征，如图 2-1（a）所示，可在分子水平观察到乙烯的聚合反应过程[2]。对 STM 针尖进行功能化能有效提升表征能力。例如，使用自旋 $S=1$ 的二茂镍分子对 STM 尖端进行修饰以引入自旋灵敏度，可以依据二茂镍分子的自旋激发特征探测到原子级别分辨率的铁吸附原子和钴基底表面的磁性[3]。国家纳米科学中心的裘晓辉研究员与合作组[4] 利用针尖被 CO 分子修饰的非接触式 AFM，对 Cu(111) 衬底上 8- 羟基喹啉分子组装体中以及分子间配位的情况实现了原子精度的可视化 ［图 2-1（b）］，并通过密度泛函理论计算进行了验证。该工作证明高分辨率 AFM 有助于研究具有多个活性位点的分子的分子间相互作用。

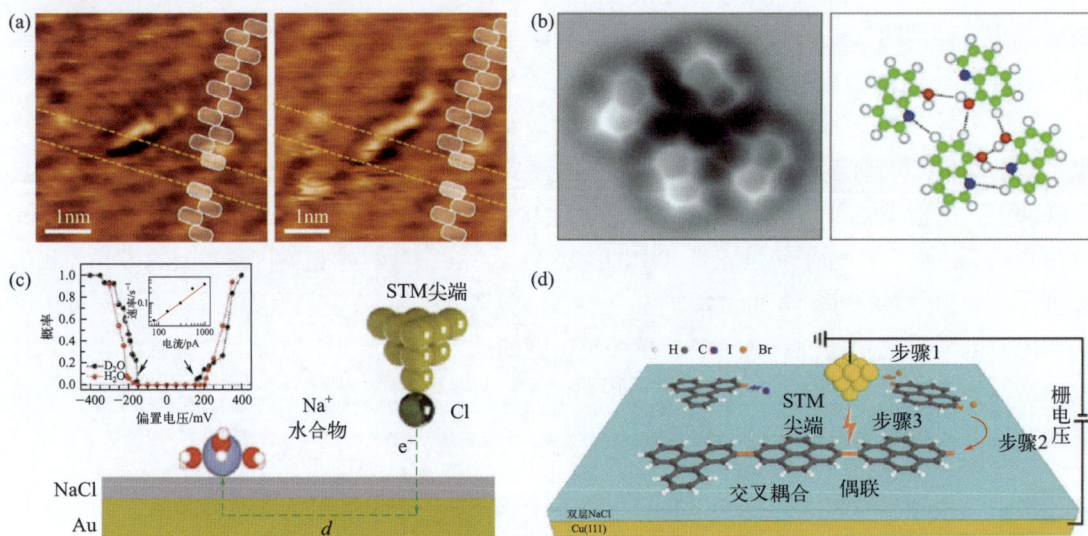

图 2-1 基于 SPM 的单分子成像与操纵

（a）STM 原位监测渗碳铁表面聚合物链生长过程[2]；（b）Cu(111) 上分子组装簇的 AFM 图像[4]；（c）Au 介导的 STM 尖端对 Na^+ 水合物的非弹性电子激发过程[5]；（d）STM 尖端施加的电压脉冲诱导分子前体脱卤活化[6]

扫描探针不但能对单分子结构进行高分辨率成像，还可以基于其力学敏感性，操纵分子平移、化学键断裂以及生物大分子相互作用等过程。最近，江颖教授、王恩哥院士团队[5]创新性地将扫描隧道显微镜和非接触原子力显微镜组合构成了一套独特的分子操控系统，见图2-1(c)，在 NaCl 表面上将单个水分子附着到 Na^+ 离子上并构建了单离子水合物团簇。随后利用带电针尖作为电极，通过非弹性电子激发操控单个水合离子在 NaCl 表面上的定向输运，发现了有趣的幻数效应。此外，来自德国吉森大学的 Zhong 等[6]通过在扫描探针的针尖和样品之间施加偏压，结构如图 2-1(d) 所示，以电驱动方式操纵 NaCl 薄膜衬底上有机分子实现脱卤活化、对分子进行横向移动以及诱导分子间碳—碳偶联反应，成功实现了在单键水平构筑共价有机纳米结构。以上研究进一步证实了扫描探针是对分子进行力操控研究的强大工具。

2.2.2 / 单分子结

单分子结（SMJ）包括动态断裂结和静态结，由连接两个电极的单个导电分子桥组成（图 2-2）。动态单分子断裂结技术利用纳米尖端或导线的机械运动来拉伸或压缩分子，直到电极 - 分子 - 电极结断开或形成，通过测量分子结的电流、电压或力来监测单个分子的性质和行为[7-9]。除了以金、银等传统金属作电极材料[10-11]，碳基纳米材料也展现出构筑可靠分子结的潜质[12]。以石墨烯电极为例，可以通过稳定共价键在石墨烯与功能分子间形成强界面耦合，同时其电荷传输能力比传统金属更强。本课题组首先开发出利用虚线刻蚀产生石墨烯点接触电极构建单分子结的方法[13]，通过将分子与电极以酰胺共价键方式连接，有效增强了器件稳定性，推进了单分子结制备技术的迅速发展。最近，以碳纳米材料如单壁碳纳米管和石墨烯构筑分子电极的研究取得了诸多突破[14,15]。与此同时，其他工艺比如在线光刻法、自对准模板法等也相继被报道，进一步提升了制备单分子结器件的能力[16]。

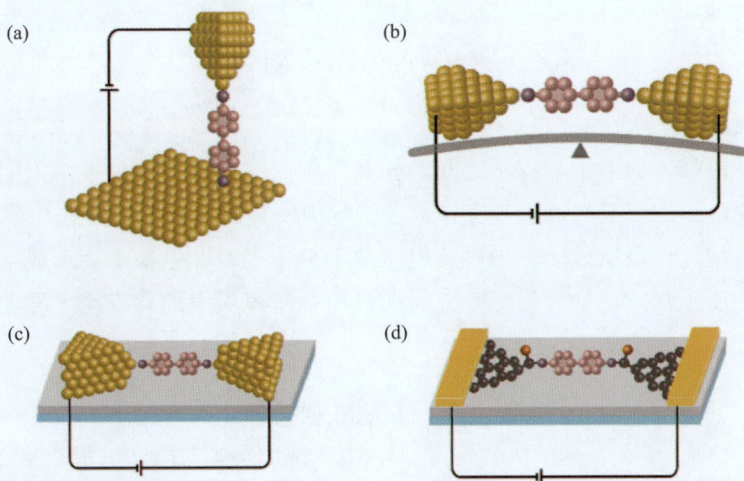

图 2-2　单分子结

（a）扫描隧道显微镜断裂结；（b）机械可控断裂结；（c）电迁移断裂结；（d）石墨烯基单分子结[17]

在单分子结中，多种单分子的新奇电输运特性被阐明，包括量子干涉、近藤效应、负微分电导等。

（1）量子干涉

量子干涉效应（QIE）包括增强型（CQI）和破坏型（DQI）量子干涉，源于电子在分子内传输过程中量子波函数之间的干涉。在实验中，交叉共轭系统是最早研究的分子结之一，理论上预测其具有 DQI。蒽醌（AQ）是一个典型的交叉共轭系统，预计其导电性低于与其长度几乎相同的线性共轭蒽（AC）和非连续共轭二氢蒽（AH）[图 2-3（a）]。这些分子的模拟透射谱表明，只有 AQ 在电极费米能级周围表现出一个突出的凹陷 [图 2-3（b）]。洪文晶课题组 2011 年利用 MCBJ 装置测量了 AQ 的超低电导[18]。在背景噪声接近 $10^{-9}\,G_0$ ($G_0 = 2e^2/h = 77.5\mu S$) 的情况下，AQ 的单分子电导被统计为 $10^{-7.0}G_0$，明显低于 AC ($10^{-4.5}\,G_0$) 和 AH ($10^{-6.3}\,G_0$)，这被认为是对单分子结中 DQI 现象的首次实验观察。进一步，通过调节分子的共轭模式、连接模式、杂原子位置以及设计多通路分子可以实现单分子导体和绝缘体等原型器件的制备，并基于此构筑复杂的分子集成电路。

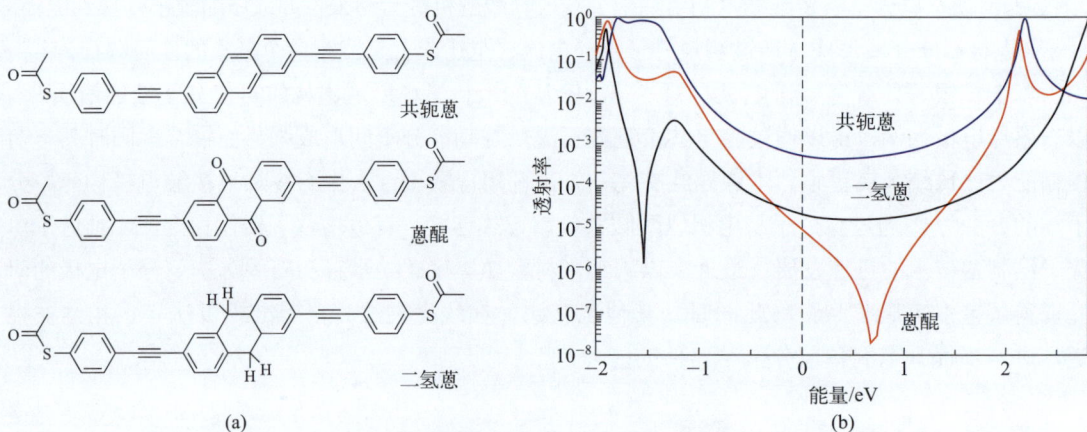

图 2-3　具有量子干涉的分子及其电导[18]

（2）近藤效应

近藤效应是由强大的电子与电子之间的相互作用产生的，主要为单个未配对电子产生的自旋状态对其他电子的影响。近藤效应导致了传导中明显的零偏压近藤共振[19]，这是由局部自旋之间的交换相互作用造成的。当自旋电子位于分子上时，电极上会形成电子云，其自旋极化与自旋电子反平行。这种近藤屏蔽云的形成增强了电极中的态密度，导致低于近藤温度（T_K）的高电导状态。近藤温度定义为

$$T_K = 0.5(\Gamma E_C)^{\frac{1}{2}} \exp\left(-\frac{\pi\varepsilon}{\Gamma}\right) \tag{2-1}$$

式中，E_C 为充电能量；Γ 为分子和电极的耦合参数；ε 为电极的局域态和费米能级之间的差。与单分子器件中的电子相比，宏观 / 介观材料会有更大的杂质尺寸，从而导致相应较小的充电能量 E_C，从式（2-1）看，这会导致较小的 T_K，从而难以观测。单分子器件的制备将会为近藤效应的观测带来希望。此外，由于外加磁场可以解除上下自旋态的简并性，使自旋

电子的能级分裂，通过在磁场作用下对单分子装置施加有限偏压，可以揭示原始近藤共振峰的分裂。

最早由实验观测到的单分子的近藤效应是 Park 等[10]研究的 Co 配合物分子的电导性质。其一阶微分电导最显著的特性是 $V = 0$ 的峰值，即近藤共振。基于单分子的器件最常表现出数十至数百开尔文范围的近藤温度。

（3）负微分电导

负微分电导（negative differential conductance，NDC）描述了电子元件的不寻常属性：器件上负载电压的增大会导致通过的电流减小（图2-4）。相比之下，在普通电阻器上，偏压的增大总是导致电流成比例地增加。

使用分子结来观察 NDC 的实验尝试引起了研究者极大的兴趣，在过去的十几年中，这种效应已经在多种分子中观察到，包括有机和金属有机分子，甚至 DNA[20-25]。NDC 有两个研究指标：第一个是 NDC 电压，即电流达到最大值的电压；第二个是峰谷比（PVR），即最大（峰值）电流和最小（谷值）电流之比。实际上，NDC 电压应该尽可能小，以最小化器件功耗，而 PVR 应该尽可能大。

基于研究者对单分子 NDC 效应的大量测量，可能的机制分为三种：分子上分压的下降；分子桥中电子和声子之间的相互作用；分子桥中电子或分子桥与电极之间电子的各种形式的库仑相互作用。也有人提出了其他可能性，如 STM 测量中尖端状态密度的变窄。实际上，实验表明，在任何给定的情况下，这些机制中有一种以上在起作用。然而，为了通过引入更高的 PVR 和更低的 NDC 偏压来改进未来表现出 NDC 的分子结的设计，必须完全理解任何给定实验设置中的主导 NDC 机制。

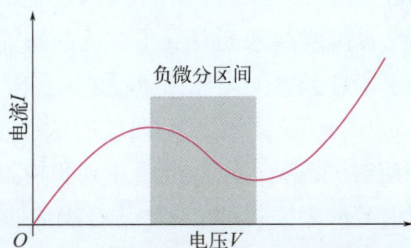

图2-4 负微分电导的特征 I-V 曲线示意图

（4）立体电子效应

一般来说，分子构象的变化会影响它们的电子结构和性质。监测分子构象的变化对于分子在化学、生物和材料领域的合理应用至关重要。在传统的表征方法中，系统信息掩盖了单个分子的行为。因此，在单分子水平上监测分子构型的变化至关重要。单分子器件可用于监测单分子的结构转变，为在单分子水平上探索分子构象变化的过程提供了平台[26,27]。

对于联苯体系，芳环之间的 π 电子共轭明显会受到 σ 键旋转的影响。本课题组基于石墨烯纳米间隙电极的单分子结监测了六苯基芳香链分子的立体电子效应[28,29]，发现由苯基之间二面角的变化引起了三种不同的稳定构象（状态1、状态2和状态3）。其中由于状态1中的 π-π 重叠大于状态2和状态3，可归属为高电导，而低电导态对应于状态2和/或状态3。在

100K 时，只显示典型的 *I-V* 曲线，这对应于高电导状态，表明处于稳定的共轭状态。当温度升高到 120K 时，两个电导态之间开始发生随机切换，开关频率随温度的升高而增大。直到 140K 时，器件几乎处于低电导状态，为不同构象之间处于快速平衡后电导统计占优的结果（图 2-5）。

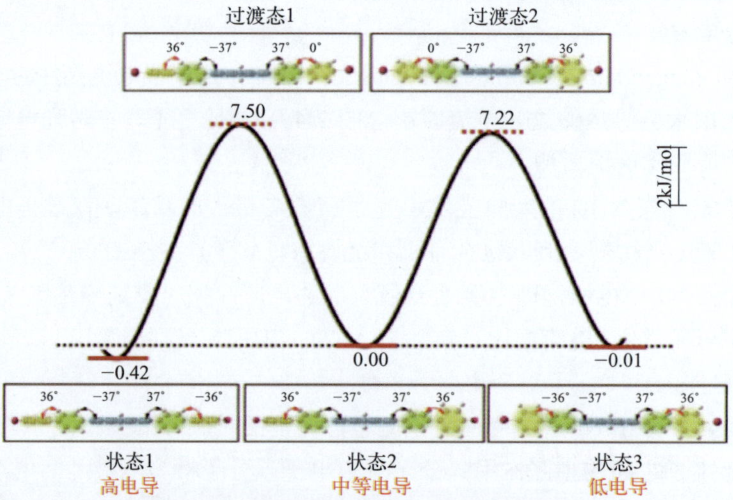

图 2-5　单分子结中的立体电子效应示意图 [28]

2.2.3 纳米孔与纳米微腔

1996 年，哈佛大学 Branton 等 [30] 提出单链 DNA 可以通过 α- 溶血素形成的纳米孔实现单链 DNA 测序。此后，众多研究者围绕纳米孔开展了广泛的研究。纳米孔技术现已发展成一种功能强大的单分子生物检测手段，具有无须标记和转录、实时原位、灵敏度高等突出优势。其工作原理比较简单：溶液中的分子在电极驱动下通过纳米级孔道引起特征性电流波动，根据阻塞电流的幅度、频率与停留时间等特征可对分子序列和构象等进行解读 [31]。这使得纳米孔成为基于限域场增强的电学信号放大机制对单分子进行表征的有力平台。

纳米孔具体可分为生物纳米孔、固态纳米孔以及杂化纳米孔三类。成孔蛋白嵌入脂质膜构成的生物纳米孔是最先被报道的纳米孔结构，具有灵敏度高和结构均匀等优点 [32]。得益于微纳加工技术的进步，用聚焦离子束或电子束等工艺在无机材料上加工形成的固态纳米孔 [33]，具备良好的热稳定性、化学稳定性以及尺寸可控等优势。其中，具有单原子层厚度的二维材料（比如石墨烯）因能实现对分子的单位点识别而备受青睐 [34]。同时，生物纳米孔与固态纳米孔相互融合而成的杂化纳米孔，因融合了生物纳米孔和固态纳米孔的长处，也表现出卓越的应用潜能。

纳米孔技术最成熟最广泛的应用是核酸测序，产业前景明朗。比如 Oxford Nanopore Technologies 公司开发了基于纳米孔的 DNA 和 RNA 测序技术，并于 2014 年推出了首款商业化产品 MinON。随着纳米孔结构和功能的完善，纳米孔技术在鉴定蛋白质序列 [35]、捕捉酶催化反应步骤 [36]、识别分子相互作用 [37] 等领域取得了不俗的成就。最近，荷兰代尔夫特理工大学 Dekker 教授领导的研究团队利用 Hel308 DNA 解旋酶将 DNA- 肽偶联物拉过 MspA 纳米孔 [图 2-6（a）]，基于离子电流信号实现了在单氨基酸序列水平对蛋白质序列的精准解读[38]，该工作扩展了纳米孔在单分子检测领域的应用。

国内南京大学龙亿涛和黄硕、东南大学陈云飞等课题组在纳米孔研究领域也颇有建树。2021 年，龙亿涛教授团队[39]通过设计 Aerolysin 蛋白上的突变以定向调控纳米孔中非共价相互作用类型及大小，证明是排阻体积以及分子和孔道之间的相互作用协同决定了离子流信号的特征。最近，黄硕教授课题组[40]设计了苯基硼酸修饰的异八聚体 MspA 纳米孔对多种核苷单磷酸单体进行分辨，获得了准确的序列和修饰信息 [图 2-6(b)]。通过对纳米孔的形状尺寸、内表面位点以及离子液体动力学等因素持续改进，可进一步提高纳米孔对单分子的时间和空间分辨率，进而夯实纳米孔在基因序列、重大疾病诊断和治疗方面的应用基础。

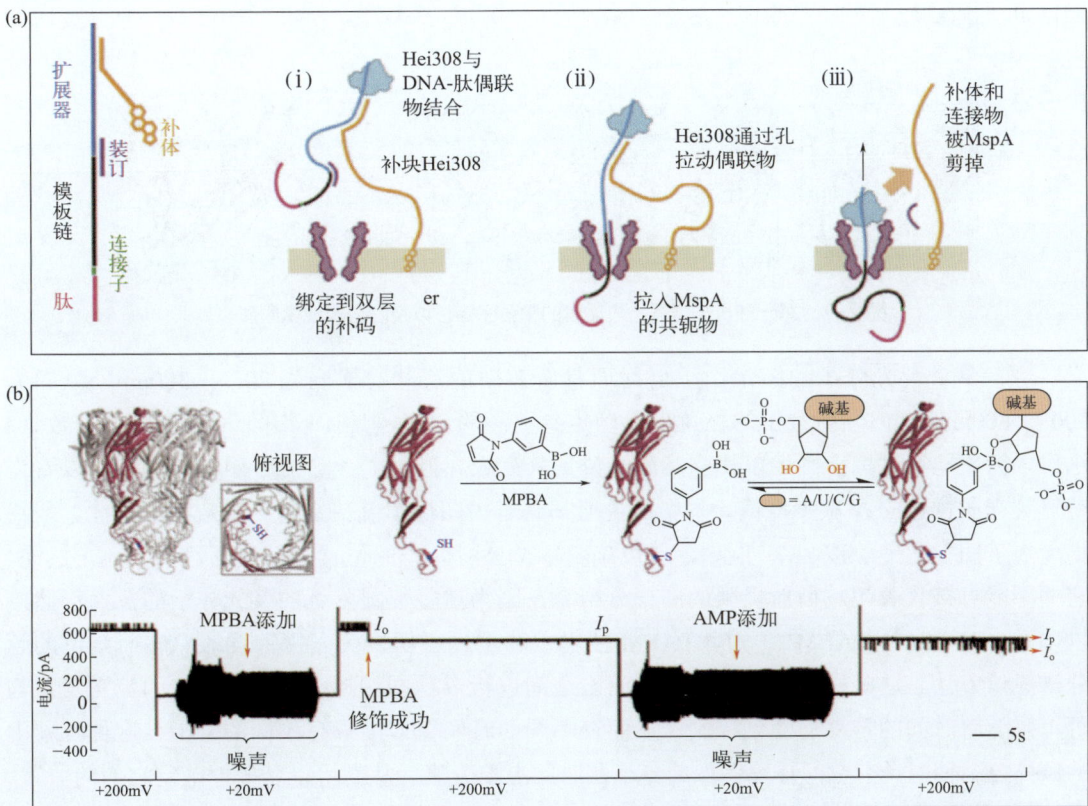

图 2-6 纳米孔单分子测序

（a）DNA- 肽偶联物被解旋酶拉过纳米孔的示意图[38]；（b）异八聚体 MspA 纳米孔的结构及其对核苷单磷酸的识别机制[40]

2.2.4 单分子光信号检测

（1）单分子荧光

自上而下地，生物大分子首先进入了人们的研究视野，尤其是荧光蛋白，可被最直观的光学表征所检测。相较于生物大分子，小分子在构筑宏观世界中所扮演的角色也并不简单。对小分子的基本性质与分子间相互作用模式的研究是理解生物大分子的基础，并需要检测技术的空间分辨率"再下一城"。此外，量子效应在小分子体系中也变得不可忽略，为表征低空间维度的小分子又增添了一分难度。光学方法依旧是表征小分子的传统手段，而蓬勃发展的超分辨荧光显微技术突破了衍射极限，为单分子光学检测奠定了基础。这些方法可以分为两类：

①使用空间图案照明来锐化显微镜的点扩散函数（point spread function，PSF）的方法，例如受激辐射损耗（stimulated emission depletion，STED）显微镜或饱和结构照明显微术（saturated structured-illumination microscopy，SSIM）[41]；

② 基于单个荧光分子的高精度定位的方法，例如随机光学重构显微术（stochastic optical reconstruction microscopy，STORM）[42-44]（图 2-7）或（荧光）光活化定位显微术［（Fluorescence）photoactivated localization microscopy，（F）PALM］。其中，STED、（F）PALM 获得了 2014 年的诺贝尔化学奖。

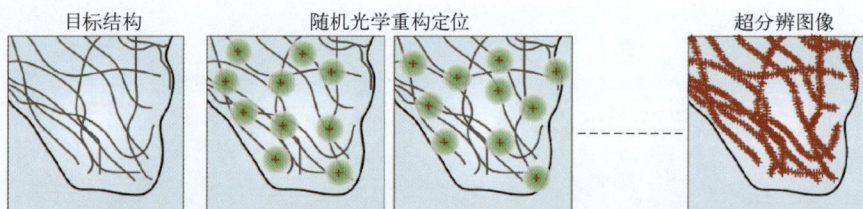

目标结构　　　　随机光学重构定位　　　　　　　　超分辨图像

图 2-7　基于随机光学重构显微术的单分子定位以及超分辨成像原理[44]

尽管单个荧光分子的图像由于衍射而具有有限的尺寸（横向为 200～300nm，纵向为 500～800nm），但发射分子的位置可以确定到更高的精度，具体取决于检测到的光子数量。这可以简单地通过拟合图像以找到其质心位置来完成。拟合由 N 个光子组成的图像可以看作是对荧光团位置的 N 次测量值，每个测量值都具有由图像宽度决定的不确定性。因此，最终精度等于图像宽度除以 $\sqrt{N}$。例如，可以确定单个染料分子的位置，精度高达约 1nm。然而，它并不能直接代表超越衍射极限的图像分辨率，因为重叠位置附近的荧光分子的位置仍然难以确定。STORM、PALM 和（F）PALM 技术是基于光可切换荧光探针发射顺序而定位的超分辨成像方法。这些探针可以在荧光和暗态之间进行双稳态切换。因此，它们的荧光发射与否可以随着时间的推移而受到控制，从而在不同的时间窗口中点亮不同的分子。这种时域中的额外控制使得具有空间重叠图像的分子在时间上被分离，从而可以精确地确定它们的位置。具体而言，在成像过程中，在任何给定时间（例如通过暴露于特定波长和强度的光），只有一部分探针被激活到荧光状态，这样单个分子的图像通常不会重叠。通过拟合这些孤立的图像，可以高精度地定位活化分子的位置。然后重复该过程以允许定位更多分子。一旦积累了足够的定位数据，就可以在荧光探针的测量位置构建高分辨率图像。最终图像的分辨率不再受限于衍射，而是受限于每次定位的精度。

（2）单分子光谱

除了对单个小分子的荧光发射进行超分辨表征外，其他光谱同样引发了广大研究者的兴趣。单分子表面增强拉曼光谱（surface enhanced Raman spectroscopy，SERS）和针尖增强拉曼光谱（tip enhanced Raman spectroscopy，TERS）已成为表征纳米级环境中分子体系的分析技术［图 2-8（a）］[45]。SERS 和 TERS 使用等离子体增强可表征单个分子的微弱信号并解析其化学信息。局域表面等离子体共振是贵金属等离子体纳米粒子的表面传导电子的集体振荡，在纳米颗粒表面或尖端 - 样品连接处产生强电磁场区域，称为热点。其可产生 $10^5 \sim 10^{10}$ 倍的电磁增强［图 2-8（b）］[45]，从而放大单个分子的信息。在此基础上，TERS 还具有亚纳米尺度的空间分辨率，可以对单个分子进行成像。尽管 SERS 具有化学敏感性，但它本身不能提供亚纳米级别的空间分辨率。使用 SERS 并克服光的衍射极限，同时实现亚纳米空间分辨率是在单分子水平上研究复杂分子系统及其环境的主要挑战。TERS 结合了扫描探针显微镜（SPM）的成像能力，通常用于研究表面的单分子，兼具原子级空间分辨率和 SERS 提供的单分子化学灵敏度。

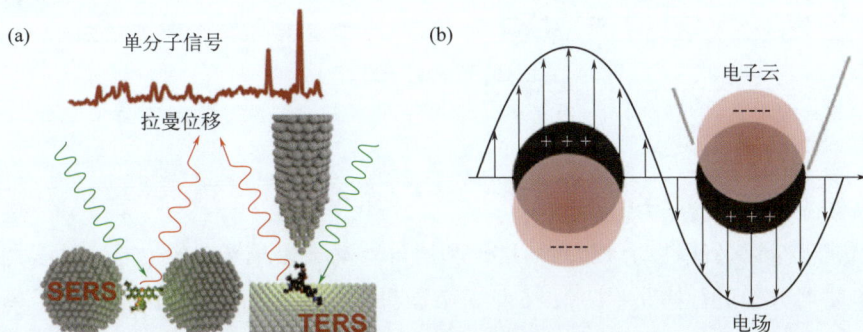

图 2-8　单分子谱学表征

（a）表面增强拉曼光谱（SERS）和针尖增强拉曼光谱（TERS）示意图；（b）当入射光的电场分量诱发电子云以纳米球尺寸和形状所定义的频率振荡时，称之为局域表面等离子体共振[45]

2.2.5　单分子力谱

力在单分子水平的受控应用为研究单分子的结构、动力学和功能提供了强大的工具。单分子力谱已经成为研究单个分子的机械特性和分子内与分子间相互作用力的一种有力表征技术，可以揭示分子的本质结构特征及动态过程。目前，最常见的单分子力谱技术有原子力显微镜、光镊和磁镊。

（1）基于原子力显微镜的单分子力谱

将原子力显微镜的针尖与基底上的分子接近后再分离，能在基底和探针之间形成单分子桥联结构，获得力 - 拉伸长度曲线，也就是单分子力谱。原子力显微镜作为分子力探针，能提供有关分子内相互作用力强度、键能、键的动力学参数和过渡态的几何形状等信息。最近，对传统 AFM 进行改进后所得到的基于 qPlus 传感器的非接触 AFM 吸引了众多目光。相比于传统 AFM 的硅悬臂，qPlus 传感器采用高弹性常数的石英音叉作为悬臂，具有稳定性高、易于功能化、可同时获得 STM 和 AFM 信号等优势。2018 年，北京大学的江颖等[46]自行开发了高性能的 qPlus 型原子力传感器，对 NaCl(001) 表面上的水团簇进行了亚分子分辨率成像，如图 2-9（a）所示，AFM 的尖端用 CO 分子官能化以调控尖端的电荷分布。通过探测四极型 CO 尖端和强极性水分子间的弱高阶静电力，获得了对弱键合水体系的无侵扰高分辨成像。基于 qPlus 传感器的非接触 AFM 达到了亚分子级空间分辨率[47]，极大拓展了单分子力谱的应用范围。

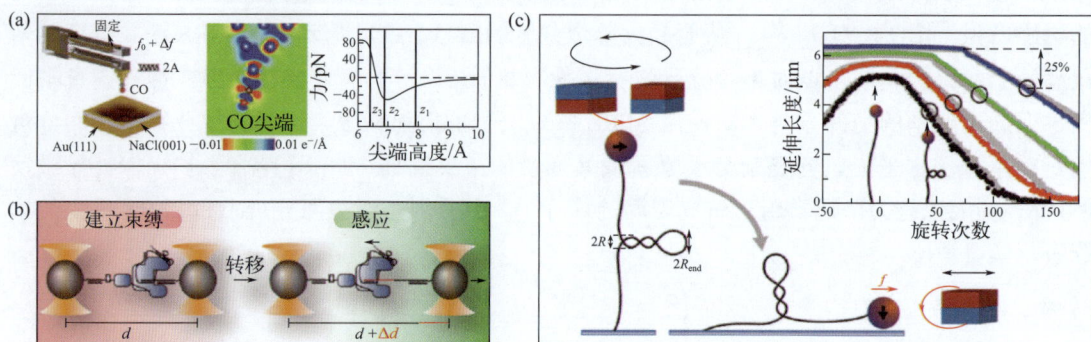

图 2-9　单分子力谱

（a）基于 qPlus-AFM 对水团簇的亚分子级分辨率成像[46]；（b）使用双光镊测量端粒酶催化过程[51]；（c）侧拉式磁镊荧光显微技术[54]

（2）基于光镊的单分子力谱

光子携带能量以及线性动量和角动量，利用可移动聚焦激光束产生的辐射压力可形成光场梯度力陷阱对分子进行捕获[48]。1986 年，美国贝尔实验室的 Ashkin 等[49]利用单束强聚焦激光对颗粒进行捕获，标志着光镊技术的诞生。光镊涉及的相互作用力可以分为散射力和梯度力，散射力沿光传播方向向前推动粒子，而梯度力沿光强度梯度将粒子拉向最高光强处。实验上，可以通过微球位移成像或分析位移微球折射的光来精确测量外力。光镊技术可以操纵粒子进行翻转和迁移，具有非接触操纵和高的空间分辨率等特征。然而，由于传统光源存在衍射极限，随着研究粒子尺寸的缩小，光镊捕获的稳定性将会削弱。面对该问题，可尝试将光镊与表面等离子体共振相结合，进一步增加光阱俘获势的深度来增强光镊对单分子的限制力[50]。2020 年，美国密歇根州立大学的 Schmidt 教授等[51]利用高分辨磁镊研究了端粒酶单分子的催化过程，如图 2-9（b）所示，他们将端粒酶和底物 DNA 分别连接到两个微球上，通过共焦单分子荧光显微镜并结合时间分辨率双光阱对两个微球的位置进行捕获。实验数据分析表明，底物 DNA 与端粒酶锚定位点的结合有助于端粒重复序列的持续合成。

（3）基于磁镊的单分子力谱

除了光场，利用磁场也可以实现单分子操纵，相关技术被称为磁镊。结构上，磁镊主要由磁场、超顺磁小球以及显微装置组成。原理上，磁镊利用外加磁场控制超顺磁小球的运动，然后以小球为媒介对目标分子施加力。与光镊技术相比，磁镊可以同时操纵表面上的多个分子，具有无损耗、无热效应、结构简单等优势[52]。单分子磁镊可以向单个生物分子施加扭曲力和拉伸力[53]，已被证明是研究生物分子力学的理想平台。2012 年，荷兰代尔夫特理工大学的 Dekker 团队[54]利用磁镊技术成功在单分子水平表征了 DNA 超螺旋动力学。他们通过旋转一对磁体，操纵荧光标记的 DNA 分子进行超螺旋，见图 2-9（c），然后用额外的磁体将分子横向拉入物镜的焦平面，以 20ms 时间分辨率进行了图像采集，进而获得相对应的动力学信息。

2.2.6 / 交叉分子束

诺贝尔化学奖得主 John Polanyi 和 Ahemed Zewail 于 1995 年在 *Accounts of Chemical Research* 的 *Pauling* 纪念专辑中指出,"直接观测化学反应过渡态"是化学学科的圣杯之一[55]。然而过渡态理论给出的最快反应速率为 k_BT/h,其含义为反应物经过过渡态至产物的频率。室温条件下其数值为 $6 \times 10^{12} s^{-1}$,相当于反应时间为 170fs。在碰撞理论中,从反应物到产物的过程涉及的总核间距变化约 10Å,如果原子以 100 ~ 1000m/s 的速度运动,通过 10Å 的行程只需要 1 ~ 10ps,那么研究反应的动态过程则需要飞秒量级的时间分辨率。显然化学反应动力学理论已经遥遥领先于实验技术的发展。在过渡态理论建立的数十年时间后,直接观测反应的基本过程仅仅是化学家的一个梦想。从 1987 年诞生的飞秒光谱到现今的交叉分子束技术,这一过程才逐渐被人们观测到。

交叉分子束技术基于交叉分子束的碰撞,在高真空反应室中形成分子束的交叉碰撞,导致分子间的单次碰撞和散射,通过放置在散射室周围的多个窗口可检测产物分子和弹性散射的反应物分子的能量分布、角分布以及分子能态等信息。该技术在 20 世纪 80 年代随着激光技术、质谱和计算化学方法的突破而得到显著发展,科学家 Herschbach 和 Lee 对其做出了重要贡献并获得诺贝尔奖。交叉分子束是深入研究分子间相互作用和反应动力学的有效实验方法,可观察分子在碰撞过程中的动态行为,揭示反应动力学的基本性质[56-59]。例如,通过 CMB 散射研究 $F + H_2 \longrightarrow HF + H$ 反应,观察到反应共振现象[59];通过观察 $H + HD \longrightarrow H_2 + D$ 产物角分布确认了理论预测的正向角振荡,还发现了新的量子几何相位效应[60, 61]。他们在交叉分子束的测试中发现了碰撞截面随能量的谐振变化。进一步解析反应机理的过程中发现了两条路径:一种是由 H 对 HD 的直接碰撞并攫取 H 原子形成 H_2;另一种则为 H 漫游后插入 HD 之间,带走 H 的机制。这两条路径间存在着量子干涉,并导致了测试中散射截面的谐振变化。然而由于态 - 态反应动力学需要建立原子运动的空间模型以及理论分析其量子态的变化,超快的时间分辨光谱目前只能探测不超过 4 个原子的体系。

2.3 / 我国在单分子科学领域的学术地位及发展动态

我国科学家于单分子科学领域的研究在国际上处于领先地位。早在世纪之交,朱道本院士就从有机固体的研究出发,利用扫描隧道显微镜等纳米技术,在单分子尺度下对分子结构、分子间相互作用和载流子输运性质等方面开展了研究,取得了一系列成果;杨学明院士和张东辉院士研发了新一代高分辨率和高灵敏度量子态分辨的交叉分子束科学仪器,揭示了单分子化学反应中的量子共振现象和几何相位效应[61];田中群院士提出了基于电化学沉积的单分子器件构筑技术,并将分子光谱技术引入到分子电子学的研究中[62,63];侯建国院士和杨金龙院士成功"拍摄"到了能够分辨碳 60 化学键的单分子图像,并通过"单分子手术"首次实现了单分子自旋态控制,实现了亚纳米分辨率的单分子光学拉曼成像[64,65];郭雪峰教授基于氧气刻蚀制备碳纳米管和石墨烯的纳米间隙,开创了利用间隙边缘的酰胺键制备稳定单分子器件的构筑方法学，将分子电子学的研究由传统的金属材料推进至碳基电极材料，构建了国际首例稳定可逆的单分子开关器件 [12,66]。通过跨学科交叉，唐本忠院士、万立骏院士、田禾院士、高鸿钧院士、李景虹院士、张晓红教授、张浩力教授、陈忠宁教授、龙亿涛教授等研究团队也基于各种单分子技术开展了一系列研究工作。近年来，青年科研人员如厦门大学洪文晶教授、南开大学向东教授、南开大学贾传成教授、华中科大吕京涛教授、武汉大学郭存兰教授、武汉大学向立民教授、清华大学李远副教授、中国科学院化学研究所臧亚萍研究员和中国科学技术大学李玥琪教授等相继组建实验室，开展单分子科学研究并取得了一系列研究成果。这一系列研究使我国在单分子科学研究的国际竞争中处于第一梯队。过去几年，我国在 *J. Am. Chem. Soc.*、*Angew. Chem. Int. Ed.* 等刊物上发表论文的数量超过国际上该领域同级别论文数量的三分之一，基础研究的质量和体量都已达到国际领先水平。

近年来，我国单分子科学的研究正在从基础研究逐步向应用基础研究转型，坚持面向世界科技前沿、面向经济主战场、面向国家重大需求、面向人民生命健康，不断向科学技术的广度和深度进军。

2.3.1 单分子器件的优化与性能提升

美国、日本、韩国等在集成电路技术方面一直走在世界前列，拥有先进的制造工艺和技术研发实力。其中，国外企业如 Intel、AMD、Qualcomm 等在芯片设计和制造领域持续进行技术创新，推动了集成电路技术的发展。但是，"摩尔定律"逐渐失效，进一步的集成面临重重困难。制备多功能单分子/单团簇器件成为有效出口，是未来功能器件研发的科学基础，对未来信息技术、能源技术和生物技术等都具有重要的影响，已成为纳米科技研究的焦点之一，也是世界各国相互竞争的制高点之一 [67,68]。半导体发展路线图显示，分子器件或将成为 2035 年后新的节点，在分子尺度上充分发掘物理资源有望实现集成电路的进一步发展。而目前，国外的单分子器件的研究仍处于单个晶体管的研究阶段，尚未实现规模化集成。

我国科研人员无论是在单分子器件性能的提升方面还是在功能的多样化方面均取得了突破性进展。在晶体管开关比方面，为进一步提升分子的栅耦合系数，本课题组不再选用传统的 SiO_2 作为介电层，而是选择热蒸发的铝金属作为栅电极材料，其覆盖有自然氧化的 Al_2O_3[69]，以及使用溶胶-凝胶法制备的 HfO_2 作为介电材料。该 FET 由连接在该基底上的纳米间隙石墨烯电极之间的单个双核钌-二芳烯（Ru-DAE）络合物组成 [图 2-10（a）]。使用石墨烯作为源/漏电极材料避免了金属-分子-金属结中可能发生的栅极屏蔽，同时共价酰胺键的良好稳定性使得所得分子结更加稳定。Ru-oDAE 单分子 FET 表现出显著的栅极依赖性行为 [图 2-10（b）]。提取不同栅极电压下 $V_D = 0.3V$ 时的电流值，并以线性和半对数刻度描述，即转移曲线。值得注意的是，电流可以调制三个数量级以上，而栅极漏电流可以忽略不计（<10pA），表明了由有效栅调控所带来的高开关比。源/漏电极对栅极电场的屏蔽作用应尽量减小。源/漏电极的距离小于栅电极和分子之间的距离，屏蔽效果会增强，而源/漏电极之间的距离取决于分子的长度，只能缩短栅极与分子之间的距离。固态静电栅控制的单分子场效应晶体管很难满足该要求。然而，具有离子液体栅的单分子 FET 可以弥补固态 FET 的缺

点，可以在液态离子环境中工作并实现高栅极调控效率。因此，我国发展了一系列基于离子液体或电化学栅的场效应晶体管 [70-74] ［图 2-10（c）］。

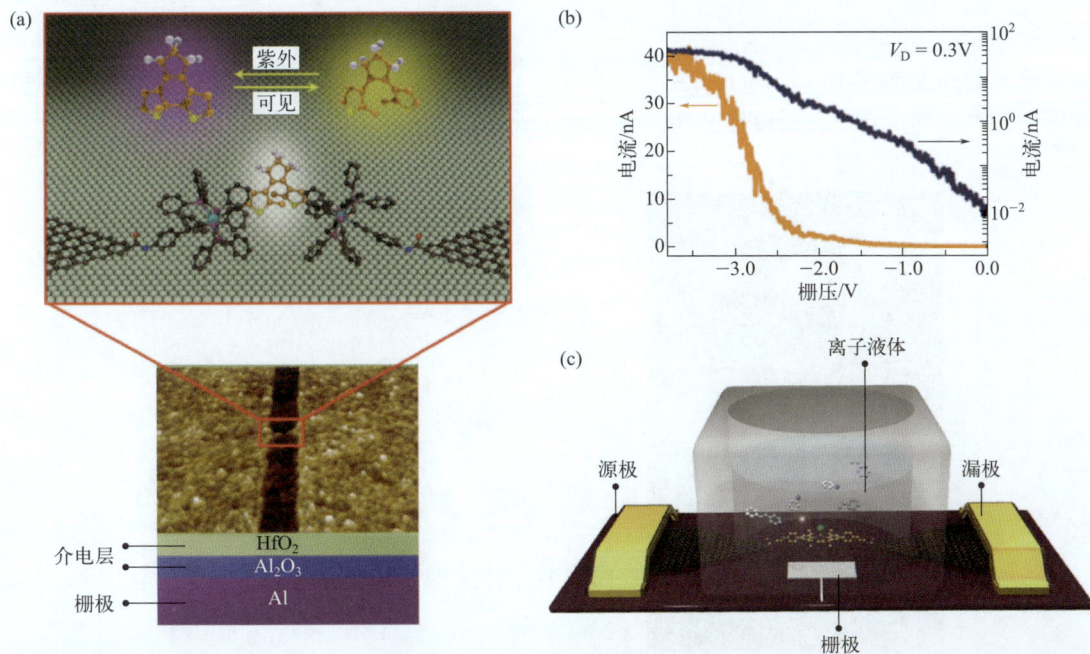

图 2-10　单分子高性能场效应晶体管

（a）基于固态栅的单分子场效应晶体管图像 [69]；（b）器件的转移曲线；（c）基于离子液体栅的单分子场效应晶体管 [71]

在器件多功能化方面，2020 年南京大学宋凤麒教授展示了 Gd@C$_{82}$ 团簇晶体管中表现出不同库仑振荡模式的两种状态 ［图 2-11（a）］。在一些栅极电压点，电流明显不同，因为一种状态显示大电流，而另一种状态则是阻塞。在这种工作模式下，可以将不同的电流定义为不同的存储状态，如果使用更多的测试电压，就可以实现多态非易失性存储器件。栅极电场的作用是控制偶极子翻转 ［图 2-11（b）］，其本质上是 Gd 原子的位置开关。在同一组实验中，该装置通过控制 Gd 原子的位置，成功地调节了单分子电偶极子的方向，从而产生了单分子电极体。这进一步使双电阻态操作的成功模拟，以及小型化存储器件成为可能 [75]。2022 年，厦门大学洪文晶教授与谢素原教授团队合作，通过 MCBJ 技术首次在室温下实现了基于金属内嵌富勒烯的单分子忆阻器。他们设计并制备了在室温下具有两个稳定偶极朝向且翻转能垒随电场强度变化的金属内嵌富勒烯，通过电场调控金属内嵌富勒烯的偶极朝向，实现了室温下两个稳定电导态的调控和存储 ［图 2-11（c）］，并进一步通过将不同逻辑运算符编码作为电压序列，实现了基于电场调控单分子偶极朝向策略的 14 种逻辑操作 [76]。该工作基于单分子器件源 / 漏电极之间的定向强电实现了二进制信息的非易失性存储，提出了有别于传统三电极晶体管集成逻辑门的存算一体逻辑运算新器件工作机制，并基于这一新器件工作机制首次突破了单分子器件逻辑运算这一领域长期发展的关键瓶颈。

本课题组利用单分子的电致发光制备了单分子光电子芯片。该芯片由 Pt-MB@CD（环糊精封装铂中心）分子桥、纳米间隙的石墨烯电极和硅基底组成[77]。两侧的两个环糊精削弱了分子与环境的耦合，从而避免了相应的非辐射过程。石墨烯电极能够与分子形成牢固的共价界面，并进一步实现多分子集成。荧光和磷光的进一步调节以及选择性发射可以实现全面的二进制和三进制逻辑运算以及实时通信。多功能、高效的单分子光电器件将分子电子学与实际半导体应用联系起来，展示了单分子光电子器件的优势，为打破技术壁垒、发展新原理器件提供技术支撑，是单分子器件从实验室迈向工业生产的重要一步。

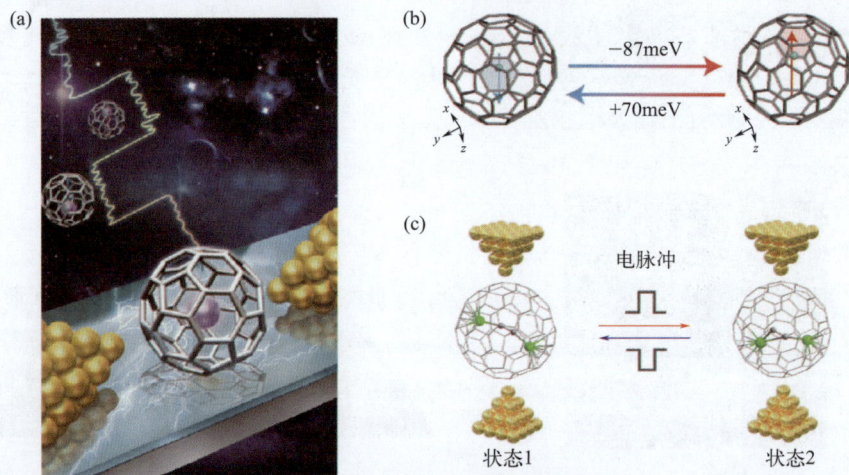

图 2-11　单分子多功能器件

（a）基于 Gd@C$_{82}$ 的单分子驻极体；（b）单分子驻极体的工作原理[75]；（c）基于 Sc$_2$C$_2$@C$_{88}$ 的单分子非易失性存储器[76]

2.3.2　单分子动态行为的原位表征

利用常规宏观技术对化学反应机制的研究不可避免地受到系综平均的影响，从单分子水平来实时并明确解析化学反应的本征机制具有重要的科研价值。单分子结提供了一个优良的对单分子行为 / 事件探测平台，为明晰化学反应机制提供了新的契机。

（1）反应中间体的高灵敏检测

目前对 Diels-Alder 反应公认的机理是一步协同的环加成过程，两条化学键同时形成。但事实上，协同与分步这两种机理并没有绝对的界限，Diels-Alder 反应中是否存在分步反应路径至今仍没有明确答案。至少从宏观监测的角度来看，没有检测到分步反应的中间体。这可能是由于分步反应中间体能量过高，寿命过短，出现概率过低。利用单分子检测手段，洞悉反应中的每一个事件，使我们以更广的视角来看待该反应，从而有机会发现其中的分步反应中间体。

具体的实验设置为：将单个马来酰亚胺分子连接入纳米间隙的石墨烯电路中（图 2-12）。考虑到分步反应所需的高能量，就在 393K 下对其与呋喃所发生的气相反应进行监测。对于常规的 Diels-Alder 反应，监测到 5 种电导状态。通过浓度依赖性实验等对照实验以及不同物种对电子透射概率的理论模拟，可归属为底物、*endo* 与 *exo* 的预反应复合物以及相应的 *endo* 与 *exo* 的产物。而随着温度的升高或是偏压的升高，可以发现第 6 种电导状态。通过进一步的归属，判断为仅形成一条键的两性离子中间体，而非双自由基中间体。因为该工作观测到了其占比与所施加电压（电场）的强烈相关性，随着电场强度的增加，该两性离子中间体的能量逐渐下降，进而使得其出现的时间尺度落在了观测窗口内（约 17μs）[78]。

（2）反应轨迹的可视化

对于 Suzuki-Miyaura 偶联，即由 Pd 催化的芳基硼酸与芳基卤代物的偶联反应，已被广泛地应用于医药食品与石油化工行业，也因此获得了 2010 年的诺贝尔化学奖。然而该反应的机理却有两种机制，至今仍不清楚原因，并且存在着很大的争议。第一种机制是氧化加成络合物 LPd（Ar）X（$X=$ 卤化物）首先交换配体生成 LPd（Ar）（OR），然后与硼酸相互作用生成转金属化络合物。第二种机制是 LPd(Ar)X 直接与碱活化的络合物 Ar′B(OH)$_2$(OR)$^-$ 作用，产生转金属络合物。在两种机制中，体系都包含同样的物种，这使得对路径的区分变得尤为困难。尽管之前有报道使用模型系统对转金属化机制进行了机理研究，但使用高活性 Pd 催化剂明确区分两种机制一直是一项重要的任务。

本课题组首先合成了以钯催化剂为功能中心、N$_3$ 为锚定基团的分子桥，并将其以酰胺键的方式连接于具有羧基末端的石墨烯点电极之间[79]。在添加底物后，以 57.6 kHz 的采样速率记录了催化中心电导的变化。该电导信号呈现出周期性，主要包括四个主要电导状态的循环往复变化。这意味着已监测到 Suzuki-Miyaura 催化循环。通过监测单分子 Pd 催化剂对具有荧光的底物催化偶联，结合单分子分辨的荧光光谱可以发现，单分子位点处出现了荧光的红移，表明催化循环确实发生。之后通过中间体控制实验——分别控制条件并延长相应中间体的寿命，以及非弹性电子隧穿谱对上述的四种电导状态的结构进行归属。该单分子电学平台监测到了从 Pd（0）通过 Pd（OR）（Ar）到预转金属四元环中间体到 Pd（Ar）（Ar′）最终再回到 Pd（0）的转化，构建了一个通过路径联系物种的二维催化循环图像（图 2-12）。值得注意的是，直接观测到了催化循环中由配体交换物种 Pd（OR）（Ar）向预转金属化四元环中间体的转变（图 2-12）。Suzuki-Miyaura 偶联反应路径的直接证据：氧化加成后经过配体交换的转金属化路径是占优的。这一结论也被控制实验和理论模拟所支持。此外，该催化反应中每个基元反应的热力学和动力学参数也可以通过统计分析一次性获得。单分子电学检测平台大大简化了检测方法并提供了反应轨迹的直观视图。此外，该方法有望成为实现化学反应直接可视化的通用技术，为破译更复杂的化学反应和生物过程提供机会[79]。

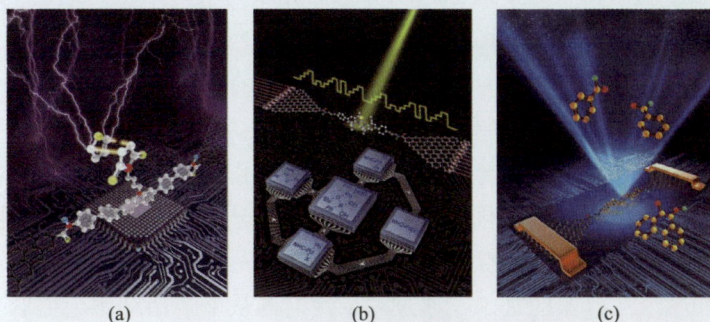

图 2-12　单分子化学反应的精准表征

（a）Diels-Alder 反应的分步路径；（b）Suzuki-Miyaura 偶联的转金属化机制；（c）安息香缩合反应机制

（3）反应事件的关联性

催化剂与底物的相互作用是研究反应机理的重要部分。对于小分子氮杂环卡宾催化的安息香缩合反应，通过在石墨烯纳米间隙之间接入咪唑盐分子桥以及后续活化为氮杂环卡宾，可实时监测其催化苯甲醛的自缩合反应以及与其他底物的交叉缩合反应[80]（图 2-12）。无论是单分子实验还是宏观实验，都表明了具有很强亲核性的氮杂环卡宾催化剂分子更易与芳香醛进行相互作用，而非亲电性更高的烷基醛。结合自相关函数来看待这一实验事实：在低浓度下，反应事件存在一定的自相关，即记忆效应——上一个时刻发生了相互作用，下一个时刻发生相互作用的概率就会变大；而上一个时刻没有发生反应，则在下一个时刻发生反应的概率就相对低一些。高浓度下，每个时刻发生反应的概率完全随机。而更换非芳香性的辛醛作为底物时，可以发现，无论高低浓度均无记忆效应。这表明该现象与底物分子的芳香性有关，即芳香的底物更有可能与共轭程度较大的分子桥发生相互作用。在该实验中，通过对反应事件的关联性进行分析，紧密联系了宏观实验中的反应性，在单分子尺度下研究分子间相互作用的重要性不言而喻。除了单个催化剂在时间尺度上的自相关外，多个催化剂的互相关也可在单分子器件上被阐明。例如，足够近的双催化剂间存在破坏性干涉行为（由偶极溶剂介导的长程电偶极-偶极相互作用介导），宏观上会降低转换频率；同时存在源于协同耦合的局部加速现象，这些结果有助于理解反应机制并优化宏观反应条件[81,82]。

2.3.3 单分子生命检测的技术革新

随着生命研究进入单细胞水平和研究范围扩大，单细胞的异质性、低样本量、低丰度代谢物和稀有突变等给现有方法带来挑战。传统单分子方法如单分子力谱长时间捕捉单个分子，缺乏高通量识别大量生物分子的能力，基于荧光的方法受标记要求限制。而且由于酶反应存在平行和级联反应，具有时间动态性，低丰度和半衰期短的中间分子在断点采样和大系统平均测量中常丢失，因此迫切需要开发用于单分子和时间动态组学的高通量单分子方法来获取生物过程的异质性和动态性。龙亿涛教授团队提出了基于纳米孔道的单分子时间组学[83]。纳米孔道技术作为非破坏性技术，可基于对通过纳米孔道内离子流的连续记录，获取不同时间点单个分子的信息，从而在单分子层面阐明体系内分子种类、浓度、结合/释放状态等随时间的变化图谱。目前其已用于实时监测核酸外切酶 I 对 DNA 的剪切过程、胰蛋白酶降解聚精氨酸链等生物过程，以及研究肾素-血管紧张素系统中的串扰效应等。单分子特征的提高使得纳米孔在临床检测中可以发挥重要作用，尤其在检测复杂环境中的低丰度物质（如生物标志物和新抗原）方面表现出色。结合单细胞技术，纳米孔时间组学预计将提供足够的空间分辨率，从而评估生物系统的时空演化，帮助理解复杂的分子相互作用和调控网络，发现更精确的生物标志物，并推动疾病治疗的进展。

结合纳米孔和纳米注射器的技术，通过纳米注射器从单个活细胞中提取分子样本，并通过纳米孔实时检测这些分子的组成（图 2-13）。这种技术的整合使研究人员能够在不破坏细胞的情况下记录其分子的动态变化，为单细胞时间组学的研究提供了新的可能性。

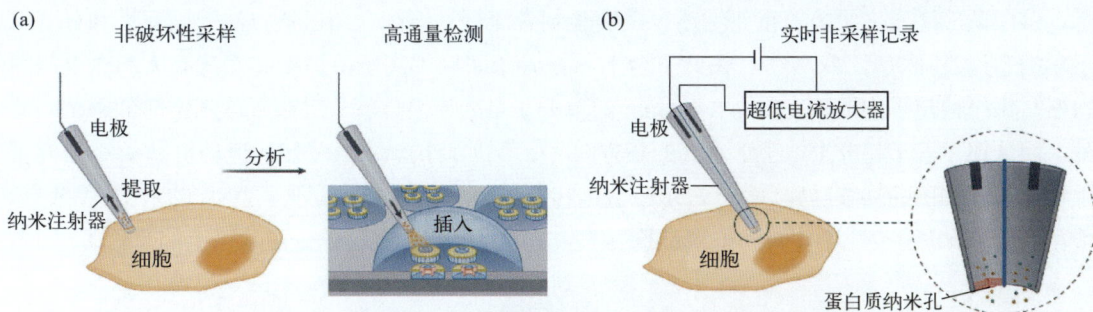

图 2-13 蛋白质纳米孔和纳米移液器的集成用于单细胞时间组学

（a）用纳米移液器从单个活细胞中提取并通过蛋白质纳米孔阵列进行检测；（b）用纳米移液器实时记录活细胞的时间动态 [83]

此外，纳米孔技术在单分子药物筛选方面的应用也备受瞩目。通过将候选药物分子通过纳米孔，可以实时监测其与目标蛋白的结合情况。由于纳米孔的高时间分辨率，可以测定药物与蛋白质之间的相互作用强度及结合稳定性。这些信息对于药物设计和优化至关重要，特别是在个性化医疗领域，纳米孔技术有望用于筛选对特定患者最有效的药物，从而提高治疗的精准性和有效性。

2.4 / 作者团队在单分子科学领域的学术思想和主要研究成果

2.4.1 / 建立和完善了制备稳定单分子器件的突破性技术

利用石墨烯的二维结构特性，发展了石墨烯的普适性切割方法，结合电烧断技术制备了具有分子尺寸的、间距可控的锯齿形石墨烯点接触电极阵列，通过酰胺共价键实现了分子与电极间的稳定链接，从而高效地构建了稳定的单分子器件，解决了单分子器件制备难、稳定性差、成功率低的难题。这是在分子器件制备技术上的突破，为进一步开展分子异质结多样化、功能化和集成化研究提供了可靠平台。

针对分子尺度上电极与分子之间接触的稳定性核心挑战，团队核心成员早在 2006 年就在国外发展了以单壁碳纳米管为电极的分子异质结的制备方法，实现了分子与碳纳米管点电极之间酰胺共价键的可靠链接，解决了单分子器件的稳定性问题 [12]。但是，无论是金属电极，还是碳纳米管电极，分子组装构型多样且可控性差，难以高效构建稳定的单分子器件。

针对这些关键性问题，利用石墨烯的良好导电性、稳定性和与微纳加工工艺的兼容性，该团队原创性地发展了石墨烯的精细切割和电烧断方法，可以大量制备具有分子尺寸间隙的、锯齿形石墨烯点接触电极阵列。随后，通过共价酰胺键实现了石墨烯点接触电极与分子的牢固链接，制备了稳定的"石墨烯 - 分子 - 石墨烯"单分子器件（图 2-14），大大提高了分子异质结的制备成功率，解决了单分子器件稳定性差、制备困难的核心问题。该方法已成为实验室器件制备的常规方法，为后续器件的基本物性研究和功能化提供了技术平台。为毫无保留地推广技术，该团队应邀发表了多篇重要综述以及实验制备流程，详细介绍了该方法的创新性和分子电子学的普适性研究理念[17,84-88]。在此平台上，作者团队利用离子液体栅和超薄高 k 的介电层固态栅，系统构建了沟道长度仅为 2～3nm 的单分子场效应晶体管，突破了摩尔定律的限制。此外，团队还发展了超分子电子学研究的新方向[89]，比如：揭示了分子梭的运动机制[90]；研究了主客体相互作用的动态过程[91,92]；揭示了氢键相互作用的机制[93]；实现了 DNA 的杂交/脱杂交、蛋白质/多肽构象变化的实时动态精准检测[94,95]，并进一步实现了单分子水平上的手性鉴定[92]。

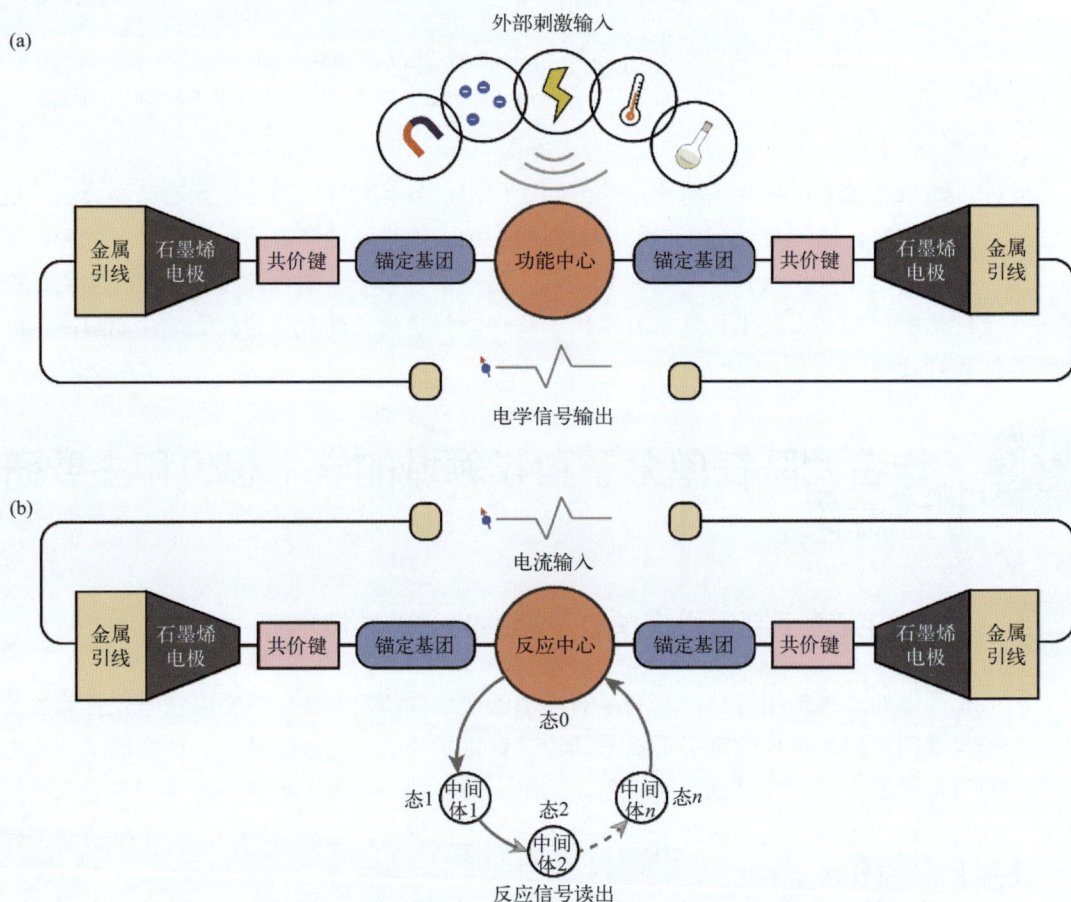

图 2-14　分子工程学原理的提出以及应用于单分子电子器件和单分子实时监测技术

2.4.2　构建了国际首例稳定可控的单分子电子开关器件

为突破器件微小化的极限，团队针对如何利用单个功能分子构建光电子器件这一关键难题，通过分子工程学设计合成了不同结构的二芳烯分子，经历近 10 年的努力，在多次失败后最终实现了电极与分子间界面电子结构和强相互作用的调控，构建了国际第一例和第二例稳定可控的单分子电子开关器件[66]。这是分子电子学从基础研究向应用研究迈出的重要一步。具体地，电极与分子的接触界面问题，如稳定性和耦合规律，一直是分子电子器件研究的核心科学问题之一，也是该领域的难点和热点。针对稳定性问题，团队通过共价酰胺键实现了分子与电极的稳定链接，解决了分子器件长期存在的稳定性问题。然而，共价酰胺键链接却带来了另外一个严重问题——电极与分子间的强耦合作用。这种耦合作用对分子的本征性质产生了巨大影响，比如碳纳米管电极使得分子失去了开环的能力，原因在于共价键链接淬灭了分子关环状态的激发态。针对这一典型的电极与分子间的接触界面科学问题，团队不仅详细剖析了如何形成电极与分子间的不同接触界面和如何控制它们之间的耦合程度[84]，并且提出了实现对此界面及分子本征性能调控的策略——分子工程学[87]。

在这一思路的指导下，通过引入吸电子基团和一个亚甲基两种策略去调控电极与分子间的界面电子结构，以期削弱或消除电极对分子的影响，恢复分子的本征性质。为此，团队设计合成了三种结构递进的二芳烯分子，并构建了单分子光开关器件。遗憾的是，研究发现，只实现了从关态到开态单向光开关功能[96]。理论分析揭示，这些分子与电极仍然存在着较强的耦合，从而导致分子激发态的淬灭将功能分子锁在了闭环构象。分子和电极之间的接触界面一直是分子电子学领域研究的核心基本科学问题，如何有效调控分子和电极之间的界面耦合是在器件中实现分子本征功能的关键。经过多次失败和经验总结，在后续工作中，团队进一步在分子两边分别引入关键性的三个亚甲基基团，成功地克服了二芳烯分子与石墨烯电极间强相互作用导致的分子激发态的淬灭的核心挑战，从而突破性地构建了一类全可逆的光和电场诱导的双模式单分子开关器件［图 2-15（a）］。该类单分子开关器件性能强（开 / 关比接近 100），可重复性优异（46 个器件均可实现光开关 100 余次循环以及随机开关 10 万至 100 万次循环），可稳定工作超过一年。这项研究工作使得在我国诞生了世界首例稳定可控的单分子电子开关器件，也是我国在分子电子学领域的科学研究第一次发表在 *Science* 杂志上。该项工作同时入选 2016 年度"中国高等学校十大科技进展"和"中国十大科学进展"。*Science* 同期 *Perspective Article* 以 "Designing a robust single-molecule switch: A single-molecule switch works at room temperature" 为题配发了 2 页的正面评述[97]。最近，团队还利用偶氮苯构建了国际第二例全可逆的光和电场诱导的双模式单分子光开关器件[69]［图 2-15（b）］。这些研究证明功能分子的确可以作为核心组件来构建电子回路，这是将功能分子应用到实用电子器件过程中迈出的重要一步，在未来高度集成的信息处理器、分子计算机和精准分子诊断技术等方面具有巨大的应用前景。

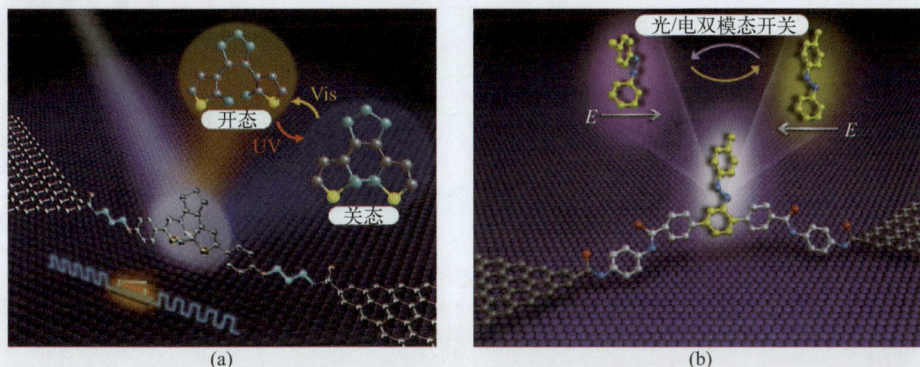

图 2-15　单分子开关器件的制备

（a）基于二芳烯的单分子开关；（b）基于偶氮苯的单分子开关

2.4.3 ／ 发展了单分子光电一体化检测的关键性技术

为达到分析化学的极限检测灵敏度，以在单分子水平上整合微电子学和分子电子学、精准描绘单个事件的时空过程为科学目标，发展了超高时空分辨率的光电一体化检测系统（图2-16），实现了单分子行为或单个事件动态过程的精准检测，开拓了单分子反应动力学和单分子生物物理研究的新领域。

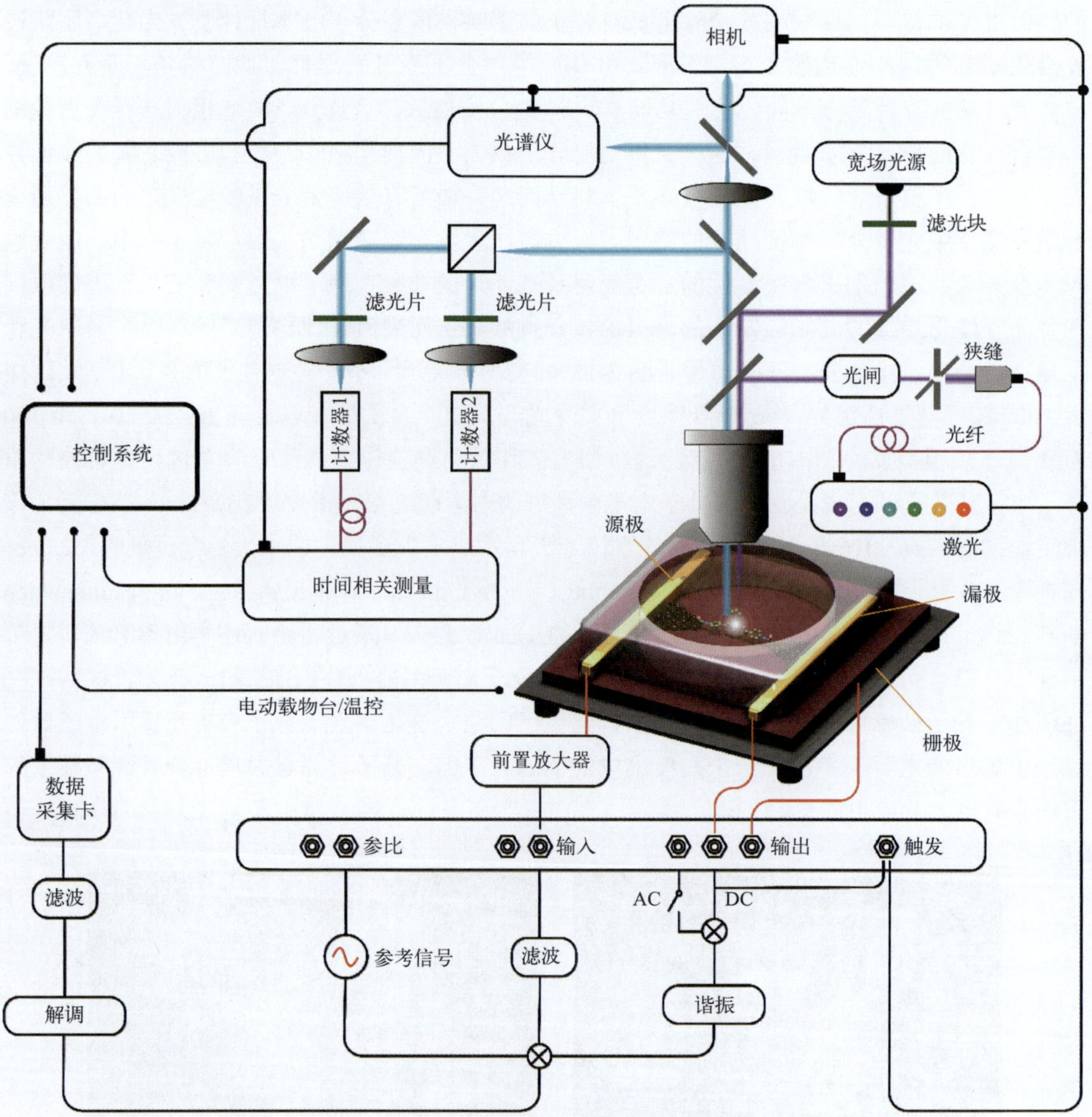

图2-16 超高时空分辨率的光电一体化检测系统

超高时空分辨率的光电一体化检测系统是单分子、单电子、单光子分辨检测技术的有机融合，是多模态表征单分子的系统，也是多维度精准调控单分子行为的平台。结合超高时空分辨率，既可以可视化单个辐射事件的实际过程，又可以实时跟踪对应的物理、化学、生物过程中内禀的单分子行为，两者相辅相成，可为揭示物质、能量转化的本征机制和生命现象的内在规律提供独特的研究手段和方法。

具体地，通过自旋注入，阐明了长期以来具有争议的手性诱导自旋选择性的本征机制，并开发了在反应过程中实时监测手性变化的独特技术[98]。不同于宏观实验中需等待反应一段时间后才可监测产物的对映体过量值，该单分子技术可以做到信号与分子状态的严格同步，从而直接观测反应坐标上手性相关的中间体，实时判断单个产物的立体构型。因此，该技术能够在手性单分子复杂行为中发掘出突破系综平均的大量微观个体信息，包括关键的潜手性中间体、对称性破缺的反应轨迹、分子间的立体选择性相互作用、手性的传递与放大机制、分子尺度上不对称反应特性随时间的演化等。该单分子手性监测技术基于分子手性与电子自旋的耦合关系，具有普适性。而实时监测催化反应的电学平台为监测不对称反应机理提供了新思路和新方法，为揭示新的反应过程、指导宏观不对称合成提供了无限可能。

通过共价酰胺键将自由基稳定锚定于石墨烯电极纳米间隙，形成单分子结[99]。研究发现，开壳层三重态随温度升高趋于稳定，并探究了电场、磁场等外部刺激对自旋状态的调控。此外，还提取了闭壳层与开壳层状态转变的热力学和动力学参数。这些结果为功能量子自旋分子器件开发提供了重要见解，不仅提升了自由基的检测与调控能力，也为未来量子技术发展奠定了坚实基础。

同时，实时监测了开环易位聚合，实现了单体插入动力学、分子内链转移、立构规整性、聚合度和嵌段共聚的精确控制，合成了单一聚合物。这些成果为烯烃复分解机理提供了全面理解，展示了精确制造的潜力[100]，打破了教科书中"聚合物是混合物而非纯净物"的传统认知。

此外，开展了其他系列的反应机制研究，如安息香缩合反应[80]、Heck催化反应[71]、Claisen重排反应[101]和Fries重排反应[102]等，具有系统性，建立了单分子电子学谱学的普适性谱学方法。这一新兴领域已在世界各课题组推广[103]，得到了广泛的关注，被相关专家誉为"具有中国标签的前沿研究领域"。

2.5 单分子科学的展望与未来

自1974年Mark Ratner教授及其学生Arieh Aviram的第一篇关于分子整流器的文章发布以来，单分子科学已经跨越了将近半个世纪。时至今日，单分子科学的基础研究早已脱离了单一物性测量的初始阶段，向着具有极限时空分辨能力的路线方向发展。此外，传统单分子技术在生物医学检测、化学反应监测、量子计算等领域都展现出广阔的应用前景。我国的科研工作者经过十数年的追赶，目前已与欧美处于同一起跑线上。当前亟须把握这一重要历史机遇，通过对单分子关键科学问题的深入研究，加速新一代颠覆性技术的突破，在国际上开展有"中国标签"的单分子科学研究。

2.5.1 推进单分子器件的原子精准制造与集成技术的发展

单分子器件的制备和集成技术的发展，依然是单分子科学研究和单分子技术应用的基础和前提。当前技术发展面临的科学和技术问题包括：

① 单分子器件中电极对的间距和几何构型的精准控制；

② 分子与电极间的耦合规律；

③ 单分子器件与传统半导体工艺的兼容性。

针对以上关键问题，未来可能实现突破的研究方向包括：

① 发展高重复性、高成功率的稳定单分子器件的原子级精准制造技术。

② 在单分子水平上利用光、电、磁、热、力等外场精准调控器件性能，构建开关、忆阻、存储、自旋等具有新型功能和结构的原型器件。

③ 发展兼容传统半导体工艺的集成技术，实现单分子晶体管从"0"至"1"的突破，从"1"至"N"的拓展。基于两个至更多的单分子元器件，实现逻辑运算功能，提出颠覆性的单分子芯片集成技术的解决方案。

2.5.2 推进单分子多维度表征技术的发展

单分子表征技术的发展和先进仪器的创制，依然是单分子科学研究的手段和必然需求。当前技术发展面临的科学和技术问题包括：

① 具有极限分辨能力的单分子物性测量技术的发展；

② 国产化高端精密仪器的创制；

③ 单分子测试技术的跨学科和跨行业应用。

针对以上关键问题，未来可能实现突破的研究方向包括：

① 重点发展具有极限分辨能力的超高时空分辨表征技术，逐步融合电学、光学、力学、磁学、热学等多种物性测量，以及超快、超冷、可视化等先进探测手段，发展单分子体系的多维度、多模态、多位点协同的精密表征方法，实现对物质转化、能量传递、电子转移等过程的精确表征，以及对复杂体系弱相互作用的高分辨表征和调控；

② 推进国产化单分子精密仪器的创制创新过程，未来需要走出仿制和组装的模式，结合我国的单分子科学研究特色，开发具有高度原创性和自主知识产权的高端精密仪器；

③ 推动单分子检测设备的跨学科和跨行业应用，尤其是助力单分子蛋白质测序、单分子疾病检测等前沿技术的临床应用，为单分子技术开拓潜在应用市场。

2.5.3 开展具有中国标签的单分子反应动力学研究

利用单分子技术在分子尺度追踪化学反应行为，尤其是研究反应动力学过程，是其他表征手段无法取代的突破性应用，也是近年来兴起的、由我国科学家引领的、具有鲜明"中国标签"的前沿研究方向。当前面临的科学和技术问题包括：

① 单分子轨迹（包括化学反应、能量和电子转移过程）的可视化；

② 单分子结构表征的新谱学方法（如单分子电子学谱学方法）；

③ 单分子化学反应理论的新方法。

针对以上关键问题，未来可能实现突破的研究方向包括：

① 发挥单分子表征和测试手段的超高时空分辨优势，实时精准描绘物质转换和生命活动中单分子行为的时空过程，可视化化学反应和生命现象中的随机单个事件，在单分子尺度深入解析化学反应的过渡态及其内在机制；

② 将单分子动力学检测技术谱学化、工具化，同时与合成、催化、分析等传统化学学科深度交叉融合，产生新的学术增长点和突破口；

③ 构建我国的单分子科学合作网络，建立单分子反应相关的实验数据库并开放共享，推动我国实验科学家与理论科学家的合作，发展适用于单分子反应理论模拟的新算法，提出适用于复杂分子体系（如大分子体系、反应过程、电化学环境等）的新方法。

这一方向的突破不仅在化学基础学科领域产生深远影响，还有望打破我国在单分子科学领域跟跑和并跑的局势，成为未来五到十年的领域领导者。

2.5.4 ╱ 推动单分子研究在新兴交叉领域的突破

单分子科学与技术的发展使得研究者得以更深入地了解单个分子的结构和性质，探索分子行为的细节，提供宏观分析手段难以获取的信息。同时，单分子科学又是一个高度交叉和开放的前沿研究领域，未来与物理、化学、生物及信息学的深度交叉融合有望形成新的增长点和科技突破口，为揭示物质转换的内在机理和生命现象的本征规律提供划时代的研究范式，解决传统学科中的许多关键性基础科学问题。未来可能实现突破的研究方向包括：

① 有望发展颠覆性的单分子芯片集成技术和新一代精准分子诊断和单分子测序技术；

② 引入人工智能、机器学习等辅助工具，强化单分子科学与其他学科的前瞻性和交叉性；

③ 推动单分子科学研究与医学、生物学等领域的深度交叉融合，研究生命科学真正关心的问题，面向人民生命健康，产生颠覆性应用。

参考文献

🌱 作者简介

郭雪峰，北京大学博雅特聘教授。1998 年于北京师范大学获得学士学位，2004 年在中国科学院化学研究所获得博士学位。2004 年至 2007 年在哥伦比亚大学纳米中心担任博士后研究员。2008 年入职北京大学。长江特聘教授、国家杰出青年科学基金获得者和国家"万人计划"科技创新领军人才。长期从事分子材料与器件的科学研究，发展了单分子器件制备的突破性方法，推动了单分子电子学的发展；实现了世界首例全可逆的单分子开关器件；发展了单分子电学实时检测新技术，建立了单分子电子学谱的谱学方法，开拓了单分子反应动力学和单分子电生物物理研究的新领域。发表包括 *Science*、*Nature/Science* 子刊在内的 SCI 论文 280 余篇，被 *Nature*、*Science* 及其子刊等杂志和媒体作为亮点报道 50 余次。申请或授权中国发明专利 50 余件，出版专著 4 本。曾获全国百篇优秀博士论文奖、教育部自然科学奖一等奖、北京市自然科学奖一等奖、中国高等学校十大科技进展、中国科学十大进展和首届科学探索奖等奖励。作为项目负责人承担了科技部国家重点研发计划，主持了国家自然科学基金仪器项目、重点项目和杰青项目。

杨晨，上海交通大学副教授。2017 年于兰州大学获得学士学位。2022 年于北京大学郭雪峰教授课题组获得博士学位。2022—2024 年，留组担任博士后研究员。2024 年，担任上海交通大学变革性分子前沿科学中心长聘教轨副教授。从事单分子光电检测、单分子反应动力学、单分子反应调控的相关研究。以第一作者在 *Nature Nanotechnology*（2 篇）、*Nature Chemistry*、*Nature Protocol*、*Nature Communication*、*Science Advances*（2 篇）、*Chem.*、*Matter.*、*JACS*（2 篇）、*Advanced Materials*（2 篇）、*Chemical Reviews* 等期刊发表论文多篇。荣获教育部和北京市自然科学一等奖（第 4 完成人）和博新计划等奖励。

贾传成，南开大学教授。2014 年于北京大学郭雪峰教授课题组获得博士学位。2014—2018 年，分别在中国科学院化学研究所和加州大学洛杉矶分校担任博士后研究员。2020 年入选南开大学百名青年学术学科带头人计划，入选国家级青年人才计划。长期从事单分子功能器件、单分子量子调控、单分子芯片技术的研究，在单分子开关、分子隧穿场效应器件等领域取得了一系列重要研究成果。发表相关研究论文 100 余篇，其中第一 / 通讯作者论文 70 余篇，包括 *Science*、*Chemical Reviews*、*Nature Communications*、*Science Advances*、*Chem.* 等期刊，申请或授权中国发明专利 30 余项、美国专利 1 项。研究成果被评为"中国高等学校十大科技进展"和"中国科学十大进展"，荣获教育部自然科学奖一等奖（第 2 完成人）和北京市自然科学一等奖（第 2 完成人）等奖励。

第3章

塑性无机非金属材料

史迅　仇鹏飞　谢森宇　陈立东

3.1 塑性无机非金属材料的研究背景

无机非金属材料具有声、光、电、磁、热等丰富的功能，在国防、航天、信息、医疗等领域发挥着关键核心作用，已成为大国博弈的重要支撑之一。无机非金属材料中的化学键主要为共价键或离子键，其较高的键能既赋予了材料高熔点、高硬度、耐腐蚀和抗氧化等特性，又导致了高的化学键断裂能垒，原子无法通过运动来释放应变能，致使裂纹的萌生和扩展成为无机非金属材料释放应变能的优先方式[1-3]。因此，无机非金属材料在外力作用下应变量通常小于1%，远低于金属与有机材料，极易发生脆性断裂导致灾难性失效，造成严重事故；同时，材料的变形和机械加工能力差，极大限制了其在柔性、微型以及不规整结构等场合的应用[3-4]。

长期以来人们普遍认为室温下无机非金属材料不可能具有类似金属和有机高分子的塑性和大变形能力，塑性无机非金属材料的研究属于"无人区"。2018年，中国科学院上海硅酸盐研究所报道了一种在室温下具有与金属类似延展性/塑性的无机半导体材料 Ag_2S，其室温压缩应变量高达50%，具有优良的机械加工性[5]。随后，ZnS单晶（黑暗环境）[6]、InSe单晶[7]、Mg_3Bi_2单晶[8]和缺陷Bi_2Te_3单晶[9]等塑性无机非金属材料陆续被报道。此外，研究人员在Si_3N_4微柱[10]和转角层状BN块体[11]等传统陶瓷材料中也观察到了显著的大压缩形变。这些研究结果颠覆了人们的传统认知。特别是，塑性无机非金属材料可集金属的优良力学性能和半导体及陶瓷丰富的结构/功能特性于一身，为开发新型结构/功能一体化器件和高可靠构件提供了可能[12-13]。当前塑性无机非金属材料已成为材料领域的世界科技前沿研究热点。研究人员已经陆续发现和报道了数十种具有大塑性应变的无机非金属材料，提出了多种塑性形变机理和塑化调控策略，开展了塑性与功能特性的协同调控，并初步探索了其在热电和传感等领域的应用。

塑性无机非金属材料的研究进展与前沿动态

3.2.1 **代表性塑性无机非金属材料**

3.2.1.1 本征塑性无机非金属材料

Ag_2S 是第一种被发现在室温具有本征塑性的无机非金属材料。Ag_2S 是一种典型的半导体，室温禁带宽度在 $1eV$ 左右[14]。室温下 Ag_2S 具有锯齿形的褶皱层状单斜结构。4 个 S 原子和 4 个 Ag 原子构成一个 8 原子的圆环，圆环和圆环之间通过 S 原子连接。2018 年，Shi 等发现室温下 $\alpha-Ag_2S$ 具有与金属类似的非常反常的力学性能，其压缩应变与弯曲应变分别达到 50% 与 20%，远超过已知的无机非金属材料［图 3-1（a）］[5]。相关研究颠覆了人们关于无机非金属材料不可能具有室温塑性的传统认知，开辟了塑性无机非金属材料研究新方向。同年，Oshima 等发现 ZnS 单晶在黑暗中也具有反常的塑性形变能力[6]。ZnS 是具有直接带隙的宽禁带半导体，其光学带隙为 $3.52eV$。研究团队在不同光照条件下对 ZnS 单晶进行压缩实验时发现，ZnS 单晶在白光或紫外光下为脆性，但是在黑暗中具有约 45% 的压缩形变量［图 3-1（b）］。

二维范德华材料层间作用力较弱，极易发生解理[15]，因此普遍认为其在块体形态下不可能具有塑性。2020 年，Wei 等发现了室温下具有超常塑性的 InSe 范德华晶体[7]。InSe 晶体结构由二维的 InSe 四原子层堆叠而成，层间主要依靠范德华力结合，带隙在 $1.2eV$ 左右[16-17]。InSe 块体单晶压缩工程应变可达 80%，特定方向的弯曲和拉伸工程应变也高于 10%，可以弯折、扭曲而不破碎，甚至能够折成"纸飞机"、弯成莫比乌斯环，表现出罕见的大塑性形变能力［图 3-1（c）］。2022 年，Gao 等基于对 InSe 晶体易滑移 - 难解理塑性变形机理的理解，通过高通量计算筛选出了 36 种室温可能具有塑性的二维范德华层状材料，并在实验中成功验证了 MoS_2、GaSe、$SnSe_2$ 等 7 种单晶材料具有大的塑性形变［图 3-1（d）、（e）］，其压缩应变超过 70%，弯曲应变量超过 20%[18]。

2024 年，Zhao 等发现 Mg_3Bi_2 单晶在室温下也具有优异的塑性变形能力［图 3-1（f）］[8]。尽管由两种金属组成，Mg_3Bi_2 却表现出半金属的性质，与其同结构的 Mg_3Sb_2 则是一种半导体[19]。Mg_3Bi_2 的结构由两部分组成，一部分为 $MgBi_4$ 四面体共面连接形成的层，另一部分为占据层间位置的另一种 Mg 原子。Mg_3Bi_2 的单晶与多晶均具有塑性形变能力。Mg_3Bi_2 单晶压缩应变超过 70%，拉伸应变达到 100%。Mg_3Bi_2 多晶的塑性相对较差，但其压缩应变与拉伸应变仍分别超过 50% 与 10%。Zhao 等发现 Mg_3Bi_2 单晶的力学性能具有明显各向异性，仅在沿 (0001) 面内方向拉伸时，单晶才具有大拉伸应变。同年，Li 等发现 $Mg_3Sb_{0.5}Bi_{1.498}Te_{0.002}$ 多晶在室温下也展现出了高达约 43% 的压缩应变[20]。

除上述列举的几类有代表性的本征塑性无机非金属材料外，2021 年，Cantos-Prieto 等发现 $CrCl_3$ 与 CrI_3 块体在室温下具有良好的变形能力[21]。2023 年，Huang 等系统研究了 AgX（$X=$ Cl, Br, I）多晶块体材料的力学性质，发现宽禁带材料 AgCl 和 AgBr 在多种加载状态下也表现出优异的塑性，材料室温下伸长率可达 30% ～ 50%，压缩应变量大于 60%，弯曲应变量大于 25%，轧制延伸率达 4200%［图 3-1（g）］[22]。

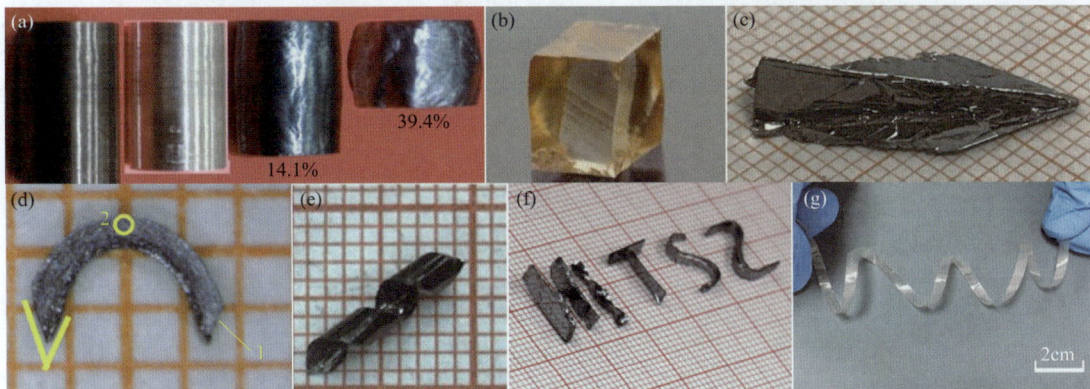

图 3-1　典型本征塑性无机非金属材料

（a）α-Ag$_2$S 多晶 [5]；（b）ZnS 单晶（黑暗环境）[6]；（c）InSe 单晶 [7]；（d）MoS$_2$ 单晶 [18]；（e）SnSe$_2$ 单晶 [23]；
（f）Mg$_3$Bi$_2$ 单晶 [8]；（g）AgCl 多晶 [22]

3.2.1.2　非本征塑性无机非金属材料

除上述具有本征塑性的无机非金属材料外，近年来研究人员发现在 Bi$_2$Te$_3$ 和 AgCuSe 等本征脆性无机非金属材料中进行组分或微结构设计，也可以实现类似于金属的反常塑性。2024 年，Deng 等在脆性 Bi$_2$Te$_3$ 基材料中通过调制反位缺陷诱导形成高密度 / 多样化的微观结构，实现了材料从脆性至塑性的转变 [9]。Bi$_2$Te$_3$ 具有与 InSe 类似的层状结构，层内由 Te-Bi-Te-Bi-Te 五原子层构成，层间由范德华力连接，其室温带隙为 0.14eV[24]。单晶 Bi$_2$Te$_3$ 易发生层间解离，力学性能极差 [25]。通过调制反位缺陷诱导形成高密度 / 多样化的微观结构，可以显著影响力学性能进而实现 Bi$_2$Te$_3$ 材料的塑化。Deng 等利用温度梯度法制备了化学计量比精确控制的 Bi$_2$Te$_3$ 块体单晶，其沿面内方向的三点弯曲应变 >20%，压缩应变 >80%，拉伸应变 >8%，与已报道的塑性无机半导体相当，远高于多晶 Bi$_2$Te$_3$。塑性 Bi$_2$Te$_3$ 单晶可以被弯曲成为管状等各种形状而不发生开裂，展现出优良的变形能力［图 3-2（a）～（c）］。

AgCuSe 室温为本征脆性，弯曲形变小于 1%，其晶体结构中化学键主要为具有方向性和饱和性的强共价键，导致材料难以变形。Yang 等利用熔融 - 淬火方法在 AgCuSe 的阴离子位固溶具有高电负性的 S 元素，当 S 固溶量达到 40% 时，材料发生塑化，三点弯曲应变达 12%，可弯折成为各种形状而不发生开裂［图 3-2（d）］[26]。不同于固溶 S，在 AgCuSe 中固溶 Te 后材料仍为脆性，但是脆性 AgCu（Se,Te）塑化所需的 S 固溶量显著降低。例如，对于 AgCuSe$_{0.3}$Te$_{0.7}$，当 S 固溶量仅为 8% 时材料即发生塑化，三点弯曲应变超过 20%［图 3-2（e）］[12]。通过固溶 S 元素，也可以实现 Ag$_2$Se 和 Ag$_2$Te 等室温脆性无机非金属材料的塑化。对于 Ag$_2$Se，当 S 固溶量达到 30% 时，材料发生塑化 [27]；对 Ag$_2$Te，当 S 固溶量达到 10% 时，材料发生塑化［图 3-2（f）］[28]。

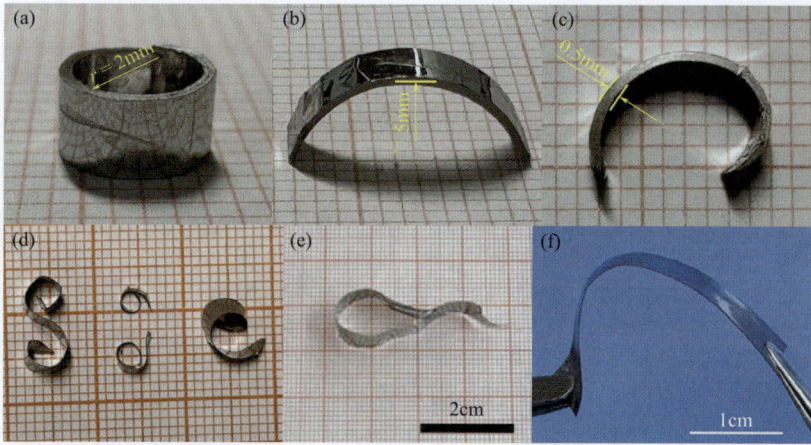

图 3-2 典型非本征塑性无机非金属材料

（a）～（c）塑性 Bi_2Te_3 单晶 [9]；（d）$AgCuSe_{0.6}S_{0.4}$ 多晶 [26]；（e）$Ag_{0.995}CuSe_{0.22}S_{0.08}Te_{0.7}$ 单晶 [29]；
（f）$AgCuSe_{0.22}S_{0.08}Te_{0.7}$ 多晶 [12]

3.2.1.3 大应变无机非金属材料

（1）微纳尺度大应变无机非金属材料

最近的研究表明，一些本征脆性的无机非金属材料在微纳尺度下具有超大应变。2019年，Frankberg 等发现无缺陷的 Al_2O_3 玻璃微柱可以实现高达 100% 的大压缩应变 [30]。2020年，Regan 等发现（001）取向的单晶金刚石微柱中可以通过相变实现大拉伸应变以及弯曲应变 [31]。2022年，Sun 等制备了糖衍生各向同性纳米结构多晶石墨，通过激活纳米级（5～10nm）晶粒的旋转实现了微柱样品室温高达 30%～50% 的压缩应变 [图 3-3（a）][32]。2022年，Liu 等发现铁电氧化物 $Pb(In_{1/2}Nb_{1/2})O_3-Pb(Mg_{1/3}Nb_{2/3})O_3-PbTiO_3$ 微柱在室温下的最大压缩应变超过 50%，最大弯曲应变超过 8% [图 3-3（b）][33]。2022年，Wang 等报道了 GaSe 单晶微柱在垂直于 c 轴方向的大压缩应变 [34]。2023年，Ren 等通过高通量计算预测了 99 种室温下可能具有形变能力的层状材料，并在实验中证实 PbI_2 微柱的弯曲应变高达 12% [35]。2024年，Shen 等通过高温下预加载应力的方式在单晶 TiO_2 微柱中原位引入大量缺陷，实现了其压缩形变能力的显著提高，室温下最大压缩应变达 10% [36]。2024年，Aoki 等通过构筑精细的共晶微观结构，实现了钆铝钙钛矿 $Al_2O_3-GdAlO_3$ 微柱在室温下高达 5% 的工程塑性应变 [37]。2025年，Bu 等在立方氮化硼微柱的 <100> 方向上加载压缩应力，激活了形变孪生的形变机制，使其压缩应变提高至 55% [38]。

此外，研究人员最近发现通过相界面等结构设计也可在本征脆性的无机非金属材料微柱中实现超大应变。Si_3N_4 是一种经典的结构陶瓷，其具有与金刚石类似的由 SiN_4 四面体通过角连接形成的晶体结构 [39]。由于四面体连接方式不同，Si_3N_4 具有 α 与 β 两种物相。通过常规烧结方法得到的 Si_3N_4 通常为 β 相，外力作用下表现为脆性。2022年，Zhang 等通过控制烧结条件在 Si_3N_4 中引入了共格界面，利用共格界面处的 α-β 相变使得 Si_3N_4 微柱实现了良好的室温压缩形变能力，最大压缩应变达到 40%，同时压缩强度也成倍提升 [图 3-3（c）][10]。2024年，Dong 等通过在 Mo 与 La_2O_3 之间构建一种有序结合界面，降低 Mo 中的位错传递到

La₂O₃ 内部所需越过的能垒，使 La_2O_3 可以向 Mo "借" 位错，显著提高了 La_2O_3 晶格内部的位错密度，进而使 Mo-La₂O₃ 微柱实现了优异的室温形变能力，材料最大拉伸应变可达 39.9% [图 3-3（d）][40]。

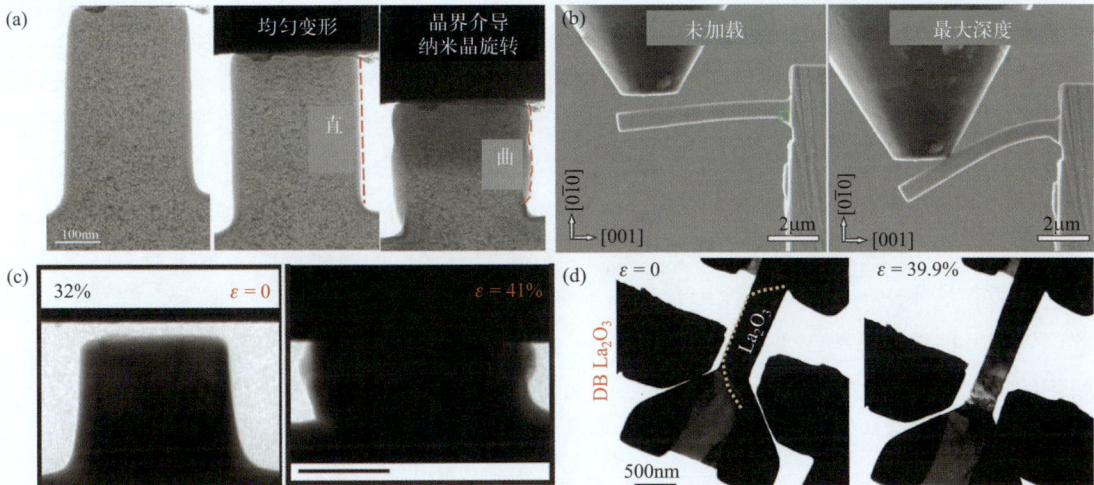

图 3-3　典型微纳尺度大应变无机非金属材料

（a）各向同性纳米结构多晶石墨微柱[32]；（b）Pb（In₁/₂Nb₁/₂）O₃-Pb（Mg₁/₃Nb₂/₃）O₃-PbTiO₃ 微柱[33]；（c）具有共格界面结构的 Si_3N_4 微柱[10]；（d）Mo-La₂O₃ 微柱[40]

（2）宏观尺度大应变无机非金属材料

　　长期以来，人们普遍认为陶瓷仅在高温或微纳尺度下才可能发生大应变，而近期报道的具有大压缩应变的 BN 陶瓷块体改变了这一认识。BN 具有多种相，其中经典的六方相 BN 拥有与石墨一样的层状结构，层与层之间由范德华力结合[41]。六方 BN 在块体状态下最大压缩应变仅约为 2%。2021 年，Wu 等对具有特殊洋葱状结构的 BN 原料进行放电等离子烧结，制备出具有三维互锁结构的六方 BN 块体，实现了最大约 4% 的压缩应变[42]。2024 年，Wu 等进一步对具有特殊洋葱状结构的 BN 原料进行低温短时间放电等离子烧结，成功引入了转角层状结构，使六方 BN 块体的最大压缩应变提高至 13.6%（图 3-4）[11]。

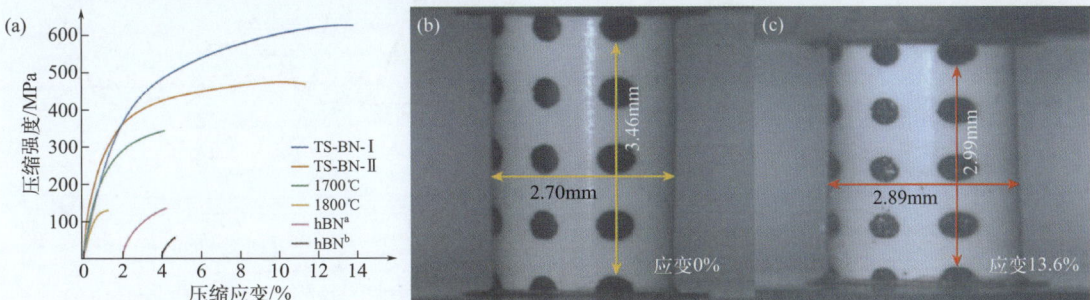

图 3-4　具有转角层状结构的 BN 块体陶瓷[11]

（a）压缩应变 - 压缩强度曲线；（b）未加载应力的转角层状结构 BN 块体；（c）压缩应变达 13.6% 的转角层状结构 BN 块体

3.2.2 / 无机非金属材料塑性形变机理

3.2.2.1 多中心 / 弥散化学键

作为首种被发现的室温塑性无机非金属材料，研究人员对 Ag_2S 的塑性形变机制进行了深入研究。Shi 等通过理论计算从化学键的角度解释了 Ag_2S 的塑性机制（图 3-5）[5]。研究发现，单斜相 Ag_2S 存在 zigzag 结构的"滑移轨道"。滑移面之间存在 S 原子与 Ag 原子的成键作用。在滑移过程中，S 原子沿着 Ag 原子构成的滑轨移动，不断有旧的 Ag—S 键减弱甚至断裂，同时又有新的 Ag—S 键生成。因此，(100) 滑移面之间的作用力一直维持在 Ag—S 成键状态，其在滑移过程中能量波动较小，导致了小的滑移能量势垒；同时该成键状态保证了这些滑移面之间较强的作用力，避免了在滑移过程中裂纹的产生甚至材料的解理。这种"易滑移 - 难解理"的特性导致材料在变形时不会发生开裂，从而具有塑性形变的能力。Li 等计算了单斜结构的 Ag_2S 在滑移过程中化学键变化与剪切应力，发现 Ag—S 键可以在外力作用下发生一定程度的变化来适应晶体结构的变化，保持结构的完整性[43]。

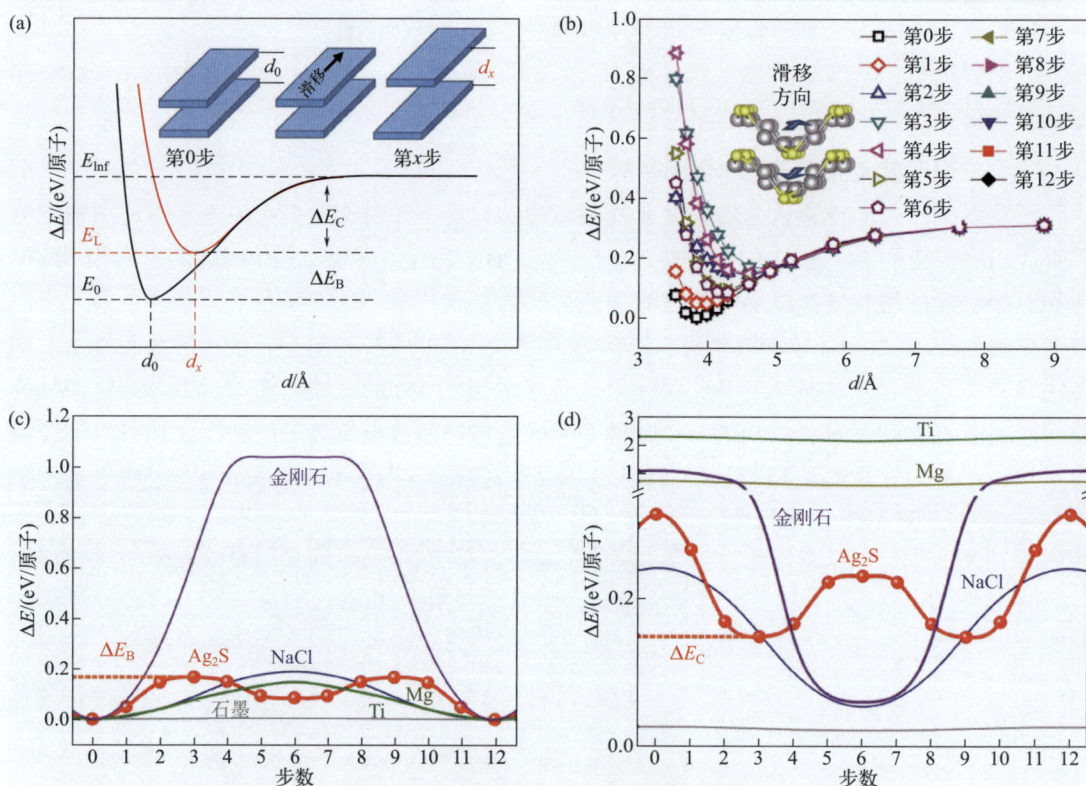

图 3-5　单斜结构 Ag_2S 的塑性形变机制[5]

（a）滑移过程中能量与滑移距离的依赖关系示意图；（b）α-Ag_2S 中不同滑移步骤的能量随层间距离变化；（c）、（d）滑移过程中 α-Ag_2S 与其他无机材料的滑移能量势垒（c）与层间解理能（d）变化

除 Ag_2S 外，研究人员发现 AgCl、AgBr、InSe 等二维层状材料和 Mg_3Bi_2 的塑性形变机

理也可从多中心 / 弥散化学键的角度进行解释。Huang 等认为 AgCl 与 AgBr 中的化学键表现出弥散性、非饱和性等特征，容易在滑移过程中持续断开和重构 [22]。特别是 AgCl 与 AgBr 中原子层相对滑动时，Cl⁻ 离子和 Br⁻ 离子的电子云空间形态会发生变化，进而抑制同号离子的排斥作用，使得化学作用力始终保持在一个较高的水平，这可能是 AgCl 和 AgBr 具备优异塑性的原因。Wei 等发现 InSe 相邻层间除 Se-Se 范德华力外，还存在着 In-Se 之间的长程库仑力 [7]。这些多重、非局域的较弱作用力一方面促进层间的相对滑移，另一方面又像"胶水"一样把相邻的层"黏合"起来，抑制材料发生解理，同时保证了位错的跨层滑移。因此，InSe(001) 面之间相对滑移能垒极低，而解理能显著高于其他二维材料以及典型的脆性材料，使得材料在层间滑移以及跨层滑移过程中仍可维持结构完整性，实现优良塑性。对于 SnSe₂，Deng 等也发现其在滑移过程中存在化学键不断断裂和生成导致的"易滑移 - 难解理"特征 [23]。类似地，Mg₃Bi₂ 结构中存在离子键、共价键和金属键的混合成键环境，滑移过程中呈现连续的动态成键特征，有效阻止滑移面上原子间解理，抑制材料开裂 [8]。

3.2.2.2　相变

相变会伴随材料体积变化与能量耗散，是金属及陶瓷增韧的一种有效机制 [44-45]。SnSe₂ 和 InSe 等塑性无机非金属材料以及 Si₃N₄ 微柱等微纳尺度大应变材料的形变机理均与力致相变有关。Zhang 等通过精确控制烧结参数得到的 Si₃N₄ 材料中存在有利于断键后原子再结合的 α 相与 β 相共格界面 [图 3-6 (a)] [10]。透射电镜下原位压缩测试以及相变能计算发现压力作用下 Si₃N₄ 微柱在 α 相与 β 相共格界面处发生了由共价键断裂 - 旋转 - 成键导致的 β → α 相变，这避免了断键过程中裂纹的产生，进而使 Si₃N₄ 微柱获得了大的压缩形变。Ge 等通过 TEM 原位表征，发现外力作用下 SnSe₂ 的晶体结构由低对称性的 18R 相转变为高对称性的 4H 相与 2H 相 [图 3-6 (b)] [46]。这说明除了多中心 / 弥散的化学键，相变也是单晶 SnSe₂ 具有塑性变形能力的另一关键机制。类似的结果也在 InSe 中被报道。Sun 等通过机器学习模拟了单晶 InSe 的压缩过程，发现在与 c 轴成 45° 角的滑移面边缘出现了六方相→四方相的相变，进而导致了其在压缩时出现 45° 角滑移带 [图 3-6 (c)] [47]。

Wong 等对二元硫族化合物 MX（M= In, Ga; X = S, Se, Te）的塑性变形过程与机制进行了研究，发现 InSe 等 MX 材料在塑性形变过程中内部会出现微裂纹和 2H → 3R 相变 [图 3-6（d）]，并且在裂纹附近存在原子层的跨层连接 [48]。滑移势垒计算表明，InSe 和 GaSe 中 3R 相的滑移势垒均高于 2H 相。因此，在应力作用下微裂纹的产生与 2H → 3R 相变阻碍了层间滑移，导致跨层连接以及复杂叠层网络的形成，这抑制了裂纹的进一步扩展，并促进了后续的大范围层间滑移，从而使材料具有良好的塑性形变能力。

2025 年，Wang 等发现 Ag₂Te₁₋ₓSₓ 化合物在压缩后发生了非晶化现象 [49]。研究团队通过离位 XRD 以及原位 TEM 对 Ag₂Te₁₋ₓSₓ 塑性变形过程中的物相结构演变进行了表征，发现随着应变增加，材料逐渐从晶态相转变为"类非晶"的无序特征，并且这一非晶化过程仅需微小应力即可诱发。随后研究团队通过同步辐射对分布函数（PDF）结合反向蒙特卡罗模拟（RMC）分析了原子局域化学环境随应变的变化，提出了如下的塑性变形机制：在受到应力时，Te/S 亚晶格发生非晶化导致塑性应变，而本征无序的 Ag 离子则始终与邻近 Te/S 原子保

第
3
章

持成键，避免结构坍塌，两者共同作用使得 $Ag_2Te_{1-x}S_x$（$0.3 \leqslant x \leqslant 0.6$）无机半导体材料展现出优异的塑性变形能力。基于该塑性变形机制，研究团队提出了"迭代亚晶格非晶化"策略，通过多次迭代变形非晶化 - 退火再结晶这一过程在 $Ag_2Te_{0.6}S_{0.4}$ 材料中实现了高达 10150% 的辊轧延伸率。

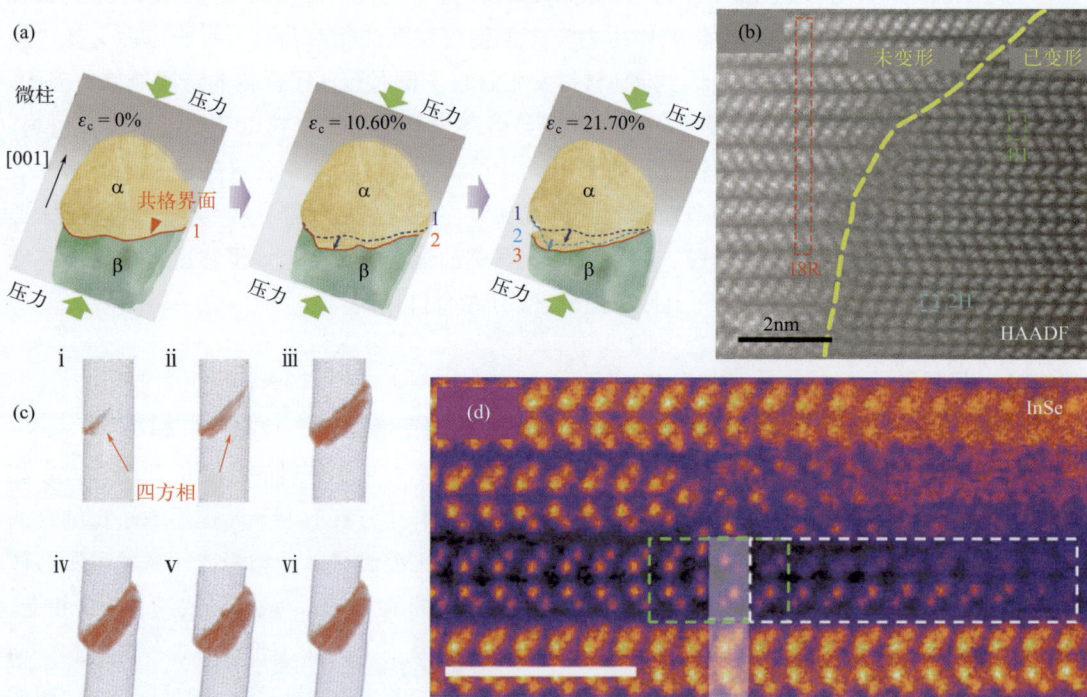

图 3-6　Si_3N_4 微柱 [10]、$SnSe_2$ [46] 及 InSe 形变过程中发生的力致相变

（a）具有共格结构的 Si_3N_4 微柱中的 α/β 相共格界面以及 α 相在压缩形变过程中的变化示意图；（b）$SnSe_2$ 单晶在压缩后因相变产生的多相界面；（c）InSe 在面外压缩过程中由六方相→四方相相变产生 45° 角滑移带的示意图 [47]；（d）InSe 塑性变形过程中因层内 2H → 3R 相变产生的相界面（绿框内）以及 3R 相（白框内）[48]

3.2.2.3　特殊微结构

位错滑移是金属塑性变形的主要机理 [50]。但是，由于极强的离子键或共价键特性，无机非金属材料的位错形核与滑移能垒均较高，位错难以形成和产生运动，导致材料通常表现为脆性 [40]。然而，最近在 ZnS（黑暗中）和 La_2O_3 微柱中发现的反常形变能力则来自位错。Oshima 以及 Shunsuke 等发现 ZnS 中产生的位错可分为两类不全位错 [6]。黑暗中这两类位错可以同时滑动，使 ZnS 发生滑移形变 ［图 3-7（a）］。而在光照条件下，由于位错核心的带隙较小，ZnS 中不全位错易与光激发的电子或空穴结合，变为带电位错。在周围电子云的作用下，两类不全位错的移动能力出现差异，导致晶体中出现孪生形变而非滑移形变，使晶体表现为脆性 ［图 3-7（b）］。Dong 等发现在具有大拉伸形变的 Mo-La_2O_3 微柱中存在大量 Mo/La_2O_3 有序共格界面，Mo 中的高密度位错易于跨过这种有序共格界面进入 La_2O_3 中，导致 La_2O_3 微柱具有良好的塑性形变能力 ［图 3-7（c）～（f）］[40]。理论计算表明 Mo 中的位错穿过 Mo/La_2O_3 有序共格界面的能量（2288.5mJ/m^2）低于穿过非有序界面所需的能量（3897.1mJ/m^2），

与穿过纯 Mo 时的能量相当（2543.9mJ/m^2），为 La_2O_3 向 Mo"借位错"提供了可能。在 Mo-CeO_2 微柱中，也观察到了这种向金属"借位错"的形变机理。

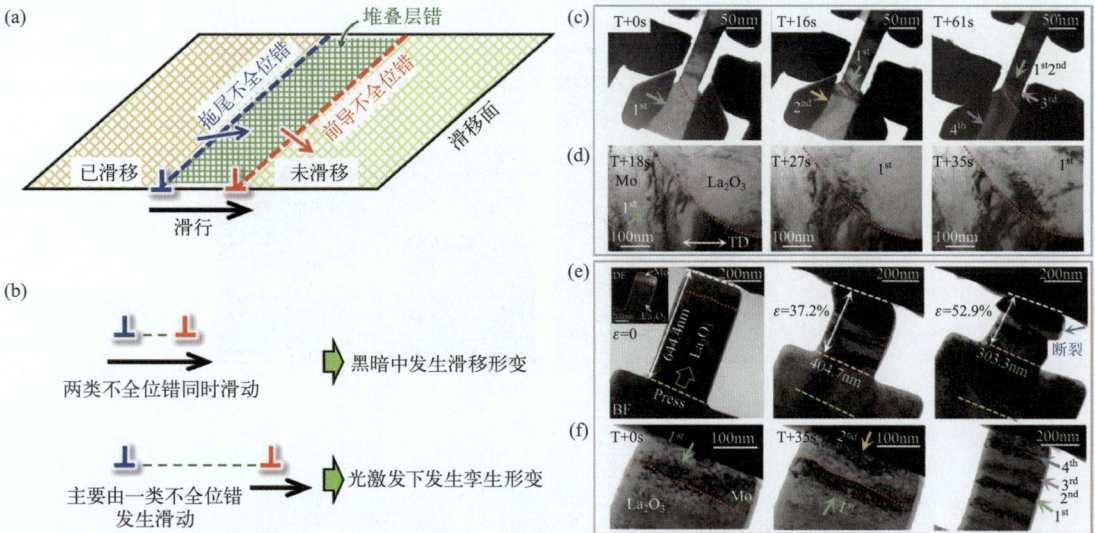

图 3-7　ZnS[6] 与 Mo-La_2O_3 微柱 [40] 在形变过程中的位错变化

（a）ZnS 中一组不全位错滑行过程示意图；（b）不同光照条件下两种不全位错的滑动模式以及对应的宏观晶体变形模式；（c）～（f）原位拉伸以及原位压缩过程中 Mo-La_2O_3 微柱的形变以及 Mo 中位错迁移到 La_2O_3 的过程

　　除位错外，层错、孪晶和晶格畸变等也可以有效弛豫或耗散应力以阻止裂纹传播，提高无机非金属材料的形变能力。例如，在 Wu 等制备的 BN 块体中，存在由于洋葱状 BN 纳米颗粒转化为取向随机的六方 BN 纳米晶而形成的三维互锁结构，其可以阻断扭折、分层、涟漪、位错等的传播，将变形局限在单个纳米片的内部 [42]。通过降低烧结温度与缩短烧结时间来控制洋葱状 BN 纳米颗粒碎片的晶化生长过程，可以在具有三维互锁结构的 BN 块体中进一步引入由相对转动不同角度的平行薄片为结构基元堆叠而成的转角层状结构 [图 3-8（a）、（b）] [11]。这种转角结构在几乎不影响层间解理能的前提下，可以大幅降低 BN 层间的滑移能垒 [图 3-8（c）]，进一步提高了形变能力，导致转角层状 BN 陶瓷室温压缩应变量高达 13.6%。Bu 等在立方氮化硼微柱的 <100> 方向上施加压缩应力，引发了以形变孪生为主的形变机制 [38]。与金属中部分位错移动介导的形变孪生不同，立方氮化硼中的形变孪生是通过基体与孪生之间过渡区的整体晶格位移实现的。由于共价晶体中位错成核较困难，这种连续过渡介导的形变孪生机制在立方氮化硼微柱中更易实现，使其具备高的压缩强度与压缩应变。

　　Bi_2Te_3 为典型的范德华层状材料，外力作用下极易发生层间解理导致材料脆性开裂 [25]。2024 年，Deng 等利用温度梯度法制备了室温下具有良好塑性的 Bi_2Te_3 晶体 [9]。透射电镜表征发现塑性 Bi_2Te_3 单晶中存在由 Bi_{Te} 和 Te_{Bi} 反位缺陷转变而成的高密度/多样化的微结构，如线缺陷（位错、涟漪）、面缺陷（交错层、超位错）甚至局部晶格畸变等 [图 3-8（d）]。这些特殊微观结构可以有效弛豫或耗散应力以阻止裂纹的形成和传播，进而避免材料开裂。以交错层和涟漪两种微结构为例，分子动力学计算表明，含有交错层的缺陷 Bi_2Te_3 单晶范德华层间存在的 Bi—Te 化学键可以作为桥梁连接近邻的范德华层以强化层间相互作用和抑制层间解理［图 3-8（e）］。同时，交错层中的原子形成了 Te-Bi-Te-Bi 四元环，在剪切过程中可像轮子一样连续滚动以促进层间滑移［图 3-8（f）］。此外，多种微观结构的存在也有助于阻碍微裂纹的扩展，避免材料的脆性开裂。

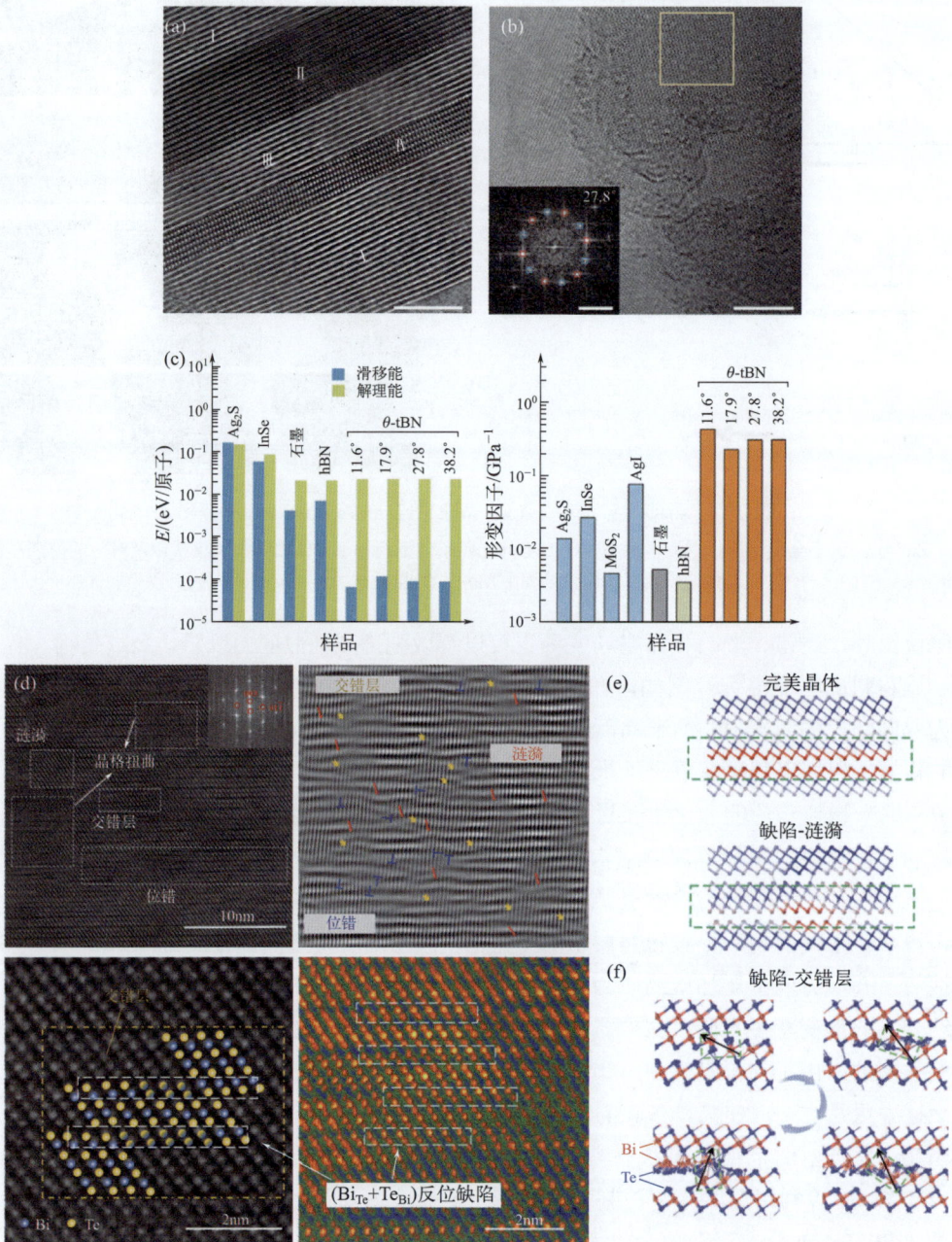

图 3-8　具有转角层状结构的 BN 块体[11] 以及塑性 Bi_2Te_3 单晶[9] 中的特殊微观结构

（a）BN 块体中的转角层状结构；（b）BN 块体中的摩尔超晶格图像；（c）不同转角的 BN 扭曲层与其他典型层状材料的滑移能、解理能以及形变因子；（d）单晶 Bi_2Te_3 中由高浓度反位缺陷引起的位错、涟漪、晶格扭曲以及交错层等缺陷结构；（e）分子动力学模拟的完美 Bi_2Te_3 与具有涟漪的缺陷 Bi_2Te_3 晶格中的应力分布情况；（f）剪切形变过程中由交错层形成的 Te-Bi-Te-Bi 四元环移动过程

3.2.3 / 塑性无机非金属材料的代表性应用

3.2.3.1 热电领域的应用

热电能量转换技术可实现热能和电能的直接相互转换，在深空/深海用特种电源[51]、柔性电子/物联网自供电[52-54]、固态制冷[55-56]等领域具有广阔的应用前景。然而，经典的高性能无机热电材料均为脆性材料[25,57]，机械加工性能差，易开裂，难以制备成为柔性或异型热电器件，限制了热电能量转换技术的应用。Ag_2S、Mg_3Bi_2、$SnSe_2$单晶、缺陷Bi_2Te_3单晶等塑性无机非金属材料的发现为开发具有超常室温形变能力的高性能热电材料提供了可能。基于这些材料，中国科学院上海硅酸盐研究所、浙江大学、上海交通大学、上海大学、哈尔滨工业大学等研究单位成功开发出系列高性能塑性无机热电材料，并利用其研制出多种高输出性能热电器件，可应用于柔性电子/物联网自供电等领域。

（1）Ag_2S基塑性无机热电材料

Ag_2S具有类似于金属的优良塑性变形能力，但其在室温下电导率很低（约0.1S/m），导致热电优值（zT）远低于经典脆性热电材料[58]。相对而言，Ag_2Se与Ag_2Te在室温下具有较高的电导率（$10^4 \sim 10^5$S/m）和zT[59]。因此，在Ag_2S中固溶Se和/或Te有望在保持Ag_2S室温塑性形变能力的同时大幅改善其热电性能。2019年，Liang等率先研究了Se和/或Te固溶对Ag_2S力学性能和热电性能的影响[60]，随后很多研究团队跟踪开展了Ag_2S基塑性无机热电材料的研究，获得了对该体系"组分-结构-工艺-性能"构效关系清晰认识。

当Se/Te固溶量较低时，Ag_2(S,Se,Te)固溶体仍保持Ag_2S室温单斜结构，但固溶量较高时，晶体结构发生变化。对于二元$Ag_2S_{1-x}Se_x$固溶体，当$x \leq 0.6$时，室温下为单斜结构；当$x \geq 0.8$时，室温下为正交结构；当$0.6 < x < 0.8$时，$Ag_2S_{1-x}Se_x$存在类似于铁电材料的准同型相界，其正交-单斜转变对应的组分与材料的制备工艺相关[27]。对于二元$Ag_2S_{1-x}Te_x$固溶体，当$x \leq 0.16$时，室温下为Ag_2S单斜结构；当$x > 0.16$时，室温下为Ag_2S中温体心立方结构和非晶共存；进一步增加Te固溶量时，室温下为Ag_2Te高温面心立方结构和非晶共存；当$x \geq 0.8$时，Ag_2Te室温单斜相出现，并且其含量随Te含量增加逐渐增加；当$x \geq 0.9$时，完全转变为Ag_2Te室温单斜结构[28,61]。对于三元Ag_2(S,Se,Te)固溶体，其晶体结构和物相与化学组分之间的关系更加复杂。在S、Se和Te含量相当时，固溶体由于构型熵的增加通常表现为立方结构[62]。

力学性能测试表明，当Se含量$x = 0.70 \sim 0.75$时，二元$Ag_2S_{1-x}Se_x$固溶体出现"脆性-塑性"转变，即$Ag_2S_{1-x}Se_x$单斜相和准同型相界附近的$Ag_2S_{1-x}Se_x$正交相也具有良好的塑性[27]；当S含量$x = 0.1$时，二元$Ag_2S_xTe_{1-x}$固溶体出现"脆性-塑性"转变，即Ag_2S中温体心立方相、Ag_2Te高温面心立方相、非晶或其混合物也具有良好塑性[28]。基于上述结果，Chen等进一步研究并绘制了Ag_2S-Ag_2Se-Ag_2Te体系的组分-塑性相图，确定了具有塑性的组分区间[63]。除组分外，Ag_2(S,Se,Te)固溶体的力学性能与制备工艺密切相关。例如，Wang等发现不同退火温度得到的$Ag_2Te_{0.6}S_{0.4}$材料具有不同的力学性能，523K退火的样品表现为脆性，而973K退火的样品则具有塑性，其原因可能来自单斜相含量的变化[64]。

第
3
章

在 Ag_2S 中固溶 Se 和 / 或 Te，在保持原有塑性的同时可以降低禁带宽度和 Ag 空位的缺陷形成能，进而大幅增加载流子浓度。$Ag_2(S, Se, Te)$ 固溶体载流子浓度最高可达约 $10^{19}cm^{-3}$，较 Ag_2S 提高约 4 ～ 5 个数量级，进而导致电导率和 zT 的显著提升。$Ag_2S_{0.5}Se_{0.5}$ 室温电导率与 zT 分别可达 3.0×10^4S/m 与 0.26，均远高于 Ag_2S[60]。Wu 等通过向 $Ag_2S_{0.5}Se_{0.5}$ 中引入 0.5%（摩尔浓度）的 Ag_2Te，将室温 zT 提高至 0.43[65]。特别是在准同型相界附近，$Ag_2S_{1-x}Se_x$ 固溶体室温功率因子和 zT 分别达 $22\mu W \cdot cm^{-1} \cdot K^{-2}$ 和 0.61，接近传统脆性无机热电材料（图 3-9）[27]。Yang 等制备了立方结构的 $Ag_2(S, Te)$ 固溶体，室温 zT 达 0.39，600K zT 达 0.8，与商用 n 型碲化铋区熔晶体相当[66]。Wang 等通过 973K 退火工艺制备了 $Ag_2S_{0.4}Te_{0.6}$ 固溶体，室温 zT 达 0.4，623K zT 达 0.8[64]。Wang 等在 $Ag_2S_{0.5}Te_{0.5}$ 固溶体中的 Ag 位引入 Au 降低载流子浓度，550K 时 zT 达 0.95，300 ～ 600K 内的平均 zT 达 0.75[67]。在 $Ag_2(S, Te)$ 固溶体中引入 Ag 缺位或 Te 过量也可以降低载流子浓度，进而提升热电性能[68-70]。

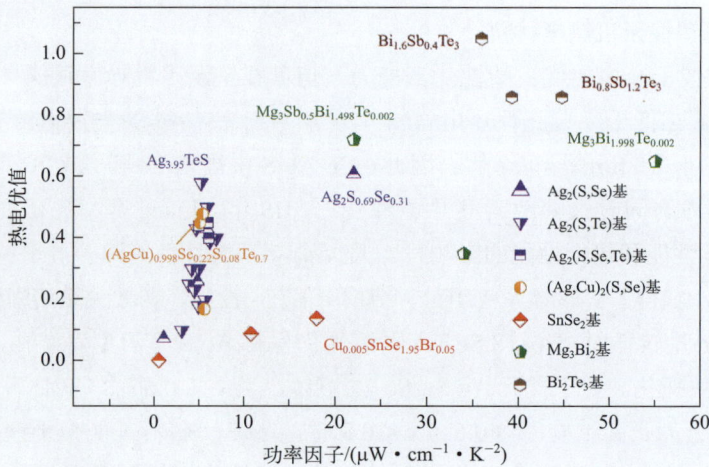

图 3-9　代表性塑性无机非金属热电材料室温下的热电优值（zT）与功率因子（PF）

类似于二元 $Ag_2(S, Se)$ 和 $Ag_2(S, Te)$ 固溶体，三元 $Ag_2(S, Se, Te)$ 固溶体也可以同时实现高热电性能和良好塑性。Liang 等制备了 $Ag_2S_{0.5}Se_{0.45}Te_{0.05}$，其室温 zT 为 0.44[60]。Chang 等制备了 $Ag_{1.98}S_{0.34}Se_{0.33}Te_{0.33}$，其在 300 ～ 500K 的平均 zT 可达 0.62[62]。Chen 等制备了 $Ag_2S_{1/3}Se_{1/3}Te_{1/3}$，其拉伸应变接近 100%，压缩应变与弯曲应变分别超过 40% 与 15%[63]。在 $Ag_2S_{1/3}Se_{1/3}Te_{1/3}$ 中引入少量 Ag 空位，其室温 zT 达 0.45。此外，在 Ag_2S 中同时引入 Cu 和 Se，可以将材料导电类型从 n 型转变为 p 型，同时保持优良塑性，其三点弯曲应变达 10%，压缩应变大于 30%[71]。通过进一步的成分优化，在 800K 时 Cu 缺位的 p 型 $(Ag_{0.2}Cu_{0.8})_2S_{0.7}Se_{0.3}$ 热电优值达 0.95。

利用 Ag_2S 基塑性无机热电材料良好的塑性和机械加工能力，研究人员成功制备了系列柔性、异型和纤维热电器件。Liang 等制备了由 6 对 n 型 $Ag_2S_{0.5}Se_{0.5}$ 热电臂和 p 型 Pt-Rh 线构成的面内型热电发电器件[60]。在 20K 温差下，最大归一化功率密度达到 $0.08W \cdot m^{-1}$，比目前最好的纯有机热电器件高 1 ～ 2 个数量级。将 $Ag_2S_{0.5}Se_{0.5}$ 更换为 $Ag_2Se_{0.67}S_{0.33}$，器件在 20K 温差下的最大归一化功率密度达到 $0.26W \cdot m^{-1}$。Yang 等将弯曲后的 n 型 $Ag_{20}S_7Te_3$ 和 p 型

Pt-Rh 线构成环形热电器件［图 3-10（a）］，在 70K 温差下，该器件开路电压为 69.2mV，最大输出功率为 17.1μW[66]。Fu 等制备了 $Ag_2Te_{0.6}S_{0.4}$ 纤维并利用其开发出三维无机热电织物［图 3-10（b）］，在 20K 温差下归一化功率密度达 $0.4μW·m^{-1}·K^{-2}$，接近 Bi_2Te_3 基无机热电织物，比有机热电织物高近 2 个数量级[72]。Yuan 等开发出一种含 60 个 n 型 $Ag_2Se_{0.67}S_{0.33}$ 热电臂的 Y 型结构柔性热电器件［图 3-10（c）］，佩戴在手臂上时可产生 42mV 开路电压和 35μW 的最大输出功率，相应功率密度为 $1.1μW·cm^{-2}$，高于已报道的薄膜热电器件，产生的电能可驱动电子手表工作[73]。

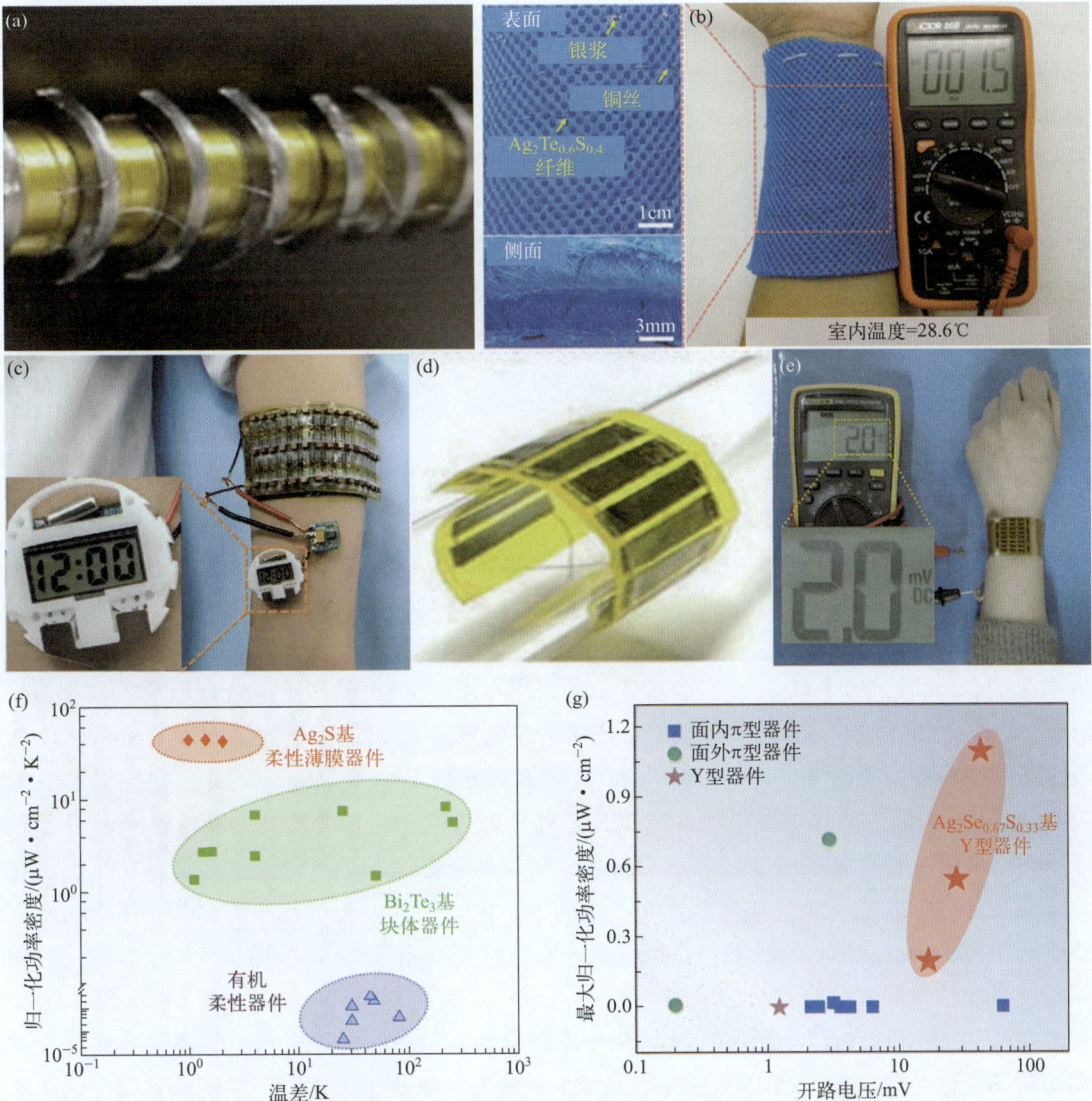

图 3-10　基于塑性无机热电材料研制的代表性柔性热电器件及其性能

（a）$Ag_{20}S_7Te_3$/Pt-Rh 环形热电器件[66]；（b）$Ag_2Te_{0.6}S_{0.4}$ 无机热电织物[72]；（c）$Ag_2Se_{0.67}S_{0.33}$ 基 Y 型热电器件[73]；（d）$AgCuSe_{0.6}S_{0.4}$/$Ag_{0.995}CuSe_{0.22}S_{0.08}Te_{0.7}$ 面内型柔性热电器件[29]；（e）$Ag_2S_{0.7}Te_{0.3}$/$(AgCu)_{0.998}Se_{0.22}S_{0.08}Te_{0.7}$ 面外型柔性热电器件[12]；（f）Ag_2S 基柔性热电器件以及其他种类热电器件最大归一化功率密度与温差的关系；（g）$Ag_2Se_{0.67}S_{0.33}$ 基 Y 型热电器件以及其他种类热电器件最大归一化功率密度与开路电压的关系[73]

（2）AgCuSe 基塑性无机热电材料

AgCuSe 是一种 n 型热电材料，在室温下表现为脆性，但是通过在 Se 位固溶 S，使用固态淬火的方法可以实现材料"脆性 - 塑性"转变[26]。Yang 等[12]和 Shen 等[29]系统研究了 AgCu(Se,S,Te) 的物相组成、电热输运性能和力学性能，绘制了 AgCuS-AgCuSe-AgCuTe 体系"脆性 - 塑性"与"n-p 型"转变相图。Yang 等发现当 AgCu(Se$_{1-y}$Te$_y$) 中 y 约为 0.5 时，发生 n-p 型转变；此时引入少量的 S，不改变材料的导电类型，但力学性能发生"脆 - 塑"性转变。因此，AgCu(Se$_{1-y-x}$S$_x$Te$_y$) 中 Te 固溶量 y 在 0.5 ～ 0.7、S 固溶量 x 在 0.05 ～ 0.08 时，材料同时具有塑性和 p 型导电行为。同时，"脆 - 塑"性转变对应的 S 含量与 AgCuSe 中的 Te 含量密切相关。AgCuSe$_{0.3-x}$S$_x$Te$_{0.7}$（x = 0.06、0.08）室温压缩应变 >30%，三点弯曲应变 >10%，与 Ag$_2$S 及其固溶体相当。在 AgCuSe$_{0.22}$S$_{0.08}$Te$_{0.7}$ 中引入阳离子空位改善电输运性能，zT 在室温提升至 0.45，在 340K 时达 0.68。Shen 等进一步制备了 Ag$_{0.995}$CuSe$_{0.22}$S$_{0.08}$Te$_{0.7}$，在 340K 时 zT 可达 0.81。由 n 型 AgCuSe$_{0.6}$S$_{0.4}$ 和 p 型 Ag$_{0.995}$CuSe$_{0.22}$S$_{0.08}$Te$_{0.7}$ 构成的面内型热电发电器件在 30K 温差下最大归一化功率密度达到 0.13W·m^{-1}。Yang 等选取 p 型（AgCu）$_{0.998}$Se$_{0.22}$S$_{0.08}$Te$_{0.7}$ 和 n 型 Ag$_2$S$_{0.7}$Te$_{0.3}$ 制备了厚度为 0.3mm、填充率为 72% 的面外型超薄无机柔性热电器件［图 3-10（e）］[12]。得益于材料优良的热电性能、超薄的厚度以及低的界面接触电阻率，柔性热电器件的最大归一化功率密度达 30μW·cm^{-2}·K^{-2}，比有机热电器件高约 4 个数量级，比传统的 Bi$_2$Te$_3$ 基刚性器件高约 4 倍。该柔性器件同时展示出良好的服役稳定性，在 15mm 弯曲半径下，经受 500 次弯曲后其内阻几乎不变。

（3）范德华晶体基塑性无机热电材料

利用温度梯度法制备的 SnSe$_2$ 晶体为 2H 结构（空间群 P-3m1），具有良好的塑性，但是其载流子浓度较低，导致热电性能较差。Deng 等通过在 Se 位引入卤素掺杂显著提高了 SnSe$_2$ 的载流子浓度与热电性能[23]。当 Br 掺杂量达 0.05 时，SnSe$_{1.95}$Br$_{0.05}$ 的室温功率因子接近 10μW·cm^{-1}·K^{-2}，同时还可保持优良的塑性。Deng 等进一步在卤素掺杂的 SnSe$_2$ 层间引入微量的 Cu 元素，由于 Cu 插层和卤素掺杂的共同作用，SnSe$_2$ 晶体结构由 18R（空间群 R-3m）转变为 4H（空间群 P6$_3$mc），导致载流子迁移率和载流子浓度同时提升[74]。Cu$_{0.005}$SnSe$_{1.95}$Br$_{0.05}$ 在 375K 时功率因子达 18.0μW·cm^{-1}·K^{-2}。由 6 对 n 型 4H-Cu$_{0.005}$SnSe$_{1.95}$Br$_{0.05}$ 热电臂和 p 型 Pt-Rh 线构成的面内型热电发电器件在 30K 温差下最大归一化功率密度为 0.18W·m^{-1}。相较于 SnSe$_2$ 晶体，利用温度梯度法制备的 Bi$_2$Te$_3$ 晶体具有更优的热电性能，其室温功率因子和 zT 分别达到 39.2μW·cm^{-1}·K^{-2} 和 0.86，远高于已报道的其他塑性热电材料[9]。在 10mm 弯曲半径下弯曲 400 次后，材料热电性能几乎未发生变化。通过固溶 Sb 调控载流子浓度，可在保持优良塑性的同时，将室温功率因子和 zT 进一步提高至 44.7μW·cm^{-1}·K^{-2} 和 1.05。Deng 等选取塑性 Bi$_{0.8}$Sb$_{1.2}$Te$_3$ 单晶和 Ag$_2$Se$_{0.67}$S$_{0.33}$ 分别作为 p 型和 n 型热电臂，制备了 8 对具有 Y 型结构的柔性热电器件。在 19℃的环境温度下，该器件佩戴于人体上产生的最大归一化功率密度为 2.0μW·cm^{-2}。

（4）Mg$_3$Bi$_2$ 基塑性无机热电材料

Mg$_3$Sb$_2$ 基无机塑性热电材料单晶和多晶均具有优良热电性能。Zhao 等对单晶 Mg$_3$Bi$_2$ 的热电性能进行了研究，发现其表现出显著各向异性[8]。在 ab 平面内，Mg$_3$Bi$_2$ 单晶的室温功

率因子高达 $34\mu W \cdot cm^{-1} \cdot K^{-2}$。通过 Te 掺杂，$Mg_3Bi_{1.998}Te_{0.002}$ 的室温功率因子进一步提升至 $55\mu W \cdot cm^{-1} \cdot K^{-2}$，室温 zT 达 0.65。Li 等制备了 $Mg_3Sb_{2-x}Bi_{x-0.002}Te_{0.002}$ 多晶，发现随着 Bi 含量的增加材料压缩应变与热电性能都得到了明显的提高[20]。当 $x=1.5$ 时，$Mg_3Sb_{0.5}Bi_{1.498}Te_{0.002}$ 室温 zT 达 0.72，压缩应变达 43%。Li 等制备了由 9 个 n 型 $Mg_3Sb_{0.5}Bi_{1.498}Te_{0.002}$ 热电臂构成的面内型热电发电器件，在 5.6K 温差下，最大归一化功率密度为 $14.4\mu W \cdot m^{-1}$；由 8 对 $Mg_3Sb_{0.5}Bi_{1.498}Te_{0.002}$ 和 Cu 热电臂构成的面外型热电发电器件，在 13.1K 温差下功率密度达 $3.9nW \cdot cm^{-2}$。

3.2.3.2 信息领域的应用

研究人员初步开展了塑性无机非金属材料在信息领域应用的研究。Zhu 等以采用辊压方法得到的柔性 Ag_2S 薄膜为基底，引入纳米孔介电层构筑了底层与顶层均为 Ag 电极的非对称触点结构，利用界面 -Ag 丝相结合的电阻开关机制，制备了 Ag_2S 基全无机柔性忆阻器，其在低偏置电压（±0.5V）下拥有高达 10^6 的开关比，高于基于有机材料和有机 - 无机复合材料的柔性忆阻器［图 3-11（a）～（c）][75]。随后，Zhu 等进一步对 Ag_2S 基柔性忆阻器进行改进。通过更低的偏置电压将开关能耗降至 0.2fJ 左右[76]。Zhao 等利用 Ag_2S 超高的电阻温度系数（-4.7%K^{-1}），研制了 Ag_2S 基无机柔性触摸屏，其分辨率达 0.05K，响应 / 恢复时间为 0.11/0.11s[13]。Zhao 等进一步研制出集传感、信号采集 / 处理 / 传输、实时显示与反馈于一体的全柔性智能传感系统，可实时感知与快速反馈手指的运动轨迹并转化为汉字和图形等［图 3-11（d）、（e）]。

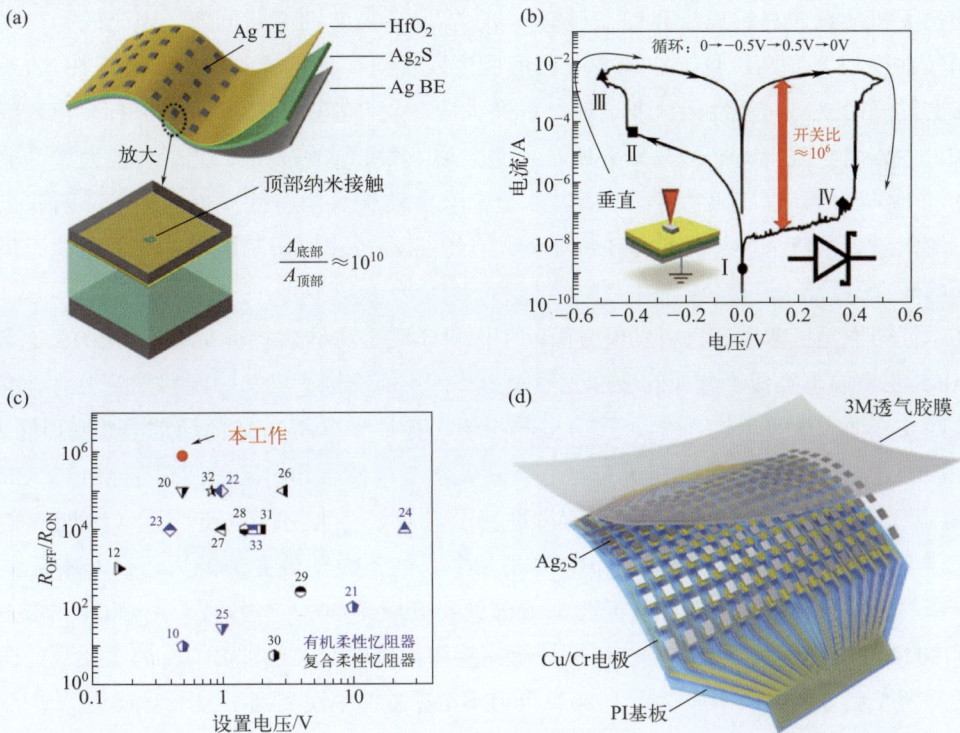

图 3-11

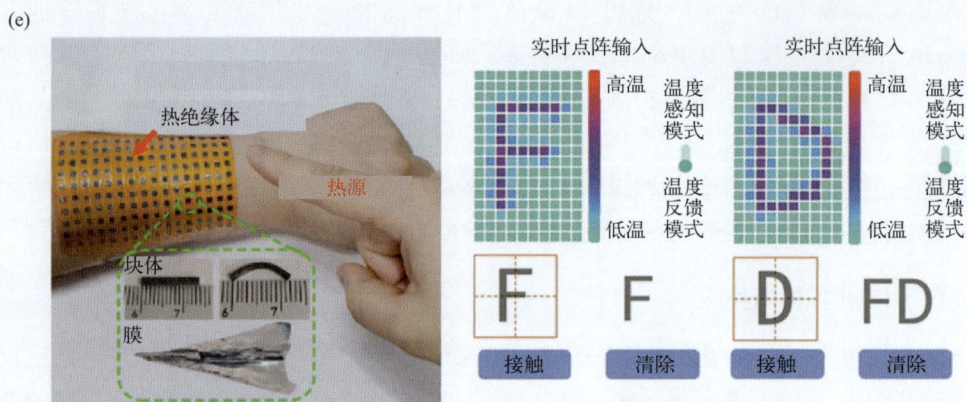

图 3-11　塑性无机非金属材料在信息领域的应用

（a）Ag$_2$S 基柔性忆阻器的结构示意图[75]；（b）施加偏置电压循环中电流的变化；（c）与其他柔性忆阻器的开关比对比[75]；（d）基于塑性 Ag$_2$S 半导体的柔性温度传感器阵列结构示意图[13]；（e）柔性温度传感器阵列佩戴于人体的照片和识别效果

3.3　我国在塑性无机非金属材料领域的学术地位及发展动态

塑性无机非金属材料属于我国在材料学科"从 0 到 1"的原始创新，现已成为材料领域世界科技前沿研究方向。我国在该方向已形成先发优势，处于领跑地位，最近在 *Science* 和 *Nature* 上发表的 9 篇与塑性无机非金属材料及大应变材料相关的学术论文中有 8 篇为国内研究成果。中国科学院上海硅酸盐研究所、上海交通大学、清华大学、北京科技大学、燕山大学、浙江大学、哈尔滨工业大学（深圳）、北京航空航天大学、武汉理工大学、西北工业大学、上海大学、同济大学、香港理工大学等二十余家高校和科研院所均开展了塑性无机非金属材料的研究。

在本征塑性无机非金属材料发现方面，中国科学院上海硅酸盐研究所等于 2018 年率先报道了 Ag$_2$S 在室温下类似于金属的塑性变形能力[5]；上海交通大学与中国科学院上海硅酸盐研究所、西安交通大学等单位合作，于 2020 年报道了范德华单晶 InSe 的超常塑性变形能力[7]；随后中国科学院上海硅酸盐研究所与上海交通大学等单位合作，陆续发现了 MoS$_2$、SnSe 和 GaSe 等范德华单晶在室温下也具有超常塑性变形能力[18]；哈尔滨工业大学（深圳）等[8] 和浙江大学等[20] 于 2024 年发现了 Mg$_3$Bi$_2$ 单晶和多晶的室温塑性变形能力。在非本征塑性无机非金属材料发现方面，中国科学院上海硅酸盐研究所于 2022 年实现了 AgCuSe 的塑化[26]，然后于 2024 年与中国科学院大学杭州高等研究院等单位联合实现了 Bi$_2$Te$_3$ 的塑化[9]。在大应变陶瓷材料发现方面，清华大学等于 2022 年在 Si$_3$N$_4$ 微柱中观测到了大压缩应变[10]；燕山大学等于 2024 年在块体 BN 中实现了大压缩应变[11]；北京科技大学等于 2024 年在 La$_2$O$_3$ 微柱中观测到了大拉伸应变[40]。

在塑性机理解析方面，中国科学院上海硅酸盐研究所等利用多中心/弥散化学键导致的低滑移能和高解理能解释了 Ag_2S 和 InSe 范德华单晶的塑性变形能力[5,7]，然后和上海交通大学等单位联合，于 2020 年提出了（准）二维材料变形能力的判据，并在 2022 年对其进一步完善[18]；武汉理工大学等于 2018 年从化学键的角度解释了 Ag_2S 的塑性变形能力[43]；中国科学院金属研究所等通过原位中子衍射实验发现由于晶格应变分配导致的加工硬化行为是 Ag_2S 可以发生塑性变形的一个原因[77]；清华大学等于 2022 年利用具有共格界面的 β → α 相变解释了 Si_3N_4 微柱的大压缩应变[10]；西北工业大学等于 2023 年利用 18R → 4H/2H 相变解释了 $SnSe_2$ 的塑性变形能力[46]；燕山大学等于 2024 年利用转角结构和三维互锁结构解释了转角 BN 块体的大压缩应变[11]；香港理工大学等于 2024 年利用 2H → 3R 相变解释了 InSe 的塑性变形能力[48]；北京科技大学等于 2024 年利用"借位错"机制解释了 Mo/La_2O_3 微柱的大拉伸应变[40]；浙江大学于 2025 年提出了 $Ag_2Te_{1-x}S_x$ 材料中迭代亚晶格非晶化的塑性变形机制[49]。

在塑性无机非金属材料应用方面，中国科学院上海硅酸盐研究所率先开展了 Ag_2S[27,60,66,73]、$SnSe_2$[23,74]、AgCu(Se,S)[12,26,29,78] 和缺陷 Bi_2Te_3[9] 等材料的热电性能研究，并与复旦大学联合开展了 Ag_2S 在传感和信息领域的应用[13]；浙江大学开展了 Ag_2S[49,64] 和 Mg_3Bi_2 多晶[20] 热电性能的研究；哈尔滨工业大学（深圳）开展了 Mg_3Bi_2 单晶和多晶热电性能的研究[8]；上海交通大学开展了 Ag_2S[63,79] 等材料的热电性能研究；武汉理工大学[80]、北京航空航天大学[70]、中国科学院北京纳米能源与系统研究所[68] 和南京工业大学[65] 等单位开展了 Ag_2S 基材料的热电性能研究。

3.4 / 作者团队在无机非金属材料领域的学术思想与主要研究成果

塑性无机非金属材料的研究面临三个难题：一是塑性无机非金属材料体系稀少，限制了这一变革性研究方向的研究范畴；二是塑性无机非金属材料的变形机理与金属截然不同，特别复杂；三是塑性无机非金属材料的功能优化需要兼顾塑性不恶化，但两者协同调控极为困难。我们围绕这三个难题开展科学研究，取得的成果主要体现在以下方面。

① 新型塑性无机非金属材料的发现　长期以来，人们普遍认为在室温下具有类似于金属变形能力的塑性无机非金属材料不存在。但是，2018 年我们在国际上率先发现 Ag_2S 在室温下具有优良的塑性，打破了这一传统认知[5]。随后我们发现 InSe 范德华单晶在室温下也具有优良的塑性[7]，并发展了针对二维层状材料的塑性筛选指标，设计开发出高通量算法和流程，预测发现了 36 种具有本征塑性变形能力的二维层状塑性无机非金属材料，并通过实验验证了包括 MoS_2、GaSe、$SnSe_2$ 等在内的 7 种材料具有优异的塑性变形特性[18]。与此同时，我们也成功实现了多种脆性无机非金属材料的塑化调控，开发出了 AgCuSe 和 Bi_2Te_3 基塑性无机非金属材料[9,26]。我们的研究丰富了塑性无机非金属材料的研究范畴，为更全面和深入理解无机非金属材料的塑性机理，开展功能与塑性调控和后续应用研究提供了更多材料选择。

② 无机非金属材料塑性机理　我们在 2018 年提出了基于多中心/弥散化学键导致材料

"易滑移 - 难解理"特征的塑性机理,其具有很好的普适性[5]。除 Ag$_2$S 外,这一塑性机理也被用来解释在 InSe 范德华晶体、AgCl、AgBr 和 Mg$_3$Bi$_2$ 等材料中观察到的优良塑性变形能力。我们基于这一塑性机理,结合二维层状材料的结构特点,提出"层间解理能 × 跨层解理能/层间滑移能垒"可作为二维层状材料的塑性筛选指标因子,指导了系列塑性无机非金属材料的发现[18]。此外,我们还提出了基于缺陷调控诱导形成高密度/多样化微观结构的塑性机理[9]。这种特殊微观结构可以强化 Bi$_2$Te$_3$ 晶体的层间相互作用,抑制层间解理,同时保持层间易滑移特征,进而在材料内部裂纹形成或扩展之前快速弛豫或耗散外加应力,形成优良的塑性变形能力。基于这一机理,有望实现更多本征脆性无机非金属材料的塑化。

③ 无机非金属材料的塑性和功能协同调控 相对于传统无机非金属材料的功能调控,塑性无机非金属材料的功能调控需要兼顾塑性,因此更具挑战。以热电材料为例,传统无机热电材料需考虑电和热两种性质的协同调控,而塑性无机热电材料则需考虑电、热和力三种性质的协同调控。我们针对塑性无机热电材料的电、热和力的协同调控开展了大量工作,通过在 Ag$_2$S 中引入共价性更强的 Ag—Se 和/或 Ag—Te 化学键优化能带结构,成功地在保持 Ag$_2$S 本征优良塑性的同时大幅提高了材料的热电性能,开发出系列 n 型高性能塑性无机热电材料[27,60]。我们进一步在 n 型塑性 Ag$_2$(S,Se,Te) 材料中引入 Cu 调控本征缺陷类型,实现了导电类型从 n 型到 p 型的转变,开发出系列 p 型高性能塑性无机热电材料[12,71]。对于 SnSe$_2$ 塑性范德华单晶,我们通过将其晶体结构从低对称性的 18R 结构转变为高对称性的 4H 结构,在保持本征优良塑性的同时也实现了热电性能的显著提升[74]。此外,我们在实现 AgCuSe 和 Bi$_2$Te$_3$ 塑化的同时,保持了材料原有晶体结构和能带结构特征,使得塑化后的材料仍然具有与脆性热电材料相当的优良热电性能。利用开发的塑性无机热电材料,我们研制出系列高性能薄膜/环型热电器件[9,12,66],其在柔性电子和物联网自供电等领域具有重要应用前景。

3.5 塑性无机非金属材料近期的发展重点

自 2018 年 Ag$_2$S 室温反常力学性能被报道后,塑性无机非金属材料开始获得人们的广泛关注,现已成为材料领域世界科技前沿热点研究方向,在新材料预测与发现、塑性机理解析、功能调控和器件研制等方面的研究已经取得系列突破性进展。然而,当前该类材料的研究仍处于起步阶段,存在诸多新颖而未知的科学问题,如材料体系仍然稀少,塑性的物理根源尚不清晰,普适性塑化调控方法尚未建立,塑性与功能协同调控方法以及应用验证研究尚未系统开展等。因此,为加快塑性无机非金属材料这一颠覆性新方向的研究和应用,将来应重点在基础研究以及应用研究方面开展以下研究工作。

① 塑性机理探索 通过原位/非原位力学实验,研究材料变形前后和变形过程中位错、层错或纳米孪晶等微结构的演变规律,结合第一性原理和分子动力学等理论计算,进一步揭示无机非金属材料的塑性机理,发掘塑性变形的深层次物理根源,探寻普适的塑性判据和塑化方法。

② 新材料的主动预测与设计 基于对无机非金属材料塑性机理的深入理解,结合人工智

能和高通量计算，从无机材料数据库中主动预测可能具有塑性的材料体系。发展可控制备方法，合成潜在新型塑性无机非金属材料并完成实验验证，发展在脆性无机非金属材料中植入塑性基元实现材料"脆性-塑性"转变的新策略。

③ 功能与力学性能协同调控　开展塑性无机非金属材料与电、热、光和磁等相关功能特性的精细表征，结合理论计算，发掘决定材料功能的关键基元，解析不同功能基元之间及与塑性基元的关联和耦合机制，发展功能与力学性能的协同调控手段，开发兼具本征大变形能力和优良功能特性的变革性无机非金属材料。

④ 器件制备与应用示范　开展塑性无机非金属材料纤维、薄膜及复杂结构的加工成型研究，研究加工过程中物相和微观结构变化对力学性能与结构/功能特性的影响，在此基础上针对实际应用场景与需求研制高可靠性构件和结构/功能一体化器件，并开展初步应用验证。

3.6　塑性无机非金属材料的展望与未来

塑性无机非金属材料的研究重塑了人们对无机非金属材料力学性能的理解，打破了金属与无机非金属材料的传统边界，现已成为材料领域世界前沿研究方向，具有重要的科学研究价值。相关研究不仅可以开发出具有变革性的新材料，获得传统脆性无机非金属材料无法或难以实现的新应用，为我国材料基础和应用研究带来历史性的发展机遇，还将丰富无机非金属学科研究的内涵，极大地促进材料、物理、化学等多学科交叉融合，催生新的学科增长点。

未来，塑性无机非金属材料可以在高可靠构件上得到广泛应用。例如，高强超塑氮化硅陶瓷的出现，有望突破航空发动机核心部件的材料瓶颈，有效提高推重比、燃油效率、安全性，实现航空发动机的跨越式发展。塑性转角层状氮化硼陶瓷具有高的能量吸收能力和抗疲劳特性，有望应用于高性能密封件、阻尼元件、防护装甲等产品。此外，塑性无机非金属材料也可以应用于人工关节等领域，避免因材料脆性断裂而导致的灾难性事故。

未来，塑性无机非金属材料也可以用于柔性、微型或异型功能器件。例如，高性能塑性无机热电材料有望应用于人体和传热管道等复杂热源表面的热电能量转换，为人体健康或环境监测用传感器提供长寿命、高可靠、免维护的电源；也可应用于医疗设备和光通信模块，实现复杂/狭小空间的高精度温控和高效热管理。塑性湿敏、热敏、压敏材料可以在保持块体状态优良功能的同时制备具有薄膜或复杂形状的传感器。此外，塑性无机超导材料可以有效避免传统脆性超导材料的机械加工性差和易脆性断裂难题，可应用于制备具有超长或复杂结构的超导器件。

参考文献

作者简介

史迅，中国科学院上海硅酸盐研究所研究员，获国家杰出青年科学基金和国家"万人计划"科技创新领军人才计划等资助。主要从事塑性无机非金属材料、高性能热电材料与器件的研究工作，在国际上率先发现室温延展性 / 塑性无机半导体 Ag_2S 和 InSe 范德华单晶的室温超常塑性，揭示了基于多中心 / 弥散化学键的塑性机理，提出了层状塑性无机非金属材料的筛选判据，开辟了塑性无机半导体和塑性无机热电材料研究新方向。在 *Science*、*Nature Materials*、*Nature Communications* 等期刊上发表论文 300 余篇。获国家自然科学奖二等奖（排名第 3）、上海市自然科学奖一等奖（排名第 1）、国际热电学会青年科学家奖等奖励。主持国家重点研发计划和国家自然科学基金重点项目等科研项目。现任《无机材料学报》主编。

仇鹏飞，中国科学院上海硅酸盐研究所研究员，获国家优秀青年科学基金、中国科学院青年创新促进会、上海市青年科技启明星计划等资助。主要从事塑性无机热电材料的研究工作，开发出系列兼具高热电性能和优良变形能力的塑性无机热电材料，研制出具有超高归一化功率密度的柔性热电器件。在 *Science*、*Advanced Materials*、*Joule* 等期刊发表论文 100 余篇。获上海市自然科学奖一等奖（排名第 5）。主持中国科学院稳定支持基础研究领域青年团队计划、国家重点研发计划（课题）等科研项目。

陈立东，中国科学院上海硅酸盐研究所研究员，中国科学院院士。围绕热电材料与器件高性能化的关键科学问题，系统地开展了电热输运机理、可控制备与性能调控研究，创新性地提出了通过多尺度微观结构设计引入电子与声子输运的选择性散射单元，实现电热输运协同调控和热电材料高性能化的学术思想。所开发的高性能热电材料与热电转换技术正在逐步应用于热电制冷与温控、热能高效回收利用、空间科学等技术领域。现任亚太材料科学院院士、*npj Computational Materials* 联合主编。

第4章

稀土掺杂光学微腔

施雷　徐康　张新亮

4.1 / 稀土掺杂光学微腔的研究背景

4.1.1 / 回音壁模式光学微腔

随着光通信和光传感技术的不断发展，传统的分立光学器件在便携性、传输速率和成本控制方面已难以满足相关领域日益增长的需求。光学器件小型化不仅能显著缩小器件尺寸、降低成本，还能实现大规模、高密度集成。光学微腔作为一种极具前景的微纳光学结构，已成为当前微纳光学领域的重要研究方向。光学微腔通过谐振循环，将光场局域在微米或亚微米尺度的光学结构中，能够显著提高腔内光场的能量密度，从而增强光与物质的相互作用，促进了许多新奇现象的发现[1]。品质因数（Q）和模式体积（V）分别表征光学微腔在时间和空间维度上对光场的限制能力。通常情况，光学微腔的 Q/V 越大，光与物质的相互作用越强。如图 4-1 所示，根据光场限制机制，典型的光学微腔结构可分为法布里 - 珀罗微腔、光子晶体微腔和回音壁模式（whispering gallery mode, WGM）微腔[1]。法布里 - 珀罗微腔由两面平行的反射镜或分布式布拉格反射器构成[2-3]，使光在微腔内部往返多次反射形成驻波，但其对

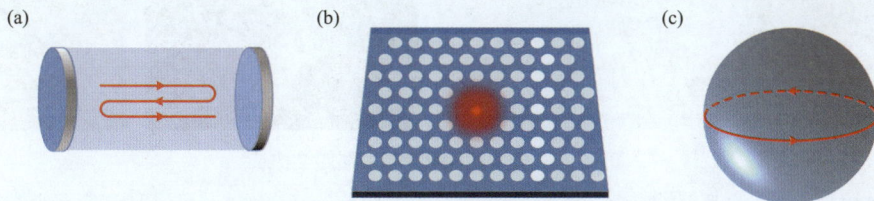

图 4-1　典型的光学微腔结构

（a）法布里 - 珀罗微腔；（b）光子晶体微腔；（c）回音壁模式微腔

端面反射率有极高的要求，受限于目前的工艺精度，其 Q 值一般低于 10^7。光子晶体微腔通过在周期性微结构中引入缺陷，形成光子禁带 [4-5]，从而将特定频率的光束缚在微腔内部，但这种微腔的制备对工艺要求非常高，Q 值也相对较低。

近年来，回音壁模式微腔受到广泛关注。回音壁模式源于 1910 年 Rayleigh 在圣保罗大教堂观察到的有趣声学现象 [6]：在环形走廊一侧贴近墙壁可以清楚听到另一侧人们的低语声。在北京天坛也可以发现类似的现象，这是因为声波在圆形墙壁上进行连续且低损耗的反射，Rayleigh 将这种现象命名为"耳语回廊"模式，即回音壁模式。将这一原理应用到光学领域，当光从光密介质传播到光疏介质且满足全反射条件时，光会在腔内不断反射前进，若光波长满足相长干涉条件则可在腔内形成稳定的行波谐振光场。1939 年，美国斯坦福大学 Robert D. Richtmyer 对介质谐振腔内的电磁场进行分析，预言了 WGM 微腔的超高 Q 值特性 [7]。1961 年，美国贝尔实验室 Christopher G. B. Garrett 等制备了球形氟化钙（CaF_2）晶体微波谐振腔，并通过钐（Sm^{2+}）掺杂实现了激光出射 [8]。1986 年，美国耶鲁大学 Judith B. Snow 等利用染料液滴的表面张力自然形成球形液体微腔，在脉冲光泵浦下观测到光学 WGM 模式并实现了激光出射 [9]。1989 年，苏联莫斯科国立大学 Vladimir B. Braginsky 等对光纤末端加热熔融，利用液体表面张力制备出超高 Q 值固态 WGM 微球腔，其 Q 值达 10^9 量级 [10]。随着现代微纳加工技术的进步，WGM 微腔已基于多种材料平台制备，包括玻璃 [11]、聚合物 [12]、晶体 [13]、半导体 [14] 等，而微腔结构也多种多样，如微球腔 [15]、微瓶腔 [16]、微盘腔 [17]、微泡腔 [18]、微环腔 [19]、微芯圆环腔 [20]、微棒腔 [21] 和晶体腔 [22] 等，如图 4-2 所示。相比于其他类型的光学微腔，WGM 微腔具有超高 Q 值、小模式体积、易于制备和稳定性好等特点 [23]，既为腔量子电动力学 [24]、非线性光学 [20, 25]、腔光力学 [26] 等基础研究提供了优异的实验平台，也广泛应用于低阈值窄线宽激光器 [27-32]、光学滤波器 [33-34]、超高灵敏度传感 [35] 等领域。本章主要聚焦于稀土掺杂回音壁模式光学微腔及其应用。

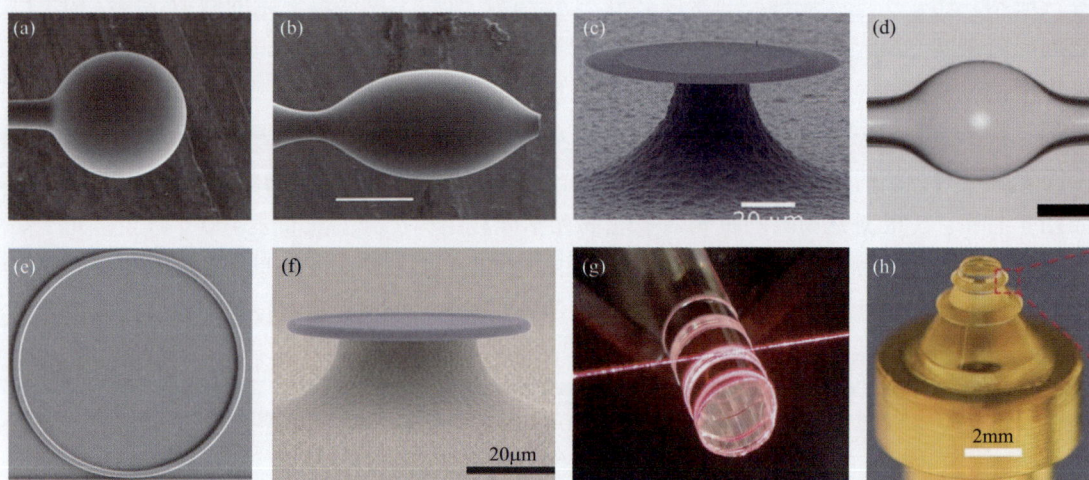

图 4-2　典型的回音壁模式微腔结构

（a）微球腔 [15]；（b）微瓶腔 [16]；（c）微盘腔 [17]；（d）微泡腔 [18]；（e）微环腔 [19]；（f）微芯圆环腔 [20]；（g）微棒腔 [21]；（h）晶体腔 [22]

4.1.2 / 稀土发光元素

稀土元素是元素周期表中原子序数为 57 ～ 71 的镧系元素和钪、钇元素的总称，由于具有优异的磁、光、电、热、力性能，被广泛应用到冶金、军事、石油化工、玻璃陶瓷、农业和新材料等领域，被誉为"工业的维生素"。稀土元素作为发光材料的优势主要有 [36-38]：

① 发射光谱窄，色纯度高　稀土元素的 4f 能级电子受到 5s 和 5p 能级电子的屏蔽作用，使 4f-4f 能级跃迁不易受到环境的影响，因此能级寿命较长，能够发射明亮、纯净的光。

② 发射波长分布广　稀土元素的种类和能级结构丰富，不同的稀土元素可发射不同波长的光，同一稀土元素复杂的能级结构利用上转换和下转移也能使其在不同波段发光，因此稀土元素的发射光谱可覆盖紫外到中红外波段，如图 4-3 所示。

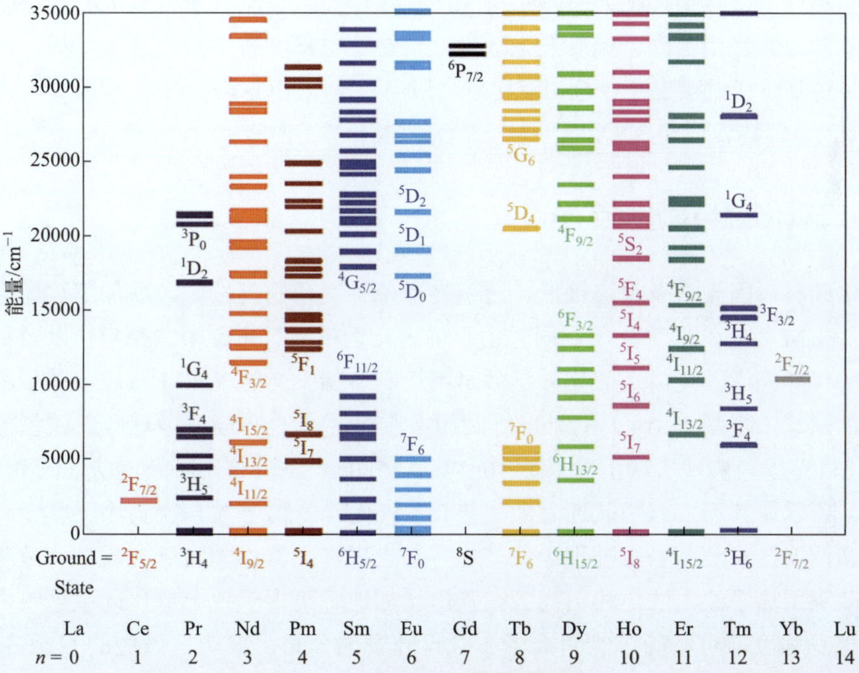

图 4-3　典型稀土元素能级图 [37]

③ 转换效率高　稀土元素的激发态具有较长的寿命，比常规的发光材料要长得多。激发态寿命较长有助于提高能量的转化效率，因为能量在激发态停留的时间越长，越能够有效地转化为光。此外，由于稀土元素的 4f 轨道较为孤立，不容易与周围的基质发生非辐射的能量损失，因此稀土元素的非辐射跃迁（即能量以热能的形式耗散的过程）通常较少，发光转换效率高。

④ 可控性强　通过改变稀土元素掺杂浓度、基质材料等，可以精确控制发出的光的波长、效率和光谱形状，这为不同的应用场景提供了灵活的选择空间。

⑤ 稳定性好　稀土元素的光损伤效应较小，即它们不会因为长时间激发而产生明显的光衰退现象。此外，稀土元素通常具有较强的化学稳定性，并能在较宽的温度范围内工作，它

们的化合物在光学器件中表现出较好的热稳定性和耐候性。

得益于上述优势，稀土元素被视为理想的发光材料，将稀土发光元素高效地掺杂至 WGM 微腔中，结合 WGM 微腔内极强的光与物质的相互作用和稀土元素优异的发光性能，将在微型激光器、超高精度传感、光场调控等方面具有很广阔的应用前景。

4.2 / 稀土掺杂光学微腔的研究进展与前沿动态

为了制备高性能的稀土掺杂光学微腔，掺杂基质和掺杂方法非常重要。作为微腔材料的掺杂基质需要在工作波段透明，与稀土元素具有较高的兼容性，对稀土元素的溶解度高。常用的稀土发光元素包括铒（Er）、镱（Yb）、铥（Tm）、钕（Nd）、钬（Ho）等。此外，合适的掺杂方法可以高效地将稀土元素掺杂进微腔内部，通过控制稀土元素的分布增强微腔光场与稀土元素的相互作用强度，提高发光效率。得益于材料制备手段的进步，稀土掺杂光学微腔已基于多种基质材料实现，包括二氧化硅（SiO_2）与氮化硅（Si_3N_4）、氧化铝（Al_2O_3）、铌酸锂（$LiNbO_3$）、特种玻璃、YAG 晶体、聚合物等。

4.2.1 / 二氧化硅与氮化硅

二氧化硅材料因光学吸收率极低、透明光谱范围宽、稳定性好、易加工等优点，是制备超高 Q 值 WGM 微腔的理想介质，同时由于稀土元素在二氧化硅中的稳定性以及稀土掺杂光纤所展现的优异光学性能，二氧化硅是最早用于制备稀土掺杂 WGM 微腔的基质材料。2003年，美国加州理工学院 Kerry J. Vahala 等利用溶胶 - 凝胶法在 SiO_2 微球腔表面包覆均匀掺杂的铒 - 氧化硅薄膜，实现了输出功率达 10μW 的 1550nm 波段激光，阈值功率低至 28μW，如图 4-4（a）所示。其后，该团队通过改变掺铒 - 氧化硅薄膜层数来控制涂层厚度，并调节铒离子的掺杂浓度，观测到自脉冲现象的产生，与光纤激光器中的自脉冲现象一致 [39-40]。2006年，该团队利用离子注入法，将铒离子在强电场加速下轰击至片上氧化硅微盘腔中。通过改变施加的电场强度，可精确控制铒离子在微盘腔中的分布，掺杂后微腔的 Q 值在 10^6 量级，实现了阈值为 43μW 的 C 波段激光出射 [17]。2011年，美国圣路易斯华盛顿大学 Lan Yang 等利用掺铒微芯圆环腔激光器实现了单个病毒与纳米颗粒的探测。如图 4-4（c）所示，将待测物吸附在微腔表面，引起正向传播模式与反向传播模式之间的耦合，导致模式劈裂产生。通过观测模式劈裂激光的拍频大小，可探测单个病毒与纳米颗粒 [41]。2014年，该团队利用掺铒有源微腔与无源微腔直接耦合构建光学 PT（parity–time）对称系统，将光学 PT 对称系统从米 / 厘米级结构拓展至微尺度结构，并在实验上观测到光学 PT 对称系统从未破缺状态到破缺状态的演化过程，为实现在芯片上操纵光场的传输提供了新的路径 [42]。2016年，日本冲绳科学技术研究所 Chormaic 等将铒镱共掺氧化硅玻璃熔融后包覆在玻璃毛细管表面形成微瓶腔，在非谐振泵浦条件下实现了阈值为 3.6mW 的 1550nm 波段激光出射，并通过在毛细管中通入气体施加气压，实现了 70GHz 的激光频率调谐 [43]。2021年，华中科技大学施雷等利用聚合物辅助的熔融热扩散方法将铒离子高效地掺杂至微瓶腔中，掺杂后微腔的 Q 值保持在 10^8 量级。同时利用微瓶腔独特的抛物线轮廓外形，通过改变耦合微纳光纤与微腔的相对位置，实现对激射模式的灵活提取[16]。

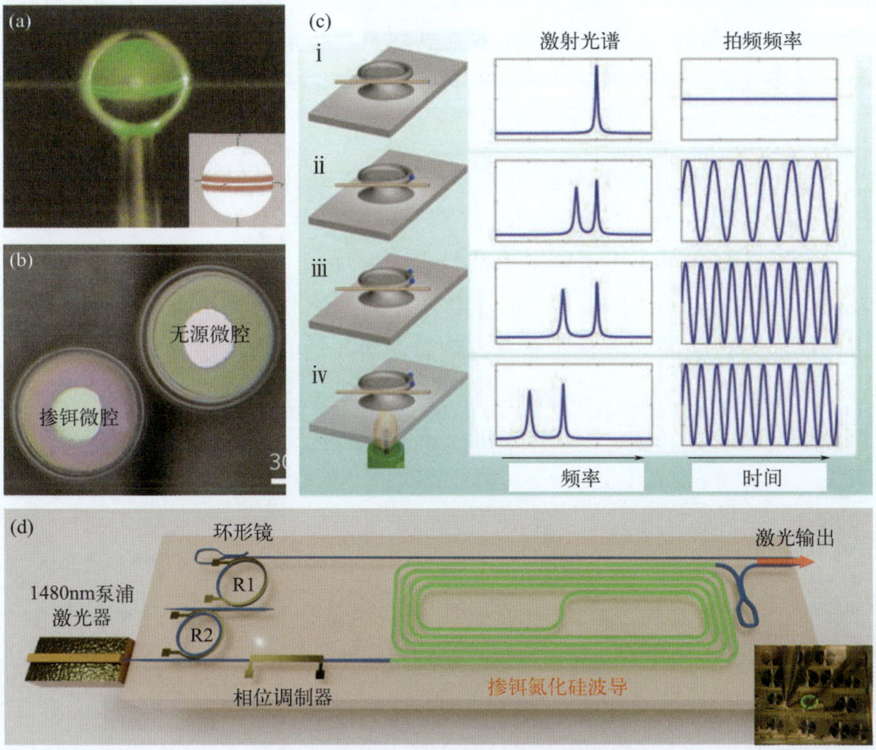

图 4-4　稀土掺杂氧化硅与氮化硅微腔

（a）掺铒 - 氧化硅微球腔[39]；（b）有源 - 无源微腔耦合实现光学 PT 对称系统[42]；（c）掺铒氧化硅微芯圆环腔用于病毒与纳米颗粒探测[41]；（d）铒离子注入的氮化硅集成激光器[44]

氮化硅是近年来新兴的集成光学平台，与硅相比具有更低的光学损耗，在通信波段无双光子吸收效应，而且可以和 CMOS 工艺兼容，稀土掺杂氮化硅微腔也是十分有潜力的片上光源。2011 年，美国斯坦福大学 Mark L. Brongersma 等首先在硅基底上沉积厚度为 360nm 的掺铒氮化硅薄膜，然后通过湿法刻蚀将薄膜加工成微盘结构，最终实现了铒掺杂的多晶氮化硅微盘腔激光器，通过观测激光波长的变化演示了温度传感[45]。2022 年，瑞士洛桑联邦理工学院 Tobias J. Kippenberg 等将铒离子注入到超低损耗氮化硅光子集成回路中，实现了输出功率高达 145mW、小信号增益达 30dB 的掺铒波导放大器，这一指标与商用光纤放大器相当，超过了最先进的Ⅲ-Ⅴ族半导体光放大器[46]。利用该掺铒氮化硅波导放大器，该团队将孤子光频梳的功率放大了 100 倍，并演示了相干光通信实验。2024 年，该团队利用掺铒氮化硅光子集成平台，实现了毫瓦量级的片上掺铒微腔激光器，如图 4-4（d）所示。该激光器具有 50Hz 的本征线宽，输出功率超过 10mW，边模抑制比大于 70dB，可在 40nm 宽波长范围内连续调谐[44]。其与光纤激光器相比，具有成本低、尺寸小等优势；与Ⅲ-Ⅴ族激光器相比，线宽更窄、稳定性更高。这种新型的低噪声、可调谐集成激光器可以应用于激光雷达、微波光子学、光频率合成和高频空间通信等领域。

4.2.2
氧化铝

氧化铝是目前集成光子学中较有代表性的稀土掺杂基质材料，具有从紫外到中红外的宽透明窗口（150～5500nm），容易沉积在整个晶圆上，也适于与硅光子技术兼容的晶圆级加工。氧化铝具有比其他硅基光子材料平台和硅基玻璃更高的三价稀土离子溶解度，当材料掺杂不同的稀土离子时，可以实现活性功能。在过去的十几年里，稀土离子掺杂氧化铝微腔已被用于实现激光器，具有超窄的激射线宽、宽可调谐范围和相对较高的输出功率。2010年，荷兰特温特大学 Jonathan D.B. Bradley 等首先将 500nm 厚的 $Al_2O_3:Er^{3+}$ 薄膜沉积至硅衬底上，然后通过标准光刻和反应离子刻蚀工艺制备了微环腔，实现了片上稀土离子掺杂氧化铝微腔激光器[47]。如图 4-5（a）、（b）所示，激光腔的泵浦和信号耦合使用两个连续的定向耦合器实现，这样的设计是为了将泵浦高耦合到腔体中，同时保持激光波长的低耦合，以确保

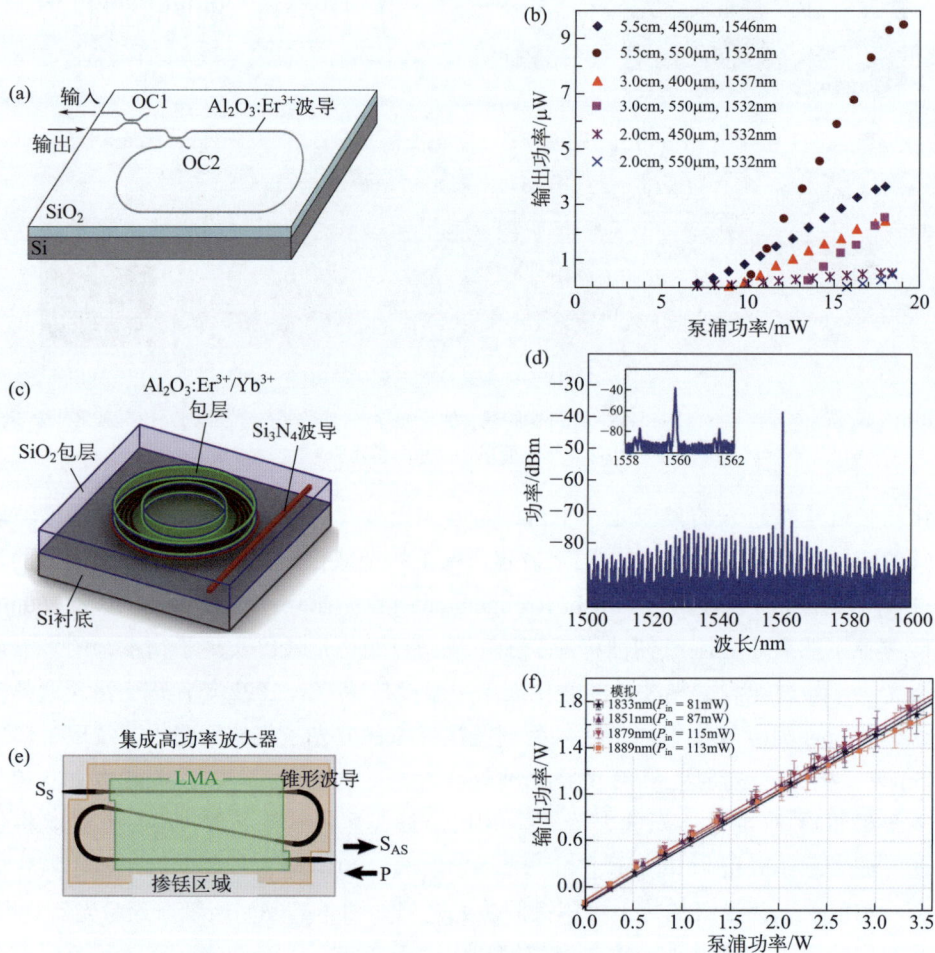

图 4-5　稀土掺杂氧化铝微腔及基于氧化铝包层的微腔

（a）、（b）掺铒氧化铝波导激光器及其输出功率随泵浦功率变化的曲线[47]；（c）、（d）基于铒镱共掺氧化铝包层的微环腔激光器及其激射光谱[48]；（e）、（f）基于掺铥氧化铝包层放大器的瓦量级输出激光器及其输出功率随泵浦功率变化的曲线[51]

腔体的高 Q 值。所演示激光器的阈值功率为 6.4mW，输出功率达 9μW，斜率效率为 0.11%，通过改变耦合器的长度使激射波长在 1530～1557nm 内调谐。2014 年，美国麻省理工学院 Michael R. Watts 等在硅芯片上展示了单片集成的铒镱共掺微环腔激光器，他们利用超低损耗的氮化硅层作为波导传输层，在波导层上沉积铒镱共掺氧化铝包层提供增益。在 980nm 波段激光泵浦下，观测到 1060nm 和 1550nm 波段激光出射，阈值在亚毫瓦量级，斜率效率分别为 0.3% 和 8.4%[48]，如图 4-5（c）、（d）所示。2019 年，荷兰特温特大学 Garcia Blanco 等利用掺镱氧化铝微盘腔在 1024nm 波段实现了线宽为 250kHz 的单模激光出射[49]。由于镱离子的发射波段在 1020～1050nm，不在水的吸收峰内，使得该微腔具有低光学损耗，可应用于生物传感，最终实现了尿液中 rhS100A4 蛋白的检测限为 3.6ng/mL。同年，美国麻省理工学院 N. Li 等在氮化硅平台上沉积 $Al_2O_3:Er^{3+}$ 波导用作增益介质，利用两个微环腔构成一个游标腔，实现了单片集成的掺铒可调谐激光器[50]。通过加热两个微环腔可使激射波长调谐范围覆盖 1527～1573nm，单模抑制比大于 40dB，在 980nm 光泵浦下最高输出功率达 1.6mW，斜率效率为 2.2%。2025 年，德国自由电子激光科学中心 Neetesh Singh 等将掺铥氧化铝增益薄膜与硅光子技术结合，如图 4-5(e)、(f) 所示，在无源氮化硅波导层上集成了大模场的有源介质 $Al_2O_3:Tm^{3+}$ 层，演示了基于硅基大模场面积（LMA）光放大器的大功率可调谐激光器，在 1.83～1.89μm 的调谐范围内实现了瓦量级的输出功率，在光通信、测距和分子传感等领域具有很大的应用潜力[51]。

4.2.3 ／ 铌酸锂

铌酸锂被称为"光学硅"，在工业界看来，"铌酸锂之于光通信，相当于硅之于半导体"，凸显了铌酸锂对于光通信行业的重要性。铌酸锂具有优异的电光效应、声光特性、压电响应、热电效应，宽的光学透明窗口和相对较高的折射率，同时铌酸锂晶体还是很好的稀土离子掺杂宿主。因此，为了在单一材料平台上同时实现光源和调制器，铌酸锂材料脱颖而出[52]。在早期，由于材料加工方面存在的挑战，极大地限制了基于铌酸锂材料的器件在集成光子学领域的应用。随着大规模、低损耗薄膜铌酸锂（绝缘衬底铌酸锂，LNOI）平台的出现和商业化，高质量的稀土掺杂铌酸锂微腔器件在近年不断涌现。2020 年，美国耶鲁大学 Wang 等将铒离子注入至 z 切铌酸锂晶圆中，利用高温退火修复离子注入过程引起的晶格损伤，制备得到 Q 值达 10^5 量级的微环腔，如图 4-6（a）所示，验证了铒离子在微环腔内的发光是帕塞尔（Purcell）增强的[53]。同年，上海交通大学陈险峰等制备出品质因数达 10^5 量级的掺铒 LNOI 微盘腔。分别采用 980nm 及 1480nm 波段激光作为泵浦源，观测到 C 波段激光出射并具有较好的稳定性[54]，如图 4-6（b）所示。2021 年，华东师范大学程亚等通过飞秒激光光刻辅助化学机械抛光工艺制备出了直径为 200μm 的掺铒铌酸锂微盘腔[55]，如图 4-6（c）所示，其 Q 值达到 $1.6×10^6$。利用 980nm 波段激光泵浦，可以在 1550nm 波段观测到激光出射并伴随强烈的上转换绿色荧光，激射阈值低于 400μW。改变泵浦光功率，可以观测到激射波长先蓝移再红移，这是由于掺铒铌酸锂微盘腔在低泵浦功率下的光折变效应与高泵浦功率下的热光效应共同作用导致的。2022 年，该团队利用掺铒铌酸锂微盘腔实现了电光可调的窄线宽单频激光器[56]。如图 4-6（d）所示，通过改变微纳光纤相对于微盘腔中心的位置，对腔内的 WGM

引入微扰，从而激发多边形模式。利用不同阶次多边形模式之间高的模场重叠因子，提高泵浦效率，实现单模激射；同时利用铌酸锂优异的电光效应实现了激射波长的调谐，调谐效率约为50pm/100V。2023年，南开大学薄方等制备得到铒镱共掺铌酸锂微盘腔，得益于镱离子的敏化作用，在980nm波段激光泵浦下实现了阈值低至1μW的激光出射[57]。总之，稀土掺杂铌酸锂同时兼具铌酸锂材料优异的电光、声光、压电等效应和稀土离子独特的发光性能，有望在铌酸锂平台上实现多功能集成的光子芯片。

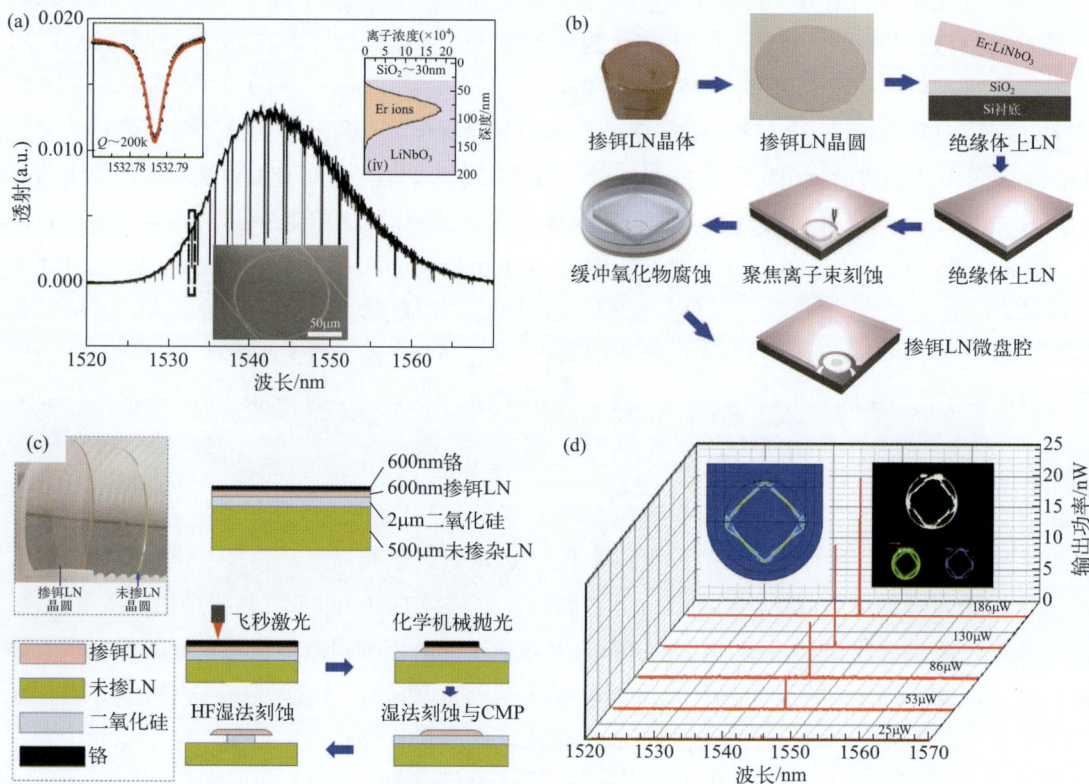

图4-6　稀土掺杂铌酸锂微腔

（a）铒离子注入的铌酸锂微环腔及其透射光谱[53]；（b）掺铒LNOI微盘腔激光器的制备[54]；（c）飞秒激光光刻辅助化学机械抛光工艺制备掺铒微盘腔[55]；（d）利用掺铒铌酸锂微盘腔中多边形模式实现单模激光[56]

4.2.4 特种玻璃

　　稀土掺杂的氧化物玻璃基质主要包括磷酸盐、碲酸盐、锗酸盐等多组分氧化物。与石英玻璃相比，磷酸盐玻璃基质通过引入更多的金属氧化物调节网络结构，使其具有极高的稀土离子溶解度，是高功率激光器、显示器件、光学温度传感器等光电子器件的重要组成部分。2018年，华南理工大学甘久林等利用直径分别为32.7μm和49.2μm的两个铒镱共掺磷酸盐玻璃微球腔，通过游标效应在1554.43nm波段实现了单模激光出射[58]，单模抑制比达到45.1dB。碲酸盐玻璃基质同样具有较高的稀土离子溶解度，并且在所有氧化物玻璃中具有最小的声子能量，有利于降低稀土离子的无辐射跃迁概率，提高发光效率。2020年，哈尔滨工程大学王鹏飞等在气体加压下利用 CO_2 激光加热法由铒镱共掺的碲酸盐玻璃毛细管制备得到微泡腔，微泡直径为 150μm，壁厚 670nm，Q 值达 $2.6×10^6$。在 980nm 波段泵浦光激发下观测到 C 波段单模激光出射，利用碲酸盐玻璃的软玻璃特性，激光输出频率对压力变化的灵敏度为 6.5GHz/bar[59]。锗酸盐玻璃具有较低的玻璃形成能，容易形成稳定的无定形结构，这种结构中的空位和间隙有助于稀土离子的均匀分布，避免局部富集和团簇。2017 年，王鹏飞等提出了一种由稀土元素铋作为增益介质的多组分锗酸盐玻璃微球腔[60]，在 808nm 波段激光泵浦激发下观测到 1305.8nm 波段激光出射，阈值泵浦功率为 30mW，阈值吸收泵浦功率约为 215μW，测量输出功率约为 3.56μW，无饱和现象。

以氧化物玻璃为基质的稀土掺杂光学微腔，具有高声子能量和低掺杂浓度特点，导致稀土离子在可见和中红外波段的辐射发光效率不高。氟化物玻璃具有很低的声子能量，被认为是优良的稀土离子掺杂基质。2014 年，美国新墨西哥大学 M. Hossein-Zadeh 等报道了在室温下工作的连续波中红外微腔激光器[61]。他们制备了直径为 180 μm 的掺铒 ZBLAN（ZrF_4-BaF_2-LaF_3-AlF_3-NaF）玻璃微球腔，利用其低声子能量（565cm^{-1}）特性，在 980nm 波段激光泵浦激发下，激射波长为 2.71μm，如图 4-7（a）所示。但 ZBLAN 玻璃的稳定性较差，相比之下 ZBYA（ZrF_4-BaF_2-YF_3-AlF_3）玻璃具有较好的稳定性。2019 年，哈尔滨工程大学王鹏飞等制备了铥离子掺杂的 ZBYA 玻璃微球腔[62]，在 2μm 波段处观测到稳定的激光出射，阈值功率为 4.5mW，如图 4-7（b）所示。

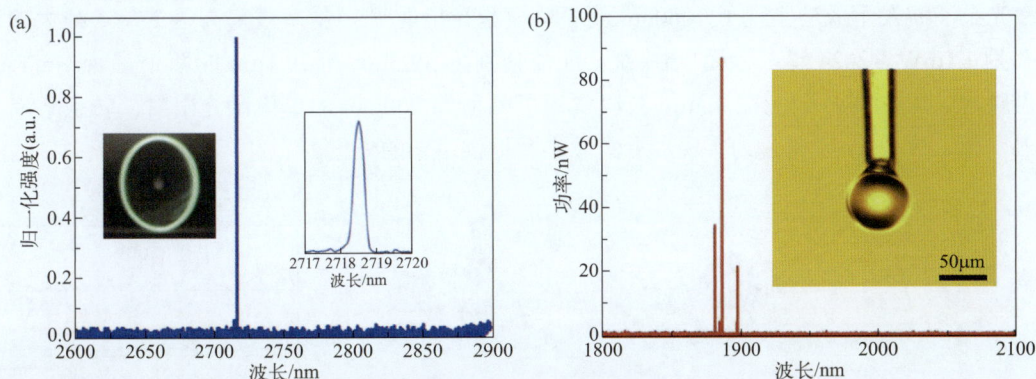

图 4-7　稀土氟化物玻璃微腔
（a）掺铒 ZBLAN 微球腔激射光谱[61]；（b）掺铥 ZBYA 微球腔激射光谱[62]

氧化物玻璃基质具有良好的物理化学稳定性，但其声子能量高导致辐射发光效率低；氟化物材料为稀土离子提供了强晶场、低声子能量的环境，但力学性能差、加工难度大等特点限制了其进一步发展。氟氧化物复合玻璃是近年来备受关注的稀土离子掺杂基质，因为其结合了氟化物玻璃和氧化物玻璃的特性，使基质玻璃材料同时具备低声子能量和高稳定性。2019 年，哈尔滨工程大学王鹏飞等报道了钕掺杂氟硅酸盐玻璃微球腔在近红外波段的发光与激射。他们首先利用熔淬法制备了掺钕氟硅酸盐玻璃，然后将其拉制成光纤，再通过加热熔融法制备得到玻璃微球腔，微腔 Q 值达 10^6 量级[63]。在 808nm 波段激光泵浦下，观测到 1065nm 波段的单模近红外激光出射，并通过记录微球腔在中红外波段的透射谱证实了其优异的稳定性和对环境变化的抵抗力。

由均匀的玻璃相和分散良好的晶体相组成透明玻璃陶瓷（transparent glass ceramics，TGC），因玻璃的易加工性和纳米晶体的强晶体场相结合，也被认为是一种良好的稀土掺杂基质，可用于制备稀土掺杂 WGM 微腔。2019 年，华南理工大学董国平等通过在氧化物玻璃微球腔中沉淀富含铒离子的 $NaYF_4$ 纳米晶体，实现了 TGC 微球腔发光性能的显著增强。通过仔细匹配玻璃基体与 $NaYF_4$ 纳米晶体的折射率，控制析出纳米晶体的尺寸和分布，有效地抑制了对 Q 因数有害的吸收和瑞利散射损失，最终制备的 TGC 微球腔与前驱体玻璃微球腔相比，泵浦效率提高了 7 倍，激光阈值降低为原来的 1/2.5[64]。

4.2.5 YAG 晶体

钇铝石榴石（yttrium aluminum garnet，YAG）晶体作为稀土掺杂基质材料，具有优异的光学性能、物化稳定性、低非线性效应、超高稀土离子溶解度等优势，使其成为广泛应用于固体激光器、荧光粉、闪烁体等领域的优选材料。2023 年，山东大学陈峰等将离子注入技术与传统稀土掺杂 YAG 相结合，通过碳注入引入缺陷增强局部化学腐蚀速率，从而实现了 Nd:YAG 薄膜的制备。再将薄膜晶圆进行刻蚀，得到直径为 30μm 的钕掺杂 WGM 微盘腔[65]，其 Q 值在 10^5 量级。得益于稀土掺杂 YAG 晶体的众多优点，该微腔激光器在 1060nm 波段的最大输出功率为 1.12mW，光转换效率为 12.4%，远大于其他稀土掺杂基质材料，如图 4-8 所示。同年，该团队利用类似的工艺在 Yb:YAG 晶圆上制备了镱掺杂的微盘腔，在 946nm 波段激光泵浦激发下成功实现了 1060nm 波段单模激光出射[66]，斜率效率高达 27%，最大输出功率为 1.1mW。2024 年，该团队制备了直径分别为 39.5μm 和 29.1μm 的两个耦合 Nd:YAG 微盘腔[67]，利用游标效应在 1.3μm 波段实现了阈值约 200μW 的单模激光出射，转换效率为 1.3%，稀土掺杂 YAG 平台为实现片上集成光源提供了新的方案。

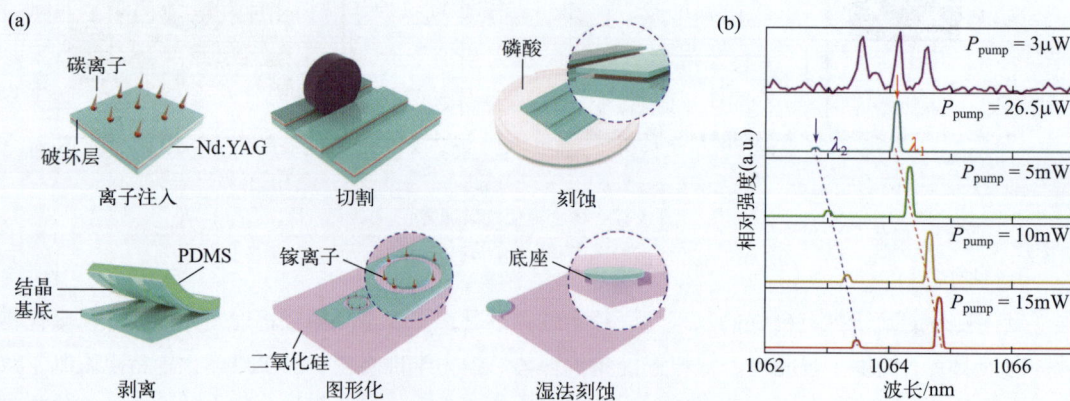

图 4-8 基于 Nd:YAG 的稀土掺杂微腔

（a）Nd:YAG 薄膜微盘腔制备；（b）Nd:YAG 微盘腔激射光谱[65]

4.2.6 聚合物

聚合物材料在光学应用中具有许多独特的优势，它们的光学性能可以通过调整化学结构进行调节，提供灵活的设计空间。同时，聚合物不仅轻便、具有良好的柔韧性，而且加工工艺简便，可以低成本地生产复杂的光学器件。基于聚合物材料的稀土掺杂光学微腔，具有优异的光学可调谐能力、大发射截面和高稀土浓度[68]。2016 年，印度海德拉巴大学 Rajadurai Chandrasekar 等通过自组装方法将由聚苯乙烯和铽元素金属化合物反应得到的聚合物制备成微球腔，其中 Tb^{3+} 作为增益介质[69]。在 532nm 波段光激发下，该杂化聚合物微球腔的可见光和近红外范围的发射光谱表现出 WGM 腔共振，Q 值高达 700。2019 年，日本筑波大学 Yohei Yamamoto 等研究了铕离子在共轭聚合物微球谐振器中的发光特性[70]。该团队将 Eu^{3+} 配位的芴 - 三吡啶共聚物自组装形成平均直径为 3.2μm 的微球，在激光泵浦激发下，共聚物微球在 420 ～ 680nm 的宽光谱范围内显示出 WGM 光致发光。此外，信号光随泵浦光强度的增加呈非线性增加，表明出现了激光作用，阈值为 1.85mJ/cm。尽管稀土掺杂聚合物微腔有着众多优势，但热稳定性较差使其通常需要脉冲光泵浦，限制了其应用范围。

由此可见，可以用来制备稀土掺杂光学微腔的材料平台虽然较多，但各有优缺点。理想的稀土掺杂微腔基质材料应同时具备发光波段透明、易加工、稳定性好、低声子能量、稀土离子溶解度高等特性，这样的材料将显著促进稀土离子掺杂光学微腔的研究。

4.3 我国在稀土掺杂光学微腔领域的学术地位及发展动态

关于稀土掺杂光学微腔领域，在过去的十余年中，我国研究人员在国际重要学术期刊上发表了系列高水平研究论文，出现了一批极具潜力的青年学者。无论是稀土掺杂光学微腔制备工艺还是稀土掺杂光学微腔应用基础研究，目前我国都处于国际领先水平，多所知名大学和科研机构在稀土掺杂光学微腔领域布局并取得优秀的研究成果。

中国科学技术大学是国内较早开始研究稀土掺杂光学微腔的研究机构之一，2008 年董春华等在氧化硅微球腔表面包覆掺铒磷酸盐玻璃薄膜，制备了国内首个稀土掺杂微腔激光器[71]。其后，北京大学肖云峰等在稀土掺杂光学微腔的定向激光出射方面展开研究[72]，提出利用轮廓形变来打破 WGM 微腔的旋转对称性，从而实现稀土掺杂光学微腔激光器的单向出射，解决了 WGM 微腔发射的本征各向同性缺点。2009 年，该团队通过 CO_2 激光单向加热诱导铒镱共掺微球腔产生形变，制备获得的变形微球腔在 770nm 波段 Q 值达 2×10^7，利用 980nm 波段空间光泵浦，在 1550nm 波段实现阈值为 250μW 的单向激光出射。2012 年，该团队将两步干法刻蚀和激光回流工艺结合制备了变形的掺铒微芯圆环腔，将微腔激光激射阈值降至 2μW，同时具有单向输出特征[73]。

南京大学姜校顺等在基于有源 - 无源光学微腔耦合的 PT 对称系统与可调谐光学隔离方向取得了系列进展。2014 年，该团队通过有源 - 无源 WGM 微腔直接耦合，利用增益 - 损耗平衡构建了光学 PT 对称系统[74]。其中，有源微腔是利用溶胶 - 凝胶法在微芯圆环腔表面包覆掺铒氧化硅薄膜构成，在泵浦光作用下产生主动增益，无源腔则是未掺杂的微芯圆环腔，它们在 1553nm 附近支持相似的工作频率以配合铒离子的发射。在系统满足 PT 对称条件（复折射率实部相同、虚部相反）后，逐渐增加两个腔的间距实现了光学 PT 对称从未破缺到破缺状态的演化，与理论预测一致。在此基础上，该团队通过在有源 - 无源微腔耦合系统中引入铒离子的增益饱和非线性特性，打破了系统中光传播的互易性，实现了一种超灵敏的可调谐光学隔离器 [75]。

上海交通大学陈险峰研究组与南开大学薄方研究组在稀土掺杂铌酸锂光学微腔的制备及应用方面取得了系列重要进展 [76-81]。2020 年，陈险峰等利用"智能切片"技术由稀土掺杂铌酸锂块状晶体得到稀土掺杂 LNOI 晶圆，通过聚焦离子束刻蚀制备出微盘腔，实现了首个稀土掺杂 LNOI 微腔激光器 [54]。与此同时，薄方等报道了利用化学机械抛光工艺处理掺铒铌酸锂微盘腔侧壁，所制备的掺杂微腔 Q 值达 10^6 量级 [82]，在 980nm 波段激光泵浦下，实现了 1550nm 波段激光出射，阈值低于 1mW。2023 年，薄方等研究了掺镱铌酸锂中镱离子的引入对于铌酸锂材料折射率的影响，提出利用掺镱来改变微腔色散 [83]，在 z 切掺镱薄膜铌酸锂微环腔中证实了耗散克尔孤子的存在，孤子脉冲宽度为 44.5fs，脉冲周期约 5ps。2024 年，陈险峰等通过将微盘腔和波导放大器集成在一块芯片上，实现了基于掺铒铌酸锂平台的高效的放大器辅助的激光器，激光器最大输出功率达 8μW，线宽为 47kHz，转换效率为 0.43%，理论仿真表明，通过多个放大器级联可使片上输出光功率达百微瓦量级 [84]。

华东师范大学程亚研究组近年来也聚焦于稀土掺杂铌酸锂微腔的研究，该团队基于飞秒激光辅助化学机械抛光技术（femtosecond laser photolithography assisted chemo-mechanical etching，PLACE）将稀土掺杂铌酸锂微腔的 Q 值提升至 10^7 量级，极大地降低了微腔激光器的阈值 [85]。2021 年，该团队利用 PLACE 技术制备了两个耦合掺铒微盘腔 [86]，通过游标效应在 C 波段实现了单模激光出射，激光阈值为 200μW，测量的线宽为 348kHz。此外，该团队还在稀土掺杂微腔系统中通过改变耦合光纤的位置对圆对称微腔引入弱微扰，使 WGM 模式演变为多边形模式，从理论和实验上探究了这种模式的产生机理和实际应用。2022 年，该团队在掺铒铌酸锂微盘腔中利用这种多边形模式特殊的模场分布，使泵浦光场和激射光场的模场高度重叠，实现了单模激光出射 [56]，由于保持了 WGM 微腔的高 Q 特性，激光线宽仅为 322Hz。2023 年，该团队在此基础上又发现了近简并的多边形模式，在泵浦光作用下，由于两个近简并多边形模式之间存在 π 的相位差而没有明显的增益竞争效应，观测到稳定的双波长激光出射，将双波长激光拍频得到低噪声微波信号，同时利用铌酸锂的电光效应可以实现微波信号的频率调谐 [87]。

哈尔滨工程大学王鹏飞研究组、华南理工大学董国平研究组、宁波大学戴世勋研究组和福州大学黄衍堂研究组等在基于特种玻璃的稀土掺杂光学微腔方面取得了系列进展 [88]。黄衍堂等在镱铥共掺的氟氧玻璃微球腔中利用镱离子当作敏化剂，同时测量到了蓝色、绿色和红色上转换荧光 [89]，可用于产生白光。王鹏飞等在掺铒 ZBYA 微球腔中实现了 1550nm 波段激光出射，研究了铒离子浓度、微球尺寸大小、泵浦功率和波长等对输出激光的影响 [62]。在铥钬共掺的 ZBYA 微球腔中，利用 793nm 半导体激光器作为泵浦源，使 1.5μm、1.84μm 和 2.08μm 三个波段激光同时出射。董国平等利用玻璃结晶方法将稀土离子整合到纳米晶中来制备稀土掺杂的玻璃陶瓷微腔，将玻璃的易加工性和纳米晶体的强晶体场结合起来 [64]，通过控制析出纳米晶的大小，有效抑制玻璃陶瓷的散射效应，得到高 Q 值稀土掺杂微球腔。戴世勋等主要研究稀土离子掺杂硫系玻璃微腔的制备及应用，与传统的微腔基质材料相比，硫系玻璃红外透明范围更宽、折射率较高、声子能量较低、稀土溶解性优良。2018 年，该团队制备了铥狄共掺 2S2G(Ge-Ga-Sb-S) 玻璃微球腔，Q 值约为 10^5 量级，在 808nm 波段激光泵浦下观测到 2μm 波段激光发射[90]。

北京大学王兴军等提出了一种硅酸铒 - 氮化硅混合波导激光器，以弥补硅酸铒材料的损耗问题，获得高输出功率和高效率的激光，在 6.5mm 的分布反馈腔长内获得功率转换效率为 60% 的 70mW 高功率激光器[91]。山东大学陈峰等制备了稀土掺杂 YAG 薄膜晶圆，并开发了合适的刻蚀工艺流程，可制备得到基于稀土掺杂 YAG 材料的微盘腔[65-66]，实现了毫瓦量级的片上激光输出，为实现新型片上光源提供了不同的思路。同时，国内还有若干研究组正在从事稀土掺杂光学微腔方面的研究，这里不再一一列举。总之，我国在稀土掺杂光学微腔领域的研究方兴未艾，主要体现在两个方面：一是可以在不同材料平台上制备稀土掺杂光学微腔，并且制备工艺还在不断发展；二是积极探索稀土掺杂光学微腔的应用，在激光、超高精度传感、光场调控等应用领域发挥了重要作用。

4.4 作者团队在稀土掺杂光学微腔领域的学术思想和主要研究成果

作者团队长期以来致力于超高 Q 光学微腔特别是稀土掺杂二氧化硅微腔的制备及应用研究，如图 4-9 所示，在超高 Q 稀土掺杂微腔制备、室温多波段连续波激光、单模窄线宽激光、微腔激光传感等方面取得了一系列重要进展。

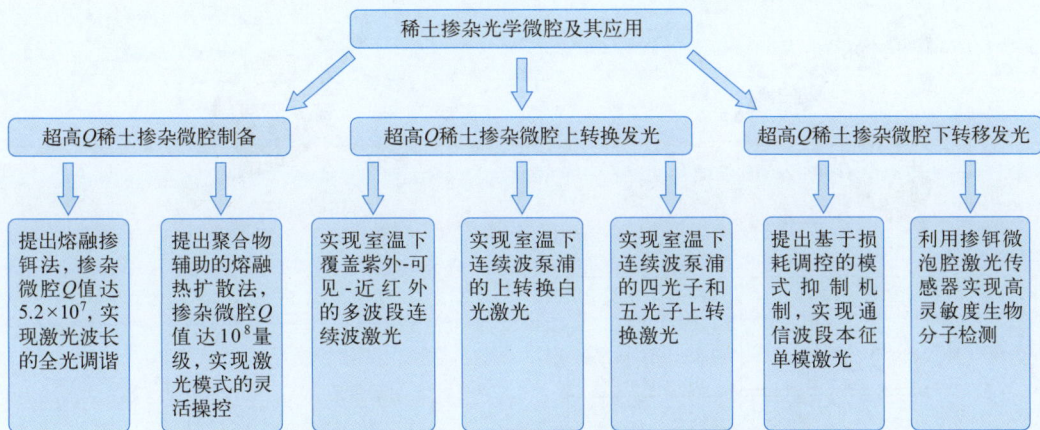

图 4-9 作者团队在稀土掺杂光学微腔领域的学术思想及主要研究成果

2018 年，作者团队提出熔融热扩散方法制备稀土离子掺杂微腔，掺杂后微腔 Q 值在 10^7 量级，高于常用的溶胶 - 凝胶法和离子注入法且制备简单。在 980nm 半导体激光器非谐振泵浦下观测到 1550nm 波段激光出射，阈值为 1.6mW[92]。同时，作者团队将氧化铁纳米颗粒涂敷在稀土掺杂微瓶腔轴向末端而不与低阶 WGM 模场重叠，并不影响其 Q 值，利用氧化铁纳米颗粒优异的光热效应，实现了激射波长在 4.4nm 范围内的调谐，如图 4-10（a）所示。2021年，作者团队再次将制备工艺优化，提出聚合物辅助的熔融热扩散方法制备稀土掺杂光学微腔，利用聚合物［如聚甲基丙烯酸甲酯等（PMMA）］的快速成膜特性使稀土离子均匀分布在微腔中，不会引起明显的离子团簇，将稀土掺杂微腔的 Q 值首次提升至 10^8 量级，在非谐振泵浦下的阈值降至 89μW，谐振泵浦下的阈值可低至纳瓦量级。同时，利用微瓶腔沿轴向特殊的模场分布，通过改变耦合光纤相对于微腔赤道平面的位置，实现了特定模式的激发与提取[16]，如图 4-10（b）、（c）所示。

2022 年，作者团队研究了稀土掺杂微腔中上转换发光机理，基于铒镱共掺的超高 Q 值微球腔，分析 Purcell 效应下的发射光谱演化。在室温 980nm 连续波激光泵浦下，同时实现了紫外、可见、近红外多波段激射，所有波段的激射阈值均在 1mW 以内，激射波长跨度达 1170nm，其中基于稀土元素的紫外和紫光上转换激光为首次在室温连续波泵浦的条件下实现[93]，如图 4-10（d）、（e）所示。同年，作者团队在 Q 值为 1.8×10^8 的铒镱铥共掺微球腔中，利用 980nm 连续波泵浦对其激发，同时产生了红、绿、蓝三原色激光出射，通过改变泵浦功率的大小和三种稀土离子的掺杂比例，实现了对三种颜色激光的色度调谐，产生了白光上转换激光[15]，如图 4-10（f）、（g）所示。此外，作者团队基于 1.5μm 波段本征 Q 值达 10^8 量级的掺铒微腔，在室温 1535nm 连续波泵浦激发下，以亚毫瓦量级泵浦功率实现了四价和五价稀土上转换激光，并通过观察 Purcell 自发辐射峰的湮灭进一步确认了短波长（380nm 和 410nm波段）激射[94]，如图 4-10（h）、（i）所示。

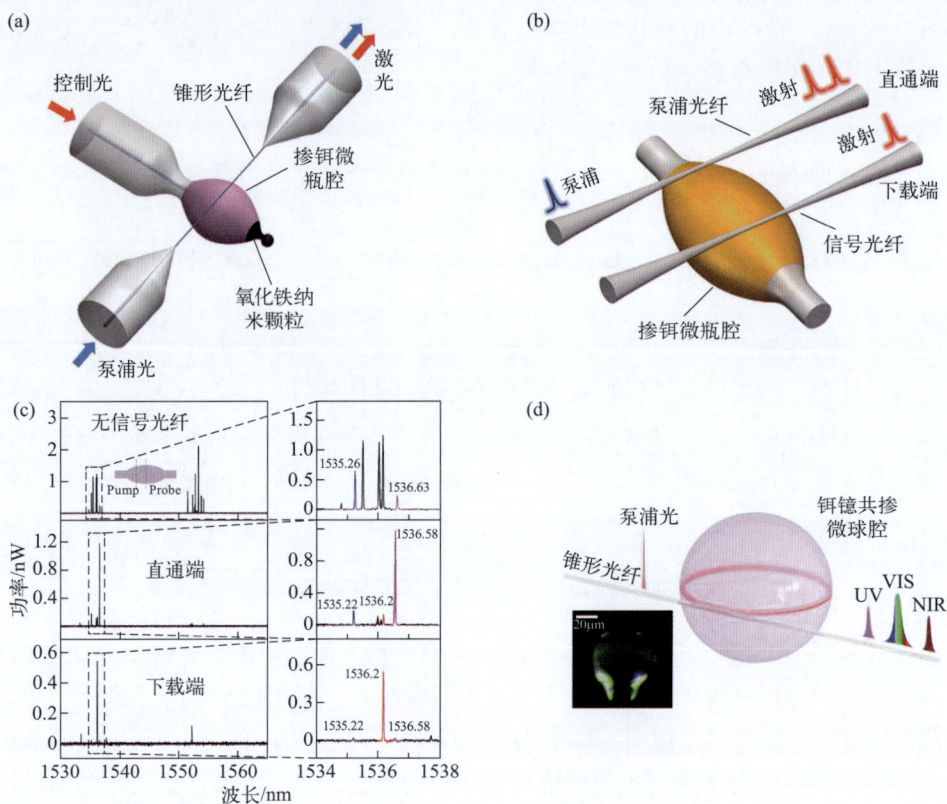

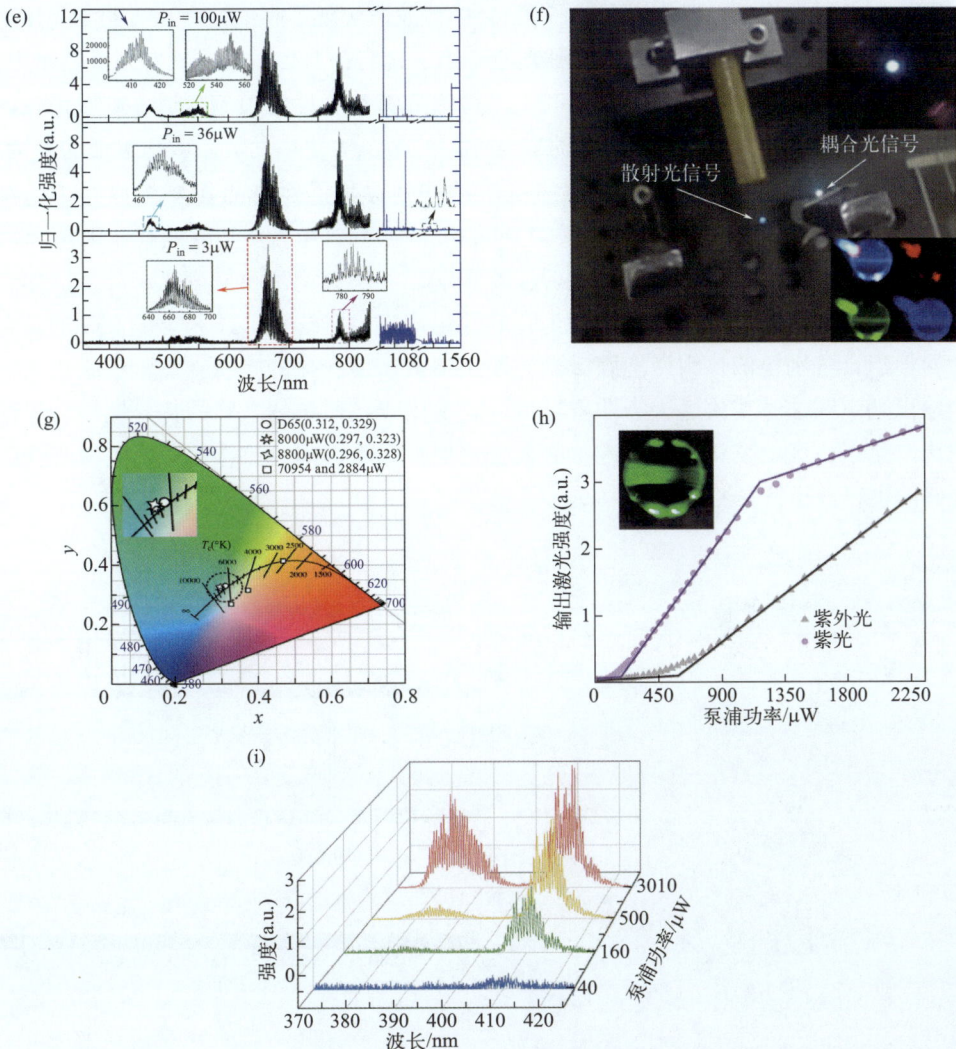

图4-10 超高 Q 值稀土掺杂微腔的制备及其光学特性

（a）全光可调的掺铒微瓶腔激光器[92]；（b）、（c）超高 Q 值掺铒微腔激射模式提取[16]；（d）、（e）铒镱共掺微球腔激光器的多波段上转换激射[93]；（f）、（g）基于铒镱铥共掺微球腔的上转换白光激光出射[15]；（h）、（i）连续波泵浦激发下四光子 - 五光子上转换激射[94]

在下转移激光方面，作者团队实现了基于损耗调控的稀土掺杂微腔单模激光出射。WGM微腔通常具有丰富的谐振模式，易导致多模激射，而单模激光具有更高的稳定性、光谱纯度、光束质量和更小的噪声。作者团队通过理论分析多种稀土元素共掺后增益截面的演化，提出了一种模式抑制方法：在掺铒微腔中通过额外引入铥元素为损耗调控元素，对铒的增益截面进行整形，抑制其低增益模式，从而实现本征单模激射。如图4-11（a）、（b）所示，我们通过控制铒铥元素的掺杂比例来调节抑制效果，在通信波段实现了边模抑制比高于50dB的无跳模单模激射，本征线宽低于100Hz，展现了其优异的模式抑制能力和鲁棒性。

在微腔激光传感方面，作者团队充分利用稀土掺杂微腔的超高 Q 与窄线宽激光特性，将其应用于生物分子检测与特异性结合识别。作者团队成功制备了 Q 值为 10^8 量级的掺铒微泡腔，利用980nm半导体激光器作为泵浦，在1550nm波段实现了阈值为微瓦级的激光出射。应用于生物传感时，所制备的掺铒微泡腔激光器有诸多优势：首先，由于具有超低的激射阈值，在传感过程中不会对待测物造成损伤；其次，微泡腔具有天然的微流通道，可以使待测物不受环境影响；最后，激光传感相比于无源腔传感，一般具有更高的灵敏度和更低的检测极限。如图4-11（c）～（e）所示，作者团队所实现的掺铒微泡腔激光可以对浓度在10ag/mL～100ng/mL范围内变化的人类免疫球蛋白（immunoglobulin G，IgG）溶液产生响应。当免疫球蛋白浓度变化时，微泡腔激光器的激射波长和输出功率会产生相应变化。此外，作者团队将山羊抗人IgG和人体IgG的混合液设为特异性组，将山羊抗人IgG和小鼠IgG的混合液设为非特异性组，分别检测掺铒微泡腔激光对两组溶液浓度变化的响应。实验结果表明，特异性组的输出功率和波长变化远大于非特异性，这是由于抗原抗体之间的特异性结合导致蛋白分子结构产生了更大的变化，使溶液折射率变化更加显著，因此该掺铒微泡腔激光传感器还具有良好的生物分子特异性检测能力。

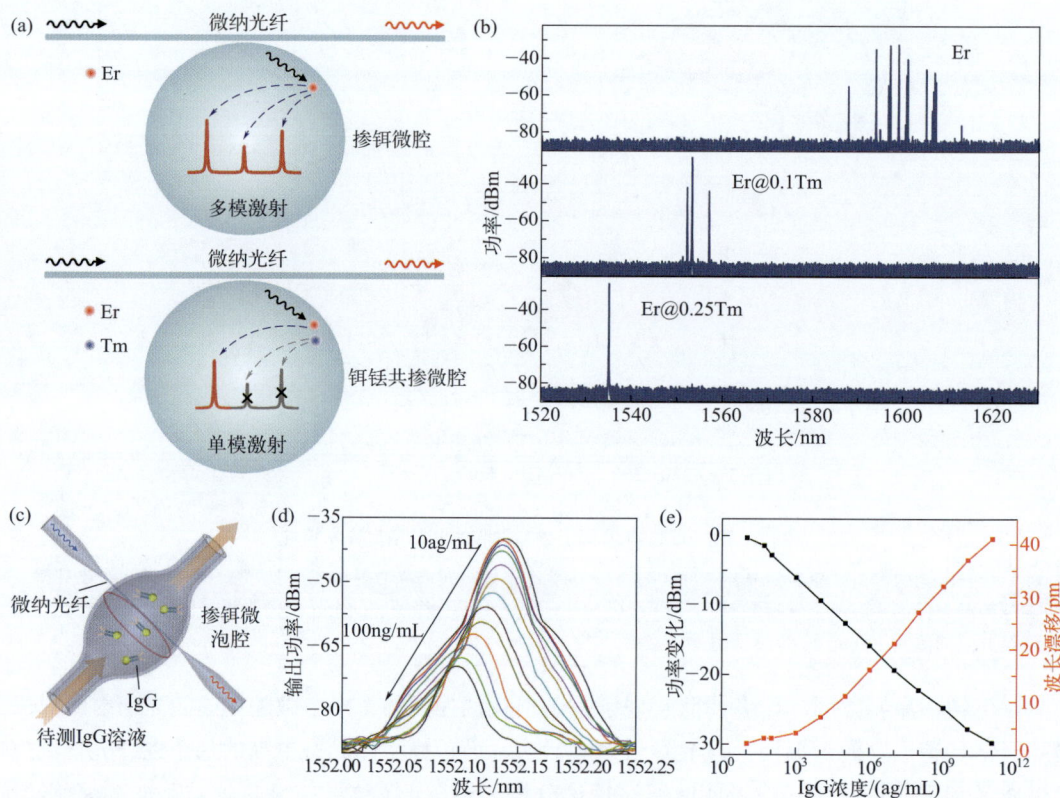

图 4-11　超高 Q 稀土掺杂微腔及其应用

（a）、（b）基于损耗调控的单模激光原理及其激射光谱演化；（c）～（e）基于掺铒微泡腔的IgG浓度检测及其光谱演化

　　在未来，作者团队将继续深耕稀土掺杂光学微腔领域：一方面尝试在新的材料平台上制备高性能稀土掺杂微腔，如铌酸锂、氮化硅等；另一方面积极探索稀土掺杂光学微腔的实际应用，如基于有源腔的非线性效应、微腔激光传感等。

4.5 ／稀土掺杂光学微腔研究的展望与未来

稀土掺杂光学微腔研究历经二十余年的发展，已在微腔制备、稀土掺杂方法和光学性能表征等方面建立了完整的实验体系，并且在微腔激光、微腔传感和微腔光场调控等应用领域取得了系列重要研究成果。今后，为进一步开展稀土掺杂光学微腔领域的创新研究，可以从以下几个方面着手：

① 探索新的材料平台用于制备稀土掺杂光学微腔。一方面，随着现代微纳加工技术的发展与材料制备手段的进步，许多材料已经可以用于制备光学微腔，然而用于制备稀土掺杂光学微腔的材料仍然较少，限制了其进一步的应用；另一方面，目前在制备稀土掺杂光学微腔中所使用的稀土元素大多为铒、镱、铥、钕等，其他稀土元素在光学微腔中的发光特性有待进一步研究。

② 研究新的稀土离子掺杂方法，制备高品质稀土掺杂光学微腔。目前，将稀土元素掺杂进光学微腔的主要方法包括溶胶 - 凝胶法、离子注入法和稀土掺杂的体材料制备微腔。过高的掺杂浓度极易在基质材料中产生离子团簇，提高散射损耗，导致微腔品质因子的降低。同时，稀土离子的集聚分布会使激发能量从一个激活剂中心迁移至另一个激活剂中心，最终导致浓度猝灭现象发生。提出一种将稀土离子均匀地掺杂至光学微腔的方法，既不会劣化掺杂后微腔的品质因数，也不会影响稀土元素的发光特性，对于稀土掺杂光学微腔研究至关重要。

③ 拓展稀土掺杂光学微腔的应用，促进不同研究领域交叉发展。目前，稀土掺杂光学微腔的应用主要集中在微腔激光与微腔传感领域。进一步拓展稀土掺杂光学微腔的应用，将其应用于如微波合成、腔量子电动力学与微腔非线性光学等领域，是稀土掺杂光学微腔研究不断向前推进的活力源泉。

参考文献

作者简介

施雷，华中科技大学武汉光电国家研究中心教授、博士生导师，湖北光谷实验室"光谷产业教授"（双聘）。研究方向为微腔光子学与集成光子学，主要包括超高品质因子微腔及集成光子器件，研究其在高品质激光源、非线性光学、光通信及光学传感中的应用。作为项目负责人主持国家重点研发计划课题（2项）及国家自然科学基金项目多项，在光学领域重要学术期刊发表论文60余篇（包括多篇封面论文），在国际 / 国内学术会议作特邀报告30余次。

张新亮，中国电子信息产业集团有限公司副总经理，华中科技大学教授，国家杰出青年科学基金获得者，"长江学者"特聘教授，国家创新领军人才，美国光学学会Fellow。长期从事光电子器件与集成方面的研究工作，先后主持国家杰出青年基金项目、基金委重大国际合作项目、基金委重点基金项目、基金委重大科学仪器研制项目、国家重点研发计划项目等，主持和参与获得省部级自然科学奖一等奖4项。曾任华中科技大学副校长、西安电子科技大学校长。

第4章

第 5 章

共价有机框架材料

张振杰　毛天晖　张楠　刘兆菲

5.1 / 共价有机框架材料的研究背景

5.1.1 / 共价有机框架（COFs）材料简介

共价有机框架（covalent organic frameworks，COFs）材料是一类由轻质元素通过共价键连接形成的晶态有机多孔聚合物。自 2005 年美国科学院院士 Omar Yaghi 教授首次报道[1] 以来，在过去二十年间 COFs 材料发展极为迅速，吸引了来自不同领域研究人员的广泛关注。作为新一代有机多孔材料，COFs 具有化学模块化特性，可通过地球上储量丰富的元素有序排列组成。COFs 材料中的化学键十分牢固，赋予了材料较高的化学稳定性，同时该材料还具有低密度的特点，并且在孔径尺寸及空间结构方面展现出易于设计和调节的显著优势[2]。这些优异的材料特性，在气体吸附储存[3-5]、气体分离纯化[6-7]、催化转化[8-9]、药物传输[10]、能量存储[11-12] 等领域具有潜在的应用价值。

随着 COFs 材料结构多样性的设计合成以及功能性开发方面不断取得进展，相比于传统的高分子聚合物材料，COFs 材料的结构优势和应用价值尤为突出。具体而言，其一，COFs 材料中只含有轻质元素，例如 C、H、O、N、B、S 等非金属元素，因此材料相对密度较低，具备高比表面积和高孔隙率，目前已报道的 COFs 材料比表面积最高可达 $5083m^2/g$[13]。其二，COFs 材料具有明确的分子构型，其结构可设计性强。由于 COFs 的合成单体种类丰富且可定制化设计，通过多种共价连接方式，可形成复杂多样的材料结构和空间构型。此外，COFs 材料具有周期性的晶态多孔结构，这为孔径调节和功能化修饰提供了便利条件。其三，COFs 材料的化学稳定性极为优异，得益于共价键的高强度和键能优势，共价有机框架材料具有出色的化学稳定性和热稳定性。部分 COFs 材料在强酸 / 碱、强氧化 / 还原的体系中以及一定的高温环境中，依然能够保持良好的稳定性。另外，由于共价键独特的方向性和饱和性，能够实现有机分子的准确定位和有序排列，这不但有利于 COF 单元的周期性的稳定聚合，而且分子间共轭基团的 π-π 相互作用进一步增强了多孔骨架抵御溶剂化和水解作用的能力，从而维持了共价结构的稳定性。

    COFs 材料按照空间结构的维度进行分类，主要可划分为二维共价有机框架材料（2D COFs）和三维共价有机框架材料（3D COFs）。在 2D COFs 的设计中，不同类型的拓扑结构发挥着关键作用。其中，由各向同性拓扑构建的规则多边形骨架以及由各向异性拓扑构成的不规则多边形骨架，均被广泛应用于 2D COFs 的结构设计[14]。这些 COFs 材料具备高度有序的晶格结构与孔隙位置，拓扑多样性为其结构的丰富性奠定了坚实基础（图 5-1）。由于拓扑结构的多样性，多种几何形状的单体适配组合，进而产生了具有不同几何构型和孔径尺寸的 2D COFs 框架。如图 5-2 所示，[C_3+C_3]、[C_3+C_2] 和 [$C_2+C_2+C_2$] 这几种组合方式均能够形成六边形 2D COFs，然而其相应的六边形孔道在孔径尺寸、共轭结构以及堆积模型等方面存在差异。而四边形的 COFs 框架则可由 [C_4+C_2] 或 [C_2+C_2] 的组合实现。研究表明，拓扑结构的设计直接影响了框架内部的孔径尺寸，例如由 [$C_2+C_2+C_2$] 和 [C_2+C_2] 的拓扑结构生成的 COFs 通常具有小于 2nm 的微孔，而 [C_3+C_2]、[C_3+C_3] 和 [C_4+C_2] 组合通常产生介孔的 COFs 框架。此外，拓扑结构的设计还能够控制骨架的共轭密度，[C_6+C_2] 拓扑结构的研究成果为设计具有高共轭密度和小孔径的微孔 COFs 提供了重要理论基础[15]。目前，3D COFs 已被开发出多种拓扑结构，主要涵盖 dia、bor、rra、tbo、ctn、ffc、srs 和 pts 等（图 5-2）。在 3D COFs 的合成中，多数采用 [T_d+C_2] 的拓扑结构进行设计制备，通过该体系已成功制备出具有 dia 网络的 3D COFs[16]。[T_d+C_4] 拓扑体系可以制备具有 pts 构型的 3D COFs；借助 [T_d+C_3] 的拓扑搭建可以获得具有 bor 和 ctn 的 3D COFs 结构，并且该拓扑体系也能够合成 srs 构型的 3D COFs。

第 5 章

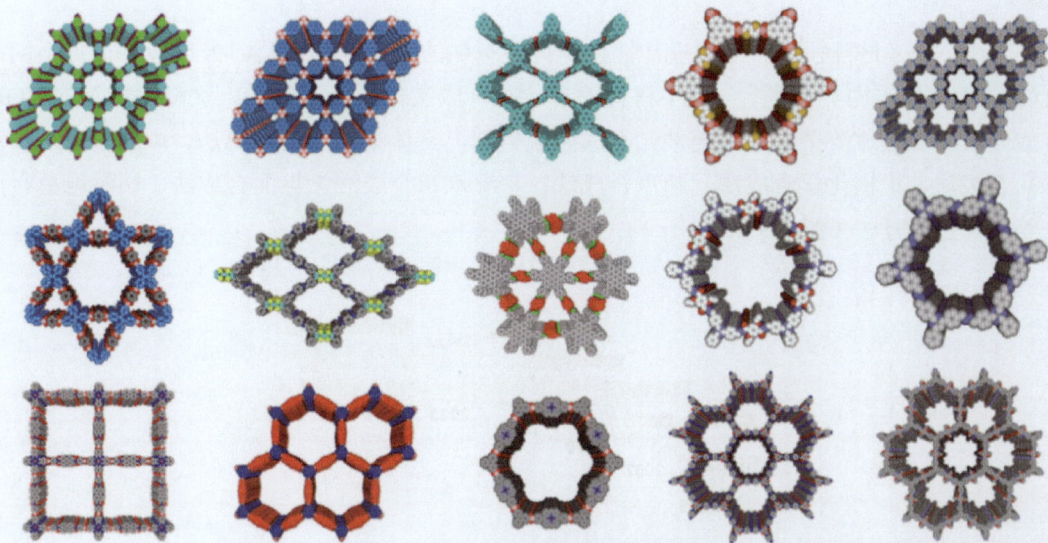

图 5-1　二维 COFs 材料的拓扑结构图

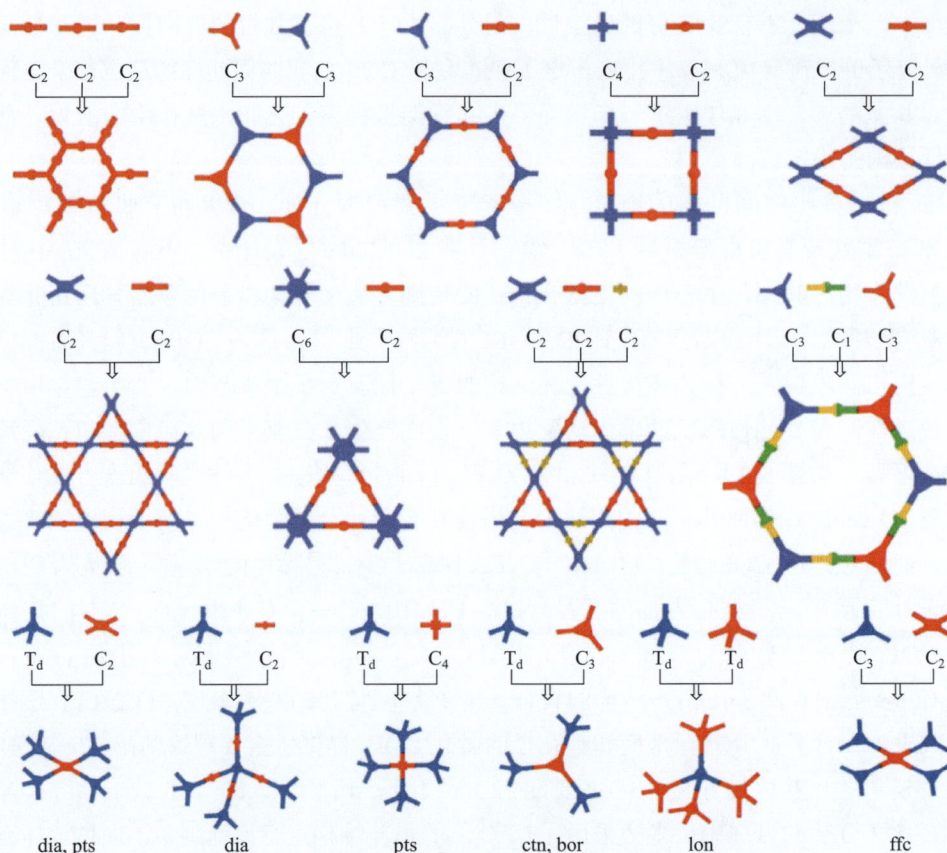

图 5-2　二维和三维 COFs 材料的拓扑结构设计类型[16]

（图片来源：2021 年爱思唯尔 *Giant* 期刊）

dia, pts　　dia　　pts　　ctn, bor　　lon　　ffc

5.1.2　COFs 材料的设计与合成

　　鉴于 COFs 材料独有的结构设计性以及可定制化的合成优势，科研人员能够根据不同的 2D 或 3D 拓扑结构类型进行 COFs 材料的设计与合成工作。截至目前，文献中报道的 COFs 合成方法主要分成溶剂合成和无溶剂合成两大类别，具体涵盖了溶剂热法、微波合成法、离子热合成法、机械化学合成法、超声合成法、室温水相合成法、界面合成法、熔融绿色合成法等多种合成方法（图 5-3）。

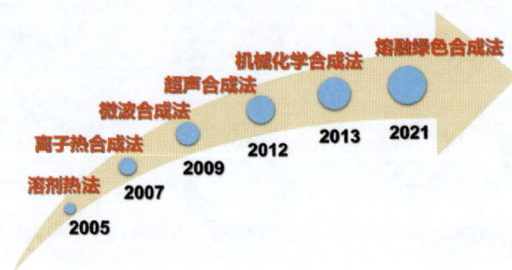

图 5-3　COFs 材料主要合成方法的首次报道时间

在 COFs 材料的合成中，绝大多数 COFs 结构都是由单体分子通过溶剂热法合成的。该合成过程中，其反应条件的高低取决于结构单元的溶解度、反应类型以及反应的可逆性。此外，反应时间、温度、溶剂和催化剂等条件，均为通过溶剂热法制备晶态多孔 COFs 材料需要考量的重要因素。该合成方法的一般操作步骤如下。将多种反应物单体、催化剂和溶剂混合加入适当体积的 Pyrex 管中。将混合物进行短暂超声处理，再通过冷冻、融化循环抽气，利用燃烧器将管口熔化密封，并加热至适合的反应温度进行单体聚合。反应结束后将反应管冷却至室温，通过离心或过滤收集沉淀物，并在室温下利用溶剂洗涤或通过索氏提取法洗涤，以交换高沸点溶剂并去除低聚物。洗涤后的产物通过真空干燥可得到目标 COFs 材料。由于溶剂热法在一定范围内具有通用性，并且合成的 COFs 材料结晶性较高，因此目前溶剂热法用于多种 COFs 结构的小规模制备。然而，将溶剂热法合成过渡到工业规模生产在成本效益和环境合规性等方面将面临巨大挑战。

溶剂热法合成通常需要很长的反应时间，而微波合成法已被用于晶态多孔 COFs 的快速制备，目前已通过微波合成法成功合成了硼酸酯连接的 COF-5 和亚胺键连接的 TpPa-COF 等结构[17-18]。微波合成法的合成过程如下。将反应单体和极性溶剂混合加入由惰性气体保护的微波反应器中，并在反应温度下微波加热若干小时。反应结束后收集粗产物，加入丙酮等溶剂混合，并在适合的温度下短暂搅拌反应，该过程为溶剂加热萃取。过滤去除溶剂，收集沉淀物进行真空干燥得到最终 COFs 产物。微波合成法的优势在于快速加热聚合，通过微波溶剂萃取可以高效去除 COFs 产物中的低聚物等杂质，从而得到具有高孔隙率和高洁净度的 COFs 材料；但该方法只适用于实验室合成，不具备放大生产能力。

离子热合成法具有能耗低、反应时间短、反应体系中无有机溶剂等优势，使用熔融盐或离子液体作为溶剂为 COFs 材料的制备提供了一种简单、高效、绿色的合成策略。采用溶剂热法合成的三嗪基框架材料（CTF）通常为无定形结构，而离子热合成法可实现 CTF 材料的高结晶性制备[19]。在该合成过程中，$ZnCl_2$ 作为高温离子介质以熔融盐形式起溶剂作用，并催化三嗪聚合反应。这种方法使腈基单体聚合形成稳定的微孔框架，具有高比表面积和均一的孔径分布，表明 $ZnCl_2$ 的催化特性有助于 COFs 在离子热条件下形成晶态结构。此外，通过离子热合成法利用 $ZnCl_2$ 的共晶盐混合物可实现酰亚胺类 COFs 的合成，该过程缩短了合成周期，克服了传统聚酰亚胺溶剂热合成的局限性[20]。在工业中，离子热合成法具有大幅降低溶剂使用量的优势，并且反应过程及步骤相对溶剂热法较为简洁。然而，高温环境和潜在的盐类回收及循环利用问题可能会限制其工业应用，针对上述问题还需进一步研究合理的解决方案。

机械化学合成法是一种符合绿色化学要求的材料合成方法，可实现简单高效、绿色环保的 COFs 合成。在机械化学合成过程中，将原料单体放入研钵中并在室温下反复研磨从而得到 COFs 结构。为了充分发挥该合成方法的特殊优势，进一步优化合成过程，开发了液体辅助研磨法[21]。在研磨单体时，将少量催化剂溶液添加到体系中，通过促进反应物的均匀程度来提高反应速率，从而提高 COFs 材料的结晶性。此外，研究表明 COFs 材料可以与某些具有生物活性的物质（例如酶）相结合，传统的溶剂热法通常需要高温高压环境，并且有机溶剂的使用会导致酶的失活和变性，而机械化学合成法能够有效解决上述问题，是一种保证酶活性的有效固定化方法。机械化学合成策略是将生物活性物质与 COFs 材料大规模结合的工业理想方法。

COFs 材料的超声合成法由 Andrew I. Cooper 教授于 2012 年首次报道，该方法可实现每日 45kg/m³ 的 COFs 生产效率，产量是传统溶剂热法的 9 倍[22]。此外，超声合成法有利于亚胺连接的 COFs 材料在水溶液中快速制备，9 种亚胺类 COFs 结构（SonoCOF-1 ～ SonoCOF-9）均可在 1h 内成功合成，并且具有高结晶和高孔隙率[23]，该方法有望实现部分 COFs 材料的规模化生产。此外，室温水相合成法和界面合成法的开发，为设计合成低能耗、简单绿色的 COFs 膜材料提供了新的途径。

针对 COFs 材料在合成过程中普遍存在的依赖有机溶剂、合成过程复杂、比表面积低、结晶性差、难以规模化制备等问题，南开大学张振杰教授首创了熔融绿色合成法，摒弃了有机溶剂的使用，突破了 COFs 规模化、低成本、成型制备的关键瓶颈。张振杰教授团队利用分子助剂介导的熔融聚合机理，如图 5-4 所示，采用苯甲酸或苯甲酸酐等分子助剂在反应过程中发挥助熔、降低反应温度和催化调控结晶过程等多重作用[24-26]，成功实现了不同 COFs 结构的设计合成，能够实现对 COFs 组成、结构、形貌等的精准调控。此外，相比于传统溶剂热法，由熔融绿色合成法制备的 COFs 材料能够表现出更高的材料结晶度和比表面积，在工业化生产领域，该方法真正实现了 COFs 材料的规模化生产。

图 5-4　熔融绿色合成法的合成示意图[24]
（图片来源：2023 年爱思唯尔 *Chem.* 期刊）

COFs 材料通常的表征方法：粉末 X 射线衍射（PXRD）确定 COFs 的结晶性，并且可以根据衍射峰的角度初步判断该 COFs 为微孔或介孔结构；傅里叶变换红外光谱（FT-IR）可以表征原料单体聚合前后的化学键尤其是共价键的变化，通过 FT-IR 可以定性确定 COFs 材料的聚合程度；通过气体吸附仪对 COFs 材料进行 N_2 吸脱附测试，可明确 COFs 结构的孔径分布范围和 Brunauer-Emmett-Teller（BET）比表面积；通过热重（TG）分析可以确定 COFs 的热稳定性以及热解温度；扫描电子显微镜（SEM）和透射电子显微镜（TEM）表征可以显示 COFs 材料的微观形貌，SEM 图呈现了材料的表面形貌和微观尺寸，TEM 图中可以观察到晶态 COFs 的晶面衍射条纹，在 mapping 模式下可以确定元素的分布情况。此外，固态核磁共振、元素分析、X 射线光电子能谱（XPS）、原子力显微镜（AFM）等表征方法也是 COFs 材料的常用检测方法。

5.2　COFs 材料的研究进展与前沿动态

COFs 材料具有规整的孔道结构，孔径大小可在分子水平精准调控，从微孔到介孔范围灵活变化，满足不同客体分子的容纳需求。同时，多样化的有机单体选择赋予了 COFs 丰富的官能团，使其具备酸、碱、氧化、还原等多种化学活性，为后续的功能化应用筑牢根基。材料结构与其化学性质的精妙组合，构成了 COFs 材料相较于传统材料在各类应用领域的核心竞争力。

5.2.1 COFs 材料在气体分离领域的应用

在气体存储与分离领域，COFs 独特的孔道结构和高比表面积使其成为理想的气体吸附剂和分离膜材料。通过精确调控 COFs 的孔径和表面化学环境，可以实现对不同气体分子的选择性吸附和分离，这对于提高能源利用效率、实现清洁能源的存储与传输具有重要意义。Wang 等以六连接立体节点与三角形分子为前驱体进行缩聚反应，合成了两种由席夫碱连接的具有超高比表面积（约 4400m^2/g）的微孔 3D COFs。在 298K 及 100bar（1bar=10^5Pa）压力下，3D-TFB-COF-Et 对甲烷的吸附容量为 429mg/g，体积吸附容量达到 264cm^3（STP）/cm^3，甲烷体积工作容量超过目前报道的所有晶态多孔材料，为含轻烃混合气体的分离与富集提供了理论与实践基础[27]。Zhu 等提出"组装 - 解离 - 重构"合成方法，制备了 CO_2/N_2 分离导向的连续 COFs 膜［图 5-5（a）］，该膜由 1,3,5- 三胺基苯和 1,4- 哌嗪二醛两种单体合成，具有高结晶度、开放孔道和高 CO_2 亲和性，CO_2 渗透率超过 1060GPU，CO_2/N_2 选择性超过 30.6，该合成方法为气体分离膜的精密构筑提供了依据，也为 COFs 材料应用于制备气体分离膜提供了新思路[28]。Zhang 等开发了一种具有 bcu 拓扑结构的 3D COFs（NK-21、NK-22 和 NK-23），这种 NKCOF 对乙烷具有特异性吸附效果，NKCOF-21 对乙烷吸附量为 97.9cm^3/g（4.4mmol/g），高于目前已报道的 COFs 材料，能够实现乙烷 / 乙烯的高效分离。此外，张振杰团队利用商业化的单体合成了新型共轭 COFs（NKCOF-62），对乙烷和乙烯具有独特的选择性吸附能力，能够从 C_2H_4/C_2H_2 和 C_2H_6/C_2H_4/C_2H_2 混合物中高效分离纯化 C_2H_4。如图 5-5（b）所示，与其他材料相比，NKCOF-62 保持了优异的气体分离效率并且成本更低，这为开发廉价高效的 COFs 吸附剂以应用于工业气体分离提供了重要的研究基础[29-30]。

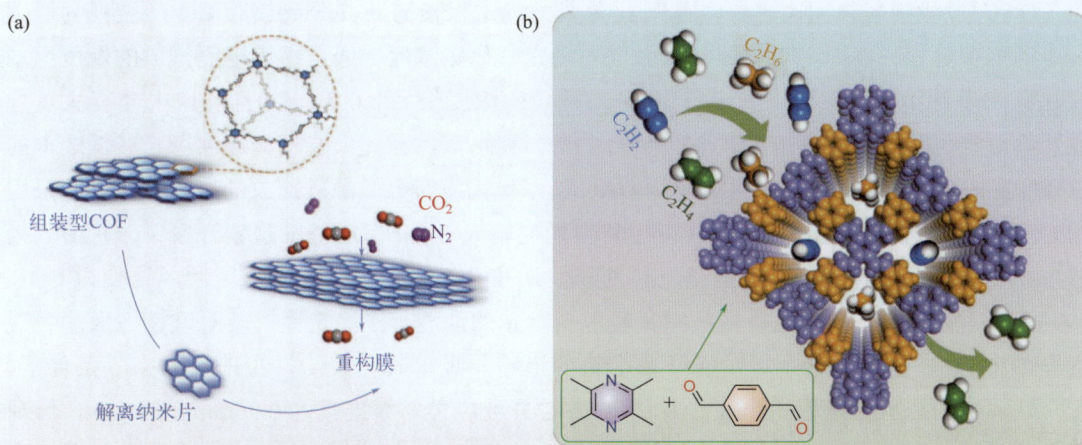

图 5-5　利用"组装 - 解离 - 重构"策略制备 COFs 分离膜用于 CO_2/N_2 的分离[28]（a）[图片来源：2024 年 John Wiley *Angewandte Chemie*（*International Edition* 期刊）]；NKCOF-62 用于乙烯纯化[29]（b）（图片来源：2023 年美国化学会 *Journal of the American Chemical Society* 期刊）

5.2.2 COFs 材料在催化领域的应用

在催化领域，COFs 材料既可以作为催化剂本身，利用其独特的化学结构和活性位点催化各类化学反应，也可以作为催化剂载体，将活性金属或其他催化活性物质负载在 COFs 表面或孔道内，提高催化剂的稳定性和催化活性[31-33]。在有机合成反应中，COFs 负载型催化剂能够实现高转化率、高选择性和高稳定性的催化转化，为绿色化学合成提供了有力支持。Lan 课题组研究构建了双功能催化剂 Rh-COF-316 和 Rh-COF-318，利用后合成方法将光敏性共价有机框架和过渡金属催化部分结合在一起。Rh-COF 首次通过光热转化实现了 C—H 非均相活化反应，并在室温条件下表现出优异的产率（高达 98%）和较为广泛的底物兼容性，同时保持了高稳定性和循环回收性能。这是迄今为止报道的室温下多孔材料催化 C（sp^2）—C（sp^2）偶联的最高产率。COF-316 增强了光热效应（AT=50.9℃），进而加速了 C—H 键的活化和催化剂与多种反应物的交换[34-36]。在催化反应中，COFs 材料的多孔特性使其能富集反应物，活性位点如同精准的"化学剪刀"，催化各类化学键的断裂与形成。Zhang 等开发了一种自聚合通量合成策略，可制造高结晶度和多孔性的烯烃连接共价有机框架作为钯纳米颗粒的载体，用于电催化氮还原反应。在 COFs 催化剂的结构设计上引入氟基，显著增强材料的疏水性，从而抑制析氢的竞争反应发生，有效提高了电催化合成氨的催化能力。负载钯后的 COFs 材料产氨率为 [（90±2.6）μg/（h·mg）]，法拉第效率可达 44%，是目前已报道的 COFs 电催化剂中综合性能最好的。同时，该催化剂易于回收和循环利用，在 15 次循环反应过程中催化剂性能仍然保持稳定[37]。

5.2.3 COFs 材料在降碳领域的应用

随着全球气候变化的加剧，如何有效降低大气中的 CO_2 浓度，已成为应对气候变化问题的关键。根据 CO_2 来源不同，主要分为两种路径：碳捕集与封存（CCS）和直接空气捕集（DAC）。碳捕集技术，主要是从工业源或大气中直接捕获并分离提纯 CO_2，被视为低碳减排的重要途径。然而，工业烟气或大气中的二氧化碳浓度极低，燃煤电厂排放的烟气中二氧化碳浓度约 10% ~ 15%，而大气中的二氧化碳浓度仅为 0.04%，并且环境中含有大量导致捕集材料严重降解的高浓度氧气（约为 21%）和水汽，因此低能耗、连续稳定、低成本的 CO_2 捕集成为了一项世界性技术难题。DAC 技术作为应对分散源碳排放的有力手段，其采用的 COFs 材料同样表现卓越[38-39]。COFs 材料的创始人 Omar M. Yaghi 最新开发了一种命名为 COF-999 的多孔晶态共价有机框架，其创新性地在孔道内部引入聚胺官能团，这使得 COF-999 在应对空气氛围下 CO_2 捕集难题时展现出卓越的性能，在稳定性以及耐湿性方面均表现优异，为 DAC 技术的进一步发展开辟了新的道路。吸附研究表明，在干燥的空气条件下，混合气体中的 CO_2 浓度为 400mg/L 时，每 1g COF-999 能够精准吸附 0.96mmol 的 CO_2，展现出高效的 CO_2 捕集能力。同时，当环境相对湿度提升至 50% 时，其 CO_2 吸附量更是跃升至 2.05mmol/g，充分体现了该材料在复杂的实际环境中对 CO_2 强大的富集效果，突破了传统材料受湿度影响而吸附性能骤降的局限。此外，COF-999 还具备极为优异的再生特性，相较于传统的胺溶液捕集方法，后者因能耗高、再生所需热量大而饱受工业应用限制，COF-999 仅需加热至 $60℃$ 即可轻松释放其捕获的 CO_2，极大降低了能源消耗，为大规模应用提供了可行性理论基础。经过严苛的循环测试验证，COF-999 在高达 100 次的吸附循环再生循环后，其 CO_2 吸附容量几乎没有损失，稳定性远超乎预期，能够持续稳定地从空气中直接捕获 CO_2。据估算，仅需 200g 的 COF-999 材料，在一年的时间内，便可高效吸收 20kg 的 CO_2 气体。COF-999 具备高 CO_2 吸附容量、高选择性、优异的耐水性与抗氧化特性，同时兼顾可回收性以及较低的再生温度，无疑为全球降碳事业开辟了崭新路径，有望推动 DAC 技术从理论迈向大规模实际应用，助力人类应对气候变化挑战，迈向可持续发展的未来 [40-41]。

5.2.4 COFs 材料在新能源领域的应用

在能量存储领域，研究人员正积极探索 COFs 在电池和超级电容器中的应用与实践，期望借助 COFs 的独特性能，提升能量存储的能力。作为电池电极材料，COFs 能够提供丰富的活性位点，促进电化学反应的进行，提高电池的充放电性能和循环寿命。Chen 等开发了一种含有 C═O 和 C═N 双活性位点的 TABQ-COF 材料，这种新结构开辟了质子电池高容量和长寿命阳极材料的新研究思路。通过密度泛函理论（DFT）计算，TABQ-COF 的每个重复单元可容纳多达 9 个质子，并明确了其精细的氧化还原机制。电化学性能结果显示，TABQ-COF 作为不溶性电极，比容量突破 $401mA·h/g$，历经高达 7500 次的充放电循环实验后，容量保持率依然处于 100% 的峰值水平。与此同时，在倍率性能方面，TABQ-COF 电极即使处于高达 $50A/g$ 的电流密度冲击下，仍能输出 $90mA·h/g$ 的电池容量，可快速响应大功率需求，保障电池在不同工况下的高效运行。另外，构建的 TABQ-COF/MnO_2 全电池在 $5A/g$ 电流密度下可实现 $247mA·h/g$ 的可逆容量 [图 5-6（a）]，并在 10000 次循环后保持 100% 的容量稳定性，目前已展现出在已报道的水系质子电池中的最佳循环稳定性。此外，该电池在 $-40℃$ 的超低温环境中仍能稳定运行，拓宽了 COFs 作为电极材料在极端场景中的应用范围 [42-43]。

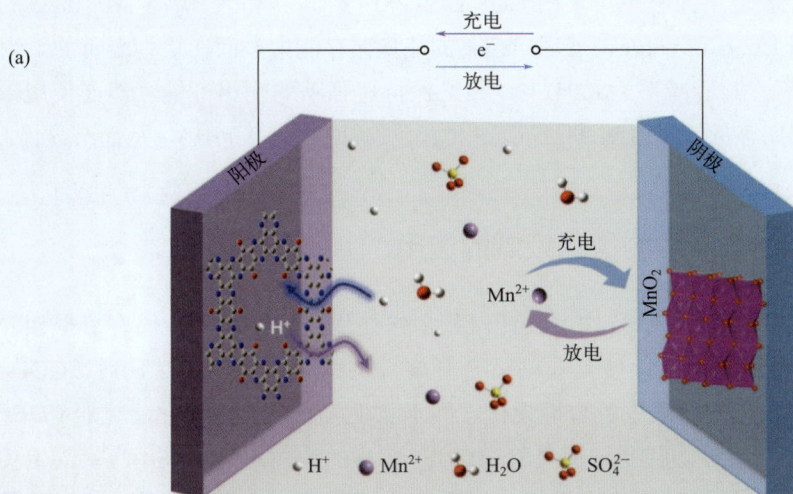

图 5-6

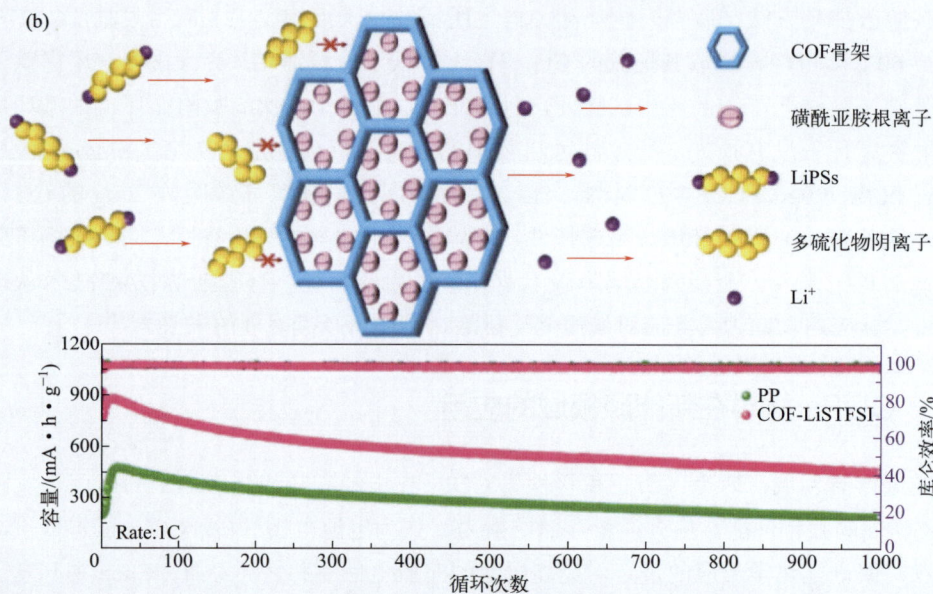

图 5-6　TABQ-COF 阳极与 MnO_2 阴极组成水溶液质子电池示意图[42]（a）[图片来源：2025 年 John Wiley *Angewandte Chemie*（*International Edition*）期刊]；改性磺酰亚胺锂 COF-LiSTFSI 材料作为电池隔膜示意图[44]（b）（图片来源：2023 年 Springer *Nano Research* 期刊）

　　COFs 作为电池隔膜可以与电极材料形成紧密的界面接触，优化电极 - 隔膜 - 电解液三者之间的相互作用，降低界面电阻，提升电池的整体能量效率。Chen 团队设计合成了一种新型磺酰亚胺锂 COFs 材料（COF-LiSTFSI），并将其用于修饰锂硫电池的隔膜来缓解多硫化物的穿梭效应 [图 5-6（b）]。这些磺酰亚胺阴离子基团在 COFs 孔径中有序分布，极大促进了锂离子在电池正负极之间的快速传输，确保电化学反应能够高效、持续推进。从离子电导率这一关键指标来看，COF-LiSTFSI 修饰的隔膜电导率高达 1.50mS/cm，这意味着在电池充放电过程中，离子能够更加顺畅、快速地移动，为电池的高功率输出提供了有力保障。对该材料从实际的电池性能表现层面考量，使用 COF-LiSTFSI 修饰隔膜的锂硫电池在 0.2C 的充放电倍率下，容量达到 1229.7mA·h/g，展现出超强的能量储存能力。而在更为严苛的 1C 倍率下，历经 1000 次循环后，其衰减率为 0.042%，始终保持着强劲的输出性能。然而使用未修饰隔膜的锂硫电池，同期容量仅能达到 941.5mA·h/g，衰减率高达 0.061%，从而凸显出 COFs 修饰隔膜的重要性[44]。

5.2.5　COFs 材料在生物医药领域的应用

　　相较传统材料，COFs 具有结构可设计性和多样性优点。相较于金属有机框架 MOFs 材料，COFs 的无金属和无毒特性使其非常适合开展与生物相关的应用。同时，COFs 的骨架和孔道均可根据网状化学原理进行合理设计，便于实现生物酶的固定化，克服 COFs 作为固定化材料的局限性。Chen 团队通过探究酶 @COFs 胶囊的构建策略，采用直接固定的方法对脂肪酶进行固定，使用的 COFs 载体为 NKCOF-98，这是一种能够在室温水相温和条件下合成的 COFs 结构，因此在多个领域广泛使用。通过调控脂肪酶的浓度、疏水性等性质，得到了一系列脂肪酶@NKCOFs材料，该生物复合材料在严苛环境中的半衰期能够延长至3倍以上。在分离性能上，选择了手性醇作为底物，使用脂肪酶@NKCOFs实现了良好的手性解析，所有反应的ee值均大于99%，对一系列底物表现出良好的水解活性，展现出在手性催化方面的超强实力[45]。另外，该团队设计制备了两种高结晶度的乙烯链iCOFs（NKCOF-46-Br⁻和NKCOF-55-Br⁻），实现了快速、高效、选择性去除复杂天然产物体系中的有毒物质马兜铃酸（AAI）。乙烯链iCOFs具有形貌均匀、稳定性高、平衡时间快、对AAI具有良好的亲和力和选择性等特点。与传统分离介质相比，NKCOF-46-Br⁻和NKCOF-55-Br⁻的吸附量分别达到了246mg/g和178.4mg/g。实验结果表明，iCOFs的正电荷框架和良好的孔隙微环境有助于其高通量性能[46-47]。这一研究对草药或药食植物的安全使用具有重要意义，推进了COFs在医药纯化中的工业化进程。在药物输送方面，COFs可以作为药物载体，装载抗癌药物、抗生素等小分子药物，实现药物的精准递送和控制释放。通过将药物分子封装在COFs的孔道内，并对其进行表面修饰，可以使其特异性靶向运输到特定组织或细胞，提高药物的疗效。Fang等报道了一种具有较大孔径（19.8Å）的3D COFs（JCU-581），可以作为抗癌药物（顺铂，CIS）潜在的载体。结果表明，CIS@JUC-581不仅是一种良好的载药缓释材料，而且是一种潜在的细胞荧光染料，为药物转运提供了长效的荧光示踪成像。此外，流式细胞术实验表明JUC-581具有良好的生物相容性，CIS@JUC-581具有高细胞杀伤性。这项工作丰富了3D COFs在生物医学和荧光探针中的潜在应用，有望推动抗癌精准医疗迈向新高度。

5.2.6 / COFs材料在核工业领域的应用

核工业面临核废料处理与辐射防护两大难题，而COFs材料具有潜在的核废料处理能力和抗辐射优势。针对放射性核素的分离回收，COFs利用对特定核素离子的协同作用，从复杂核废液中将铀、锶、铯等放射性离子高效提取出来，既可减少环境污染风险，又能实现珍贵核资源的回收再利用[48]。在海水提铀的前沿探索中，Zhu等通过设计COFs的孔径及基团分布，巧妙利用铵离子静电与羟基氢键的协同作用机制，在模拟铀污染场景中，在10mg/L的铀溶液中实现了800mg/g的饱和吸附量，这一数据相较于同类研究处于领先地位。值得注意的是，在吸附动力学方面，400min内铀的提取率可达到99.99%，展现出其高效快速的吸附特性。尤为突出的是，当将其置于复杂且极具挑战性的天然海水环境中进行测试时，在长达7天的暴露周期内，依旧能达到23.66mg/g的吸附量，刷新了此前该领域的记录，为海水提铀实际应用提供了强有力的数据支撑。从作用机制深入剖析，实现这种优异性能的根本原因在于有效解决了长期困扰人们的CO_3^{2-}与UO_2^+解离的低动力学难题。凭借独特的材料结构以及化学活性位点设计，该COFs材料不仅显著提升了铀离子的捕获效率，还为后续开发兼具快速吸附与高亲和性的铀捕获吸附剂开辟了全新的研究方向，有望推动海水提铀技术迈向工业化应用的新阶段，为全球核能资源的可持续供给贡献关键力量[49]。在辐射防护应用方面，富含活性氮位点的COFs功能化材料可有效吸附放射性碘废气，制成防护材料用于核电站工作人员的防护屏蔽层，守护人员健康与环境安全。Jiang等合成了亚胺连接的COFs（TPB-DMTP

COFs，TTA-TTB COFs），该材料可以形成有序的一维孔道，其孔体积分别为 1.28cm³/g 和 1.01cm³/g。上述 COFs 材料对碘的吸附量分别为 6.26g/g 和 4.95g/g，并且在 25℃ 和 1bar 的实验条件下，即使在空气中，COFs 材料也能保持碘的捕获特性，并且碘不会从孔道中逸出[50-51]。

5.2.7 COFs 材料在其他领域的应用

在智能传感领域，COFs 与纳米材料复合，能敏锐感知环境中湿度、温度、有害气体浓度变化，并快速将变化转化为电信号或光信号反馈，用于智能家居环境监测、工业安全生产预警等场景。如图 5-7（a）所示，Zhang 团队开发了一种由可扩展烯烃连接的 NKCOF-12 材料，具有超微孔结构和丰富的结合位点，可用于 SO_2 传感器的开发。从吸附性能来看，NKCOF-12 在特定条件下表现惊艳，在 298K、1bar 的环境中，NKCOF-12 对 SO_2 的吸附量高达 220cm³/g，即使压力降至 0.01bar 且温度保持不变，仍可达到 40cm³/g 的 SO_2 吸附量。不仅如此，多组分气体穿透实验更加证实了 NKCOF-12 的独特优势，能够选择性捕获低浓度（2000mg/L）的 SO_2，从在复杂混合气体环境中应用的材料中脱颖而出。此材料能够在长达两个多月的时间跨度内持续输出稳定信号，为长期、可靠的气体监测提供了应用可能。而且，其恢复过程简便易行，仅需在室温下进行纯化氮气处理，即可轻松实现性能重置，大大降低了使用成本与维护难度。相较于其他已报道的 SO_2 传感器，其综合性能优势显著，稳稳占据行业前列。该材料实现了 COFs 领域的首次 SO_2 传感应用，为精准检测 SO_2 提供了坚实的技术保障[52]。

近来，在环保领域发表了一项极具前瞻性的研究，该研究聚焦于阳离子共价有机框架（iCOFs）用于治理全氟和多氟物质（PFAS）引发的水污染问题。该 TG-PD COFs 由简洁高效的声化学合成路径制备而成，展现出诸多令人瞩目的性能 [图 5-7（b）]。研究结果表明，TG-PD COFs 对水中全氟辛酸（PFOA）具备超凡的选择性与特异性，检测下限能够达到 1.8μg/L，这一高精度检测能力为早期、精准监测水体中 PFOA 污染状况提供了有力的技术支撑，并且能够及时察觉水体中的潜在风险，防患于未然。而在去除 PFOA 的实际应用表现上，TG-PD COFs 材料大放异彩。在分批处理模式下，短短数秒钟内即可实现对 PFOA 的高效吸附，且在历经多次循环后，吸附容量依旧高达 2600mg/g 以上，证明了该材料出色的重复利用性与稳定性 [图 5-7（c）]。在模拟实际环境的色谱柱吸附实验中，面对环境相关浓度的 PFOA 污染水样，TG-PD COFs 能够几乎完全将 PFOA 从水中剥离，可以切实保障水体质量，为解决全球性 PFAS 水污染困境开辟了全新的路径[53-55]。

(a)
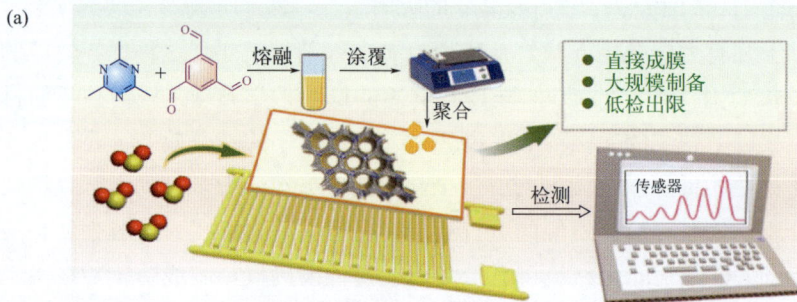

(b)

(c)

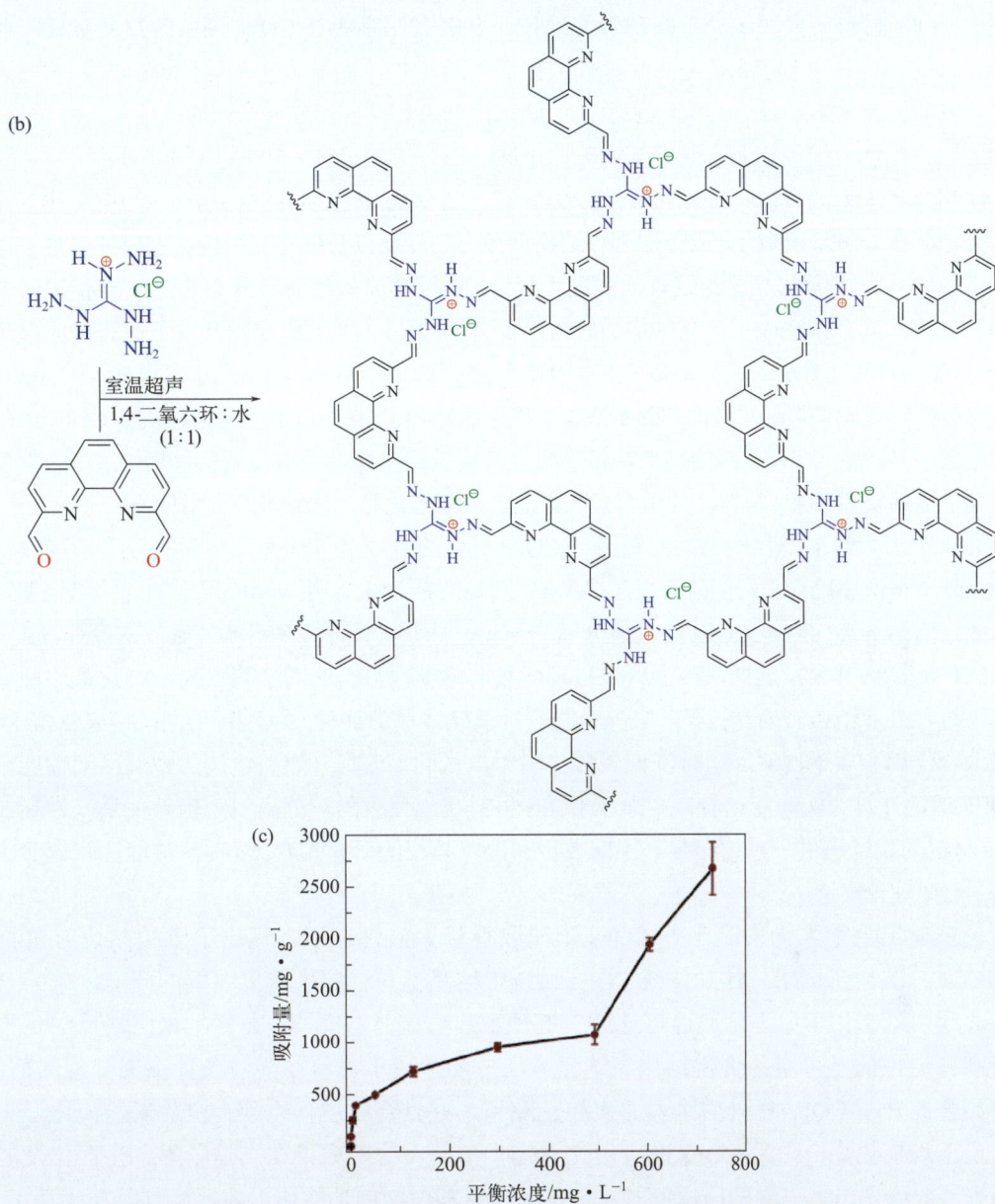

图 5-7　COFs 膜用于 SO₂ 传感器示意图[52]（a）（图片来源：美国化学会 *Journal of the American Chemical Society* 期刊）；TG-PD COFs 结构示意图[53]（b）；TG-PD COFs 对全氟辛酸的吸附等温线图[53]（c）（图片来源：2024 年 *Nature* 期刊）

5.3　我国在 COFs 材料领域的学术地位及发展动态

　　我国在 COFs 材料领域的研究起步较早，近年来发展迅速，已成为全球 COFs 研究的重要力量。根据 Web of Science 等数据库统计，截至 2025 年 2 月，全球 COFs 材料的相关文献发表量超过 2 万篇，其中中国学者发表的文献数量超过 1 万篇，占总量的 50% 以上。这一数据表明我国在 COFs 材料研究领域处于全球领先地位，并且我国学者在 COFs 领域的发文量逐年持续增长。目前国内从事 COFs 研究的学者人数也在不断增加，涵盖了从基础理论研究到应用开发的多个方向，在材料设计、合成方法学、功能化修饰及相关应用领域（如能源催化、环境治理、生物医学、柔性电子等方面）取得了突破性进展，部分成果已进入产业化试验阶段。

兰州大学王为教授是 COFs 领域的先驱之一，主要从事新型多孔材料的合成与应用研究。王为教授团队在 COFs 材料的合成方法学、结构调控、功能化以及催化应用领域的研究取得了重要进展。2018 年，王为教授课题组首次实现大尺寸 COFs 单晶的制备，并与北京大学和加州大学伯克利分校共同合作完成了单晶结构的解析 [56]。2024 年，该课题组成功开发了快速合成大尺寸 COFs 单晶的普适性方法，成功制备出 LZU-115 等系列 COFs 单晶，单晶尺寸达到 50～150μm[57]。这一突破性研究成果将高质量的 COFs 单晶生长速度提升了 50 倍以上，充分解决了 COFs 单晶的合成难题，高质量 COFs 单晶的高效制备为探究其构效关系提供了重要信息。此外，王为教授团队开发了多种新型 COFs 材料，并探索其在光催化、电催化等催化领域的应用价值。

北京理工大学王博教授和冯霄教授在 COFs 材料的合成及气体分离与存储应用领域做出了突出贡献。王博和冯霄教授团队开发了多种高性能 COFs 材料，并成功应用于氢气、甲烷等气体的高效吸附与分离，基于 COFs 的气体分离膜材料，成功应用于二氧化碳／氮气、甲烷／氮气等混合气体的高效分离。近期，该团队报道了一种 α-氨基酮-COF 离子聚合物，并且将这种离子聚合物与 Nafion 结合作为具有"呼吸"功能的质子导体 [58]。这种方法利用协同氢键来保留水分，增强水合作用和质子传输，同时降低氧传输阻力，从而显著提升燃料电池的中温区间性能。通过 DFT 理论计算与实验相结合，揭示了 COFs 材料在气体吸附与分离中的构效关系，为高性能 COFs 材料的设计提供了理论指导。王博教授和冯霄教授的研究为 COFs 在清洁能源领域的应用提供了重要理论支持。

华东理工大学朱为宏院士在 COFs 领域取得了突破性进展，提出了重构共价有机框架（RC-COF）的创新策略。针对传统 COFs 材料中结晶性与稳定性难以兼顾的问题，朱为宏院士团队利用动态化学原理，通过可逆尿素键预组装形成晶态框架，再经纳米限域反应重构为具有高稳定性的不可逆共价键结构。这一方法成功解决了材料在极端条件下易分解的问题，同时显著提升了 COFs 材料的比表面积和孔隙率，并且合成过程无须真空除氧，简化了工艺并实现了规模化生产，为 COFs 的实用化奠定了基础。这些成果在气体吸附、光催化及能源转换等领域展现出了广阔的应用前景，并推动了材料科学向功能化、高效化方向发展。

国家纳米科学中心唐智勇院士在 COFs 材料的开发与应用领域取得多项重要突破，尤其在高效膜分离与盐差能转化领域成果斐然。在有机小分子分离方面，唐智勇院士团队设计开发了一种基于共价三嗪框架（CTF）的分离膜，通过混合单体共聚策略调控孔径与表面亲和力，实现了芳烃／脂肪烃混合物的高效全液相分离，分子量小于 200Da 的芳烃优先渗透，分离过程兼具分子尺寸筛选与亲和协同效应，且膜材料在复杂操作条件下展现出优异的稳定性，为石油工业的有机分离难题提供了有效的解决方案。

上海交通大学崔勇教授在手性 COFs 的设计合成与功能应用方面的研究处于国际领先地位。崔勇教授团队通过引入手性单元（如 1,1'-联萘酚）和氧化还原活性单体，成功构建了具有可控互穿结构和自旋选择性的三维手性 COFs（CCOFs），实现了自旋极化对电化学析氧反应的调控，显著降低了过电位并抑制了副产物 H_2O_2 的生成，为绿色能源转化提供了新策略。此外，该团队开发的手性 COFs 材料不仅可用于高效不对称催化（如环氧化反应），还能作为固相分离剂实现外消旋分子的精准拆分。其研究成果系统总结了二维手性材料的合成策略与界面表征方法，为手性化学与材料科学的交叉发展提供了重要理论支持。

东北师范大学朱广山教授在 COFs 材料的设计与合成方面具有深厚的造诣。朱广山教授团队设计开发了一系列多孔芳香框架（PAFs），结合 PAFs 材料的独特优势，将刚性芳香单元通过不可逆的共价键连接，形成稳定的框架结构[59]。通过引入适合的功能性单元，增强所需 PAFs 材料的光/电化学性能，从而成功实现了高性能电化学能量存储器件和光电转换器件的开发。朱广山教授在 COFs 的结构调控与功能化方面取得了重要突破，尤其在 COFs 的荧光性能及其传感应用领域具有突出成果，为 COFs 在光电材料领域的应用开辟了新的道路。

天津大学姜忠义教授主要从事 COFs 材料分离膜的设计和开发，该团队受生物材料的组成、结构、形成和功能的启发，将生物仿生学和生物启发策略引入膜和膜过程，提出了新颖的膜制备方法，阐明了选择性分子和离子传输理论，最终在抑制膜堵塞和克服权衡效应方面取得了重大进展。姜忠义教授在自具微孔聚合物膜材料设计制备、成膜机制与膜结构稳定机制、限域传质理论等关键理论与技术研究方面取得了重要进展，为"双碳"目标实现和绿色高质量发展做出了突出贡献。

天津理工大学鲁统部教授在 COFs 材料的合成及其在光电领域的应用方面取得了重要进展。鲁统部团队聚焦 COFs 在光/电催化领域的应用，开发出新型 COFs 复合催化剂，显著提升了水分解制氢以及二氧化碳还原的效率，推动了清洁能源转化技术的发展。鲁统部教授的研究为 COFs 在光电领域的应用提供了重要理论依据。

吉林大学方千荣教授致力于攻克 COFs 单晶制备难题，突破传统粉末材料的表征与应用瓶颈。基于 3D COFs 设计拓扑多样性受限这一关键科学问题，该团队创新性地采用了一种基于降低构建单元对称性的策略，通过引入 8 连接（8-c）结构单元，成功设计并合成了两种新型三维共价有机框架材料 JUC-644 和 JUC-645，从而突破了传统方法的限制，显著丰富了 3D COFs 的拓扑多样性[60]。

武汉大学邓鹤翔教授在 COFs 领域取得了多项创新性成果，尤其在结构解析、合成方法学及功能应用方面表现突出。其团队通过单晶 X 射线衍射技术，首次以原子级精度揭示了 2D COFs 的层间堆叠模式动态演变过程，成功合成了 9 种高质量单晶（尺寸可达 $45\mu m$），并发现其层间结构从 AA 堆叠分步向 AB 堆叠转变，突破了 2D COFs 结构表征的长期难题。在合成化学方面，邓鹤翔教授团队开发了基于氨基连接的新型 COFs 材料，通过亚胺键不可逆还原为氨基的策略，显著提升了材料的化学稳定性，并首次将其与金属银电极结合，构筑分子有序界面，实现了二氧化碳的高选择性电还原。

华南师范大学兰亚乾教授聚焦 COFs 基多孔催化材料，创新性地将多酸金属簇、单原子等活性位点嵌入 COFs 骨架。近期，该团队提出了一种分级扩展策略，成功设计合成了一种具有 16 连接数的构筑基元的单体来构建 3D COFs。该研究首次开发了具有 16 连接数的高连接性 COFs，这是目前报道的最高连接性的 COFs，并实现了高效光催化应用，极大地丰富了新型 COFs 的结构类型与应用前景。

武汉大学汪成教授长期致力于 COFs 材料的前沿研究，在三维 COFs 的设计合成、结构解析与功能应用领域取得多项重要成果。汪成教授团队提出了"4+4"拓扑设计策略，通过分子构筑单元的空间调控，成功合成系列高结晶性 3D COFs，解决了传统 3D COFs 合成与结构表征的难题。在应用方面，该团队开发的超高比表面积 3D COFs 在甲烷吸附中表现出卓越的性能，质量与体积吸附容量均创纪录，为天然气的高效储存提供了新的可行性材料方案。在基础理论方面，汪成教授团队提出"维度异构体"概念，通过同一前体合成二维与三维 COFs 异构体，揭示了构象调控对材料性能的影响机制。这些系统性工作不仅推动了三维 COFs 的合成方法学的发展，更为能源存储、催化及分离等领域提供了创新材料平台。

北京化工大学曹达鹏教授团队以"计算引导实验"为核心策略，结合分子模拟与机器学习，系统研究了 COFs 的拓扑结构设计、稳定性与功能调控。近期，曹教授团队通过高通量计算筛选，预测出多种具有超高比表面积和化学稳定性的新型 COFs 拓扑网络，并成功合成。这些材料在甲烷存储和二氧化碳捕获中表现出优异的性能，为低碳技术提供了新的技术方案。此外，曹达鹏教授提出的"动态键合调控"理论，揭示了 COFs 晶格缺陷与催化活性位点的关联性，助力精准设计高效催化剂。

中国科学院上海有机化学研究所赵新教授致力于 COFs 的合成及其应用研究，发展了一系列新结构的 COFs，并开展了相关性质、功能与应用的研究。鉴于偶氮聚合物表现出的良好共轭程度和光物理性质，在光催化方面具有很大的应用前景。在该课题组前期所发展的—N═N—键连 COFs 合成方法的基础上，他们最近与合作者进一步制备了新结构的偶氮 COFs。与亚胺 COFs 的对比研究表明，偶氮 COFs 表现出更宽的光吸收范围、更窄的带隙、更强的电荷分离和迁移能力。

5.4 作者团队在 COFs 材料领域的学术思想和主要研究成果

5.4.1 合成方法的重大突破

在共价有机框架（COFs）材料的研究进程中，合成方法一直是制约其发展与应用的关键因素。传统的合成方法，如溶液法、溶剂热法等，虽然在一定程度上能够制备出 COFs 材料，但存在着诸多局限性。例如，溶液法往往需要使用大量的有机溶剂，不仅成本高昂，而且会对环境造成严重的污染；溶剂热法虽然能够在相对温和的条件下合成一些 COFs 材料，但反应时间较长、产率较低，且难以实现大规模生产。

作者团队在 COFs 合成方法的研究上取得了重大突破，创新性地开发出熔融绿色合成技术，这一技术彻底改变了传统合成方法的弊端，是功能材料从实验室向工业规模转化的技术实践。在熔融绿色合成技术中，团队巧妙地利用固体反应物在加热过程中形成的低共熔混合物作为反应介质，从而实现了 COFs 的高效合成。这种方法摒弃了对大量有机溶剂的依赖，极大地减少了对环境的污染，符合当今绿色化学的发展理念 [26,61]。

熔融绿色合成技术还具有操作简便、反应速率快、产率高等显著优势。与传统方法相比，该技术大大缩短了反应时间，提高了生产效率。研究数据表明，采用熔融绿色合成技术，某些 COFs 材料的合成时间可从传统方法的数小时甚至数天缩短至几十分钟，产率也从原来的较低水平大幅提高至 80% 以上。这一技术的出现，为 COFs 材料的大规模生产提供了可行的途径，使得 COFs 材料从实验室走向工业化生产成为可能。

以耀科新材料（苏州）有限公司为例，该公司基于作者研发的熔融绿色合成技术，成功实现了 COFs 材料的吨级量产。目前，耀科公司已建成全球第一条 COFs 吨级生产示范线，年产能可达 10t，且产品的比表面积超过 2000m²/g，这一成果不仅彰显了熔融绿色合成技术的强大实力，也为 COFs 材料在各个领域的广泛应用奠定了坚实的基础。目前，耀科公司的 COFs 产品已在多个领域展现出巨大的应用价值。在核废料处理领域，COFs 材料凭借其独特的吸附性能，能够高效地吸附放射性核素，为核废料的安全处理提供了新的解决方案；在水体污染物移除方面，COFs 可以快速吸附水中的重金属离子、有机污染物等，有效净化水质，保护水资源；在 VOCs（挥发性有机化合物）处理领域，COFs 材料能够对工业废气中的 VOCs 进行吸附和分离，减少空气污染，助力环保事业的发展。在工业化产品开发方面，上海析维医疗科技有限公司利用耀科 COFs 开发的气体捕集阱，性能优于国外市场占有率第一的产品，且成本更低，这一成功案例充分证明了 COFs 材料在实际应用中的优势。在商业领域，随着人们对高性能材料需求的不断增加，COFs 材料的市场潜力也逐渐显现。其在药物分离与纯化、气体存储与分离、催化等领域的应用，为相关企业带来了新的发展机遇。

5.4.2 分离功能 COFs 材料的创新设计

在分离应用领域，作者团队在 COFs 材料中引入穿插结构，这一创新性的设计犹如在材料内部构建了一个精密的"分子筛分网络"。通过这种结构，COFs 材料能够对不同尺寸和形状的分子进行高效的筛分。在气体分离领域，作者团队通过精确控制穿插结构的孔径大小和形状，使得 COFs 材料能够选择性地吸附和分离特定的气体分子。团队还通过引入特定的作用位点如氨基、羧基等，增强 COFs 材料与目标分子之间的相互作用，进一步提高分离的选择性和效率。实验数据显示，在处理含有特定有机污染物的废水时，这种经过功能化设计的 COFs 材料能够在短时间内将污染物的浓度降低至检测限以下，展现了出色的污染物去除能力。在丙炔/丙烯分离这一具有挑战性的工业难题上，作者团队通过基于八羟基醛单体的 [8+4] 构建方法，合成了两种 3D COFs 吸附剂。这两种 COFs 材料具有高结晶度、高孔隙率和良好的稳定性，其互连的微孔和非极性孔隙环境，能够有效地从丙炔/丙烯混合物中去除微量的丙炔，通过动态突破实验验证，可获得纯度大于 99.99% 的高纯度丙烯。这一成果为将 COFs 作为高效吸附剂进行丙炔/丙烯分离开辟了新途径，对聚有机丙烯的工业生产具有重要的推动作用[62]。

5.4.3 光驱动晶态人工肌肉的开创性研究

传统的光驱动智能材料，如碳基材料和高分子材料，往往存在结晶度低等问题，这导致其能量转换效率低下，极大地限制了它们在实际应用中的表现。作者团队成功制备出 PEG-COF-42 膜。这种膜材料具有高度的结晶性，对紫外线具有快速的机械响应能力，在受到紫外线照射时，能够迅速发生结构变化，从而产生机械运动，响应速度远远超过了传统的光驱动智能材料，使得 PEG-COF-42 膜在快速响应领域具有巨大的应用潜力。PEG-COF-42 膜在蓝光或加热下具有良好的可逆性。当外界刺激条件发生改变时，膜能够迅速恢复到初始状态，这种可逆性使得材料能够在多次循环使用中保持稳定的性能，大大提高了其使用寿命和应用价值。此种 COFs 膜在人工肌肉等领域具有广阔的应用前景，在仿生机器人领域，这种具有快速响应特性和良好可逆性的材料可以作为机器人的驱动部件，使机器人能够更加灵活、快速地响应外界环境的变化，完成各种复杂的任务[63]。

5.4.4 ╱ 高效光催化 COFs 材料的研发

在光催化领域，作者团队致力于构筑具有特定拓扑结构的 3D COFs 材料，以实现高效的光催化反应。团队构筑了两例具有 scu 拓扑结构的卟啉基 3D COFs 材料（NKCOF-25-H 和 NKCOF-25-Ni）。卟啉基 3D COFs 材料具有良好的光吸收性能，同时能够广泛吸收可见光，从而有效地利用太阳能。在实际的光催化反应中，这两种 COFs 材料展现出了卓越的催化性能。在室温、可见光条件下，它们能够高效催化对二苯甲胺与马来酰亚胺的环化反应以及苄胺类化合物的氧化偶联反应。实验数据显示，在催化对二苯甲胺与马来酰亚胺的环化反应时，这两例 COFs 材料的催化产率超过了目前报道的所有 COFs 材料，循环稳定性能够达到 10 次以上，且催化性能没有明显下降，表现出其具有良好的催化稳定性和材料稳定性[64]。

5.4.5 ╱ 高质子传导 COFs 材料的突破

在能源领域，氢燃料电池由于其高效、清洁的特点，被视为未来能源发展的重要方向之一。质子交换膜作为氢燃料电池的核心部件，其质子传导性能直接影响着电池的性能和效率。传统的质子交换膜材料如 Nafion，存在着合成步骤复杂、价格昂贵、工作温度范围窄等缺点，限制了氢燃料电池的大规模应用和发展。因此，开发新型的高质子传导材料具有重要的现实意义。

作者团队在高质子传导 COFs 材料的研究上取得了重大突破。团队设计了一种分步合成的新策略，成功制备出一系列含有丰富的质子供 / 受体官能团，具有高结晶性、高稳定性的多孔 COFs 材料（NKCOF-1 ～ NKCOF-4）。这种分步合成策略能够获得具有多种键连接和官能团的 COFs 结构，而传统一锅合成法难以获得此类结构，为制备高性能的质子传导 COFs 材料提供了有效的途径。这些 COFs 材料具有独特的结构特性，使其有望成为理想的质子传导介质。在 COFs 的骨架中，酚羟基可以作为酸类直接提供质子，从而赋予材料本征的质子导电性；骨架中高密度的偶氮键则可以作为质子受体和酸的负载点，进一步增强了材料的质子传导能力。此外，偶氮、酚羟基等官能团的存在，使 NKCOFs 孔道具有良好的亲水性，有利于水分子的吸收，从而形成氢键网络，该氢键网络极大促进了质子传导的过程。以 NKCOF-1 为例，负载磷酸后，H_3PO_4@NKCOFs 的质子电导率高达 1.13×10^{-1} S/cm，能够与 Nafion（1.1×10^{-1} S/cm）相媲美，并超过了文献报道的 COFs 最高值（7.8×10^{-2} S/cm）。将 H_3PO_4@NKCOF-1 粉末压片制备成质子交换膜，并应用于氢燃料电池中进行性能测试，结果显示，H_3PO_4@NKCOF-1 的最大输出功率为 81mW/cm²，远高于文献报道的 COFs 材料的最高值（24mW/cm²），展现出了优异的燃料电池性能。这些成果表明，作者团队制备的高质子传导 COFs 材料在氢燃料电池领域具有巨大的应用潜力，有望为氢燃料电池的发展带来新的突破[65]。

5.5 COFs 材料的发展重点

共价有机框架材料与金属有机框架（Metal Organic Frameworks，MOFs）材料都属于晶态多孔框架材料。随着科学研究的深入，框架材料独特的结构和优越的性能，在气体存储、分离、催化和药物传递等领域展现出了广阔的应用前景，这也开始吸引产业界的广泛关注。

框架材料目前正处于产业化的初期，产业化的进程也在逐渐加快，越来越多的企业投入到框架材料的生产和应用中。未来框架材料的量产、面向产业化的材料开发、产业化应用开发及工程化落地将会是该材料发展的重点。

5.5.1 国外框架材料的产业化现状

国外的 COFs 材料尚未进入产业化阶段，但是 MOFs 材料的产业化发展较早，也诞生了数十家标志性的企业；其相关技术成熟度要领先于国内，处于领跑的状态，主要应用方向聚焦在二氧化碳捕集、气体存储和新能源等领域。

德国巴斯夫（Badische Anilin-und Soda-Fabrik，BASF）最为典型。巴斯夫是全球最大的化学品公司之一，也是最早开始尝试 MOFs 材料产业化的公司。BASF 拥有强大的内部研发团队，早在 2013 年就宣布已经将含铜的 HKUST-1 商业化。由于 MOFs 能在更低的压力条件下储存更多的甲烷，巴斯夫将其用于存储甲烷并将甲烷作为重型卡车燃料。2023 年 10 月，巴斯夫对外宣称成功实现了 MOFs 材料的规模化生产，年产量可达数百吨，CALF-20 也成为世界上第一型实现工业应用示范的 MOFs 材料。巴斯夫与加拿大碳捕获和减排企 Svante Technologies Inc.（Svante）合作，已经将 CALF-20 成功应用于加拿大 Lafarge-Holcim 水泥厂的项目中，正在进行 1t/d 的二氧化碳捕获工业应用验证。

美国 NuMat Technologies 的首款主打产品 ION-X 钢瓶已经投入生产，用于存储半导体领域剧毒的电子特气。ION-X 钢瓶内部的 MOFs 材料可以在负压条件下实现对有毒气体的存储，避免了正压带来的毒气泄漏隐患。值得一提的是，该领域一直被美国企业英特格所垄断，国内企业相关技术较为落后，是一个"卡脖子"的领域。另外，NuMat 公司目前已经与美国军方达成合作，正在将 MOFs 材料用于化工战剂的防护。1-甲基环丙烯能够延缓水果的成熟，在农业生产和食品工业中有很高的应用价值。英国的 MOF Technologies 公司则通过将 1-甲基环丙烯气体储存在金属有机框架中，与知名的食品包装公司 Decco 合作推出了让水果长期保鲜的商业化产品 TruPick。该公司还参与了欧盟投资 1000 万欧元的开发 MOFs 用于二氧化碳捕集存储的项目。美国 Framergy 公司由 J.M.Ornstein、Hongcai'Joe'Zhou、Christian Serre 联合创立，主要致力于能源存储和气体分离技术的开发。公司通过研究和开发高效能的 MOFs 材料，在天然气存储、二氧化碳捕集和分离等领域实现了实际工业应用。Porous Liquid Technologies 公司通过研究，将 MOFs 与液体相结合，形成具有高吸附能力和选择性的新型多孔液体材料。这些材料在低温和低压下表现出优异的气体捕集和分离能力。在二氧化碳捕集方面，开发的多孔液体材料能够在低能耗条件下高效捕集二氧化碳，适用于工业废气处理等环保领域。Porous Liquid Technologies 公司与能源行业合作，正逐步推广多孔液体在天然气处理中的应用。EnergyX 公司与奥斯陆大学成立的 ProfMOF 公司，涉及可再生能源以及大规模锂离子生产和电池储能项目的开发。日本丰田实验室开展 MOFs 在包括锂离子电池在内的电池领域的应用研究。日本氟工业株式会社（Nippon Fusso）为保护化工厂金属储存罐使用的表面涂布，实现了 MOFs 的实用。英国 Promethean 公司宣称是世界上最大的 MOFs 生产商，产能达 1000t/a，公司的核心竞争力为 MOFs 材料生产技术，可以实现不同 MOFs 材料的大批量生产。Novo MOF 是在 2017 年成立的瑞士公司，宣称其 MOFs 材料可以用于低浓度、高湿度条件下的二氧化碳捕集（DAC）。Boron molecule 是 2001 年成立的澳大利亚公司，目前主要的 MOFs 产品主要用于水捕集或气体脱水场景。

5.5.2 / 国内框架材料的产业化现状

国内的框架材料的产业化起步较晚，但也取得了显著进展，特别是 2023 年以来，涌现出一批具有创新能力和技术实力的团队或者企业。特别是在 COFs 材料产业化上走在了世界前列，耀科新材料（苏州／天津）有限公司成为世界上第一家也是唯一一家 COFs 材料量产企业。MOFs 材料领域也集中涌现出一批优秀企业，其中包括广东碳语新材料有限公司、蓝廷新能源科技（浙江）有限公司、无锡新储材料科技有限公司、理工清科（北京）科技有限公司、江苏爱特恩高分子材料有限公司、科迈特新材料有限公司等。这些企业通过不断地研发和技术应用，将 MOFs 材料广泛应用于 PVC 改性、橡胶硫化、气体分离与存储、环境治理、储能材料、催化剂和药物传递等多个领域，推动了 MOFs 技术的产业化进程和市场化应用。

与 MOFs 材料相比，COFs 材料的量产和产业化应用进展较为缓慢，COFs 材料产业化在国外尚未见到报道。这是因为 COFs 材料的量产面临着更大的挑战，COFs 材料合成的主流方法是溶剂热合成，其通常需要非常严苛的合成条件，如严格的溶剂配比与无水无氧环境。另外，COFs 材料也面临着原料价格昂贵以及成型困难等挑战。因此，大多数生产仍停留在实验室的毫克级别。目前市场上销售的 COFs 产品多为试剂级，价格昂贵。

为了推动 COFs 材料的产业化发展，南开大学的张振杰教授于 2023 年创立了耀科新材料（天津）有限公司（以下简称耀科），这是全球首家也是唯一一家致力于 COFs 材料产业化的公司。在合成方法上，采用作者首创的熔融绿色合成法，该合成方法简单、容错率高，无需有机溶剂，使得量产成为可能，同时也降低了合成成本，保证了材料的纯度和一致性。在合成工艺上，耀科开展了大量的优化工作，经过不断的科研攻坚，显著提升了 COFs 材料的合成效率和质量。受益于熔融绿色合成法反应过程生成熔体，便于直接加工成型，目前耀科利用此方法已经实现了 COFs 块材、多孔泡沫以及膜材料的一步成型制备，这极大拓宽了 COFs 材料工业应用的深度和广度。耀科于 2024 年 3 月在天津举办了世界首次吨级量产发布会，宣布了其在全球范围内首次实现了 COFs 材料的吨级量产，这标志着 COFs 材料在中国首次实现了产业化，开创了全球 COFs 材料产业化的新局面。

与此同时，耀科也在 COFs 材料应用领域组织科研攻关，目前已经开发出多个系列 COFs 产品，并将其应用于药物分离与纯化、湿法冶金、气体分离与存储、固体缚酸剂、核废料处理、催化剂、新能源等多个"国家重大需求和人民生命健康"领域。COFs 可通过"分子筛分或捕获"高效分离药物分子与干扰物，具有操作简单、处理量大、选择性高等优势。目前耀科已经与药明康德、远大弘元建立合作，进入验证阶段。在气体纯化方面，COFs 产品可实现气体的选择性分离，产品已用于国产分析仪器领域龙头浙江福立仪器合作，用耀科 COFs 材料打造的新型气体捕集阱进一步提升了性能并实现国产替代。在湿法冶金领域中，COFs 产品可高选择性地快速吸附贵金属离子，耀科的系列产品经验证，多项性能及成本总体均优于进口树脂。在催化剂领域，耀科与渤化化工、中石化天津分公司开展了产学研合作，有望在贵金属载体催化剂领域实现技术及产业化突破。

5.6 COFs 材料的展望与未来

随着框架材料的产业化进程的加速，其市场规模的发展也较为迅速。有数据显示，2022年，MOFs 材料的市场规模达 22.24 亿元，预计 2028 年将达到 87.15 亿元，年复合增长率超 25%。MOFs 从 1995 年首次被正式研究以来，2012 年之后才实现了工业化合成，并在随后的十几年中不断尝试商业化应用，直到 2023 年才开启了大规模的工艺应用验证，我国 MOFs 企业处于跟跑状态，幸运的是与国外并未出现明显的差距。COFs 自 2005 年首次报道以来，于 2023 年迎来了首次的产业化实践，我国也占据了 COFs 发展的先机。

纵观框架材料的产业化之路，理论基础的积累、工业实际验证、高品质与经济性、业界的推动是必备要素。我国框架材料基础研究的学者较多，积累也较为深厚，但是在其他方面仍具有挑战，具体来说有以下几个方面：

① 成本高昂，许多应用场景难以接受。主要是因为原材料多数没有量产，价格过高。因此，亟须量产框架材料原材料，提升产品经济性。

② 生产效率低和质量控制不佳。需要简化生产工艺，提高自动化、智能化程度；另外，也要增强质量控制能力，确保产品一致性和高纯度。

③ 材料种类偏少且稳定性不佳。需要通过材料改性和结构优化，增加框架材料的种类，提高其在不同环境条件下使用的稳定性和耐久性。

④ 成型难，产品形态难以适应不同应用条件。框架材料生产企业需要重点突破成型工艺，如粉体加工、造粒、膜、纤维等。

⑤ 缺少工业验证案例，需要"产-研"紧密结合，开展更多贴近工业实际的应用研究；另外，也需要深入研究框架材料的性能机制，开发多功能、高性能的框架材料。

⑥ 大企业与产业协会的关注度和引领不足。我国框架材料的研发和产业化过程中新材料企业、化工类的大集团几乎没有参与，难以发挥像德国巴斯夫和美国霍尼韦尔此类跨国集团对新产业发展的强大推动作用。应当鼓励有相关业务的企业参与框架材料的产业化或者与框架材料生产商共同探索应用落地案例。

⑦ 投资规模小。目前框架材料尚处于产业化前沿，相关企业盈利能力薄弱，比较依赖投资。但是我国天使投资成熟度较低，投资人专业度不够，框架材料投资项目少，单体项目投资额度较低。可以引导地方政府成立产业引导基金（母基金）和细分产业基金（子基金），并合理放宽考核制度，为框架材料产业落地提供更好的环境。

⑧ 政府相关部门关注度低，不了解框架材料，无法理解框架材料对产业所带来的巨大影响。需要出台相关政策支持框架材料发展，引导社会力量关注并抢占框架材料发展先机。

未来以 COFs 材料和 MOFs 材料为代表的框架材料将在能源、环保、医药、军工、半导体等领域逐步形成巨大突破，给各大领域带来技术革新。

参考文献

作者简介

张振杰，南开大学教授，博士生导师，耀科新材料（苏州）有限公司创始人、首席科学家。分别于 2006 年和 2009 年在南开大学化学学院获学士和硕士学位（导师为程鹏教授），2014 年获美国南佛罗里达大学化学博士学位（导师为 Michael J. Zaworotko 教授），2014—2016 年在美国加州大学圣迭戈分校从事博士后研究（导师为 Seth M. Cohen 教授），2016 年 7 月加入南开大学任教授、博士生导师。共发表论文 160 余篇，近五年以通讯作者发表论文 90 余篇，包括 *Nat. Chem.*（1 篇）、*Nat. Sustain.*（1 篇）、*Nat. Protoc.*（2 篇）、*Nat. Rev. Chem.*（1 篇）、*Nat. Commun.*（3 篇）、*Chem.*（3 篇）、*Angew. Chem. Int. Ed.*（23 篇）、*J. Am. Chem. Soc.*（12 篇）、*CCS Chem.*（2 篇）、*Sci. China. Chem.*（2 篇）、*ACS Cent. Sci.*（2 篇）、*ACS Catal.*（2 篇）、*ACS Mater.Lett.*（5 篇）、*Acc. Chem. Res.*（1 篇）、*Acc. Mater. Res.*（1 篇）、*Chem. Soc. Rev.*（1 篇）、*Adv. Sci.*（1 篇）、*Coord. Chem. Rev.*（3 篇）等刊物；获批或申请中国发明专利 50 余件，PCT 和美国专利 5 件。获侯德榜化工科学技术奖"青年奖"、中国化学会首届菁青化学新锐奖、日本化学会 Lectureship Award、美国化学会 DIC Young Investigator Award、国家优秀自费留学生奖等，并担任美国化学会 *Crystal Growth&Design* 杂志编委，*Chinese Chemical Letters*、*Smart Molecules*、《结构化学》青年编委。

毛天晖，现任耀科新材料（苏州）有限公司总经理。长期从事晶态多孔材料合成与应用，COFs 材料在气体吸附与分离、环保、催化、化工、新能源、半导体等相关领域的研究以及产业化工作。在 *Angew Chem. Int. Ed.*、*ACS Central Science*、离子交换与吸附等国内外著名刊上发表论文 5 篇。

张楠，耀科新材料（天津）有限公司研发中心副主任。主要从事晶态有机多孔材料的结构设计及催化性能研究，致力于 COFs 工业化产品及功能应用开发。在 *Nat. Commun.*、*ACS Catal.*、*Appl. Catal. B-Environ* 等学术期刊上发表论文 6 篇，总引用数量超过 160 次，参与完成国家自然科学基金项目 2 项。

刘兆菲，耀科新材料（天津）有限公司研发工程师。专注于 COFs 的应用开发及市场需求研究。相关研究工作紧密结合理论与实际，致力于推动 COFs 材料在环境治理、资源回收、新能源等领域的产业化应用。在 *Chem. Mater.*、*Inorg. Chem. Front.*、《离子交换与吸附》等国内外著名期刊上发表论文 3 篇。

第6章

单原子催化

闵祥婷　刘　存　唐晶晶　于博宇　乔波涛

6.1 / 单原子催化的研究背景

6.1.1 / 单原子催化的理论基础

　　催化构成了现代化学工业的基石，其影响力深远地贯穿于整个化工生产流程之中。当前，超过 80% 的化工产品均依赖于催化剂的助力才得以生产。特别地，多相催化剂凭借其在极端条件（如高温高压）下的良好稳定性以及便于从反应体系中回收的优势，吸引了科研界与工业界的广泛关注。然而，催化活性位点的识别和反应机理的确立一直是多相催化领域的重大挑战，其根源在于催化剂结构的复杂性以及反应途径的多样性。此外，与均相催化剂相比，多相催化剂的催化效率和选择性也不尽如人意。这是因为多相催化反应主要在催化剂表面发生，这一过程中，反应物分子在活性位点上进行吸附并发生反应，最终转化为所需的目标产物。在此转化过程中，催化剂的体相原子无法有效参与反应，导致催化剂效率受限。为了提升催化效率，一种简单有效的方法是提高催化剂的表面原子比例（称为"分散度"），即将金属中心分散成极其细小的微粒，这些微粒的尺寸通常处于纳米尺度（1 ~ 100nm），称为纳米粒子，就是多相催化领域应用广泛的纳米催化剂。这些纳米尺度的粒子在热力学上极不稳定，为了提高稳定性，通常将其分散于一些具有高比表面积和较高热稳定性的材料上（称为载体），如金属氧化物、活性炭、分子筛等，形成负载型纳米催化剂，如图 6-1（a）所示。这一制备纳米催化剂的过程被称为催化剂的高分散。沿着这一思路，将金属分散到极限状态，金属将以单个原子的形式均匀分散在载体上，就形成了所谓的单原子催化剂，如图 6-1（b）所示。单原子催化剂不仅能实现金属原子利用率的最大化，还使催化活性位更为均一，为实现反应的高度专一性（高选择性）提供了可能，也有利于催化构效关系的建立。

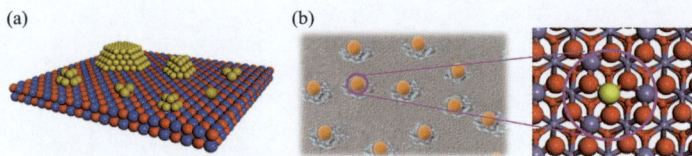

图 6-1　负载型纳米催化剂（a）和单原子催化剂（b）示意图

6.1.2　单原子催化概念的提出

上述通过高分散制备纳米乃至原子级分散催化剂的逻辑非常简单，因此至迟在 20 世纪 80 年代已经被人们所意识到[1]。但是受限于催化剂制备与表征技术，这一想法仅停留在理念阶段，难以从实验上真正实现。从 20 世纪 90 年代末开始，随着催化剂制备特别是表征技术的发展与进步，人们开始对原子级分散的负载型金属催化剂进行探索并取得系列重要进展[2-9]。与此同时，作者所在的大连化物所张涛研究员课题组长期聚焦高分散金属催化剂的制备与性能研究，具有丰富的高分散催化剂制备积累，在此基础上，作者在张涛研究员指导下，于 2009 年成功制备出铁氧化物负载单原子催化剂（Pt_1/FeO_x）；随后与亚利桑那州立大学的刘景月教授及清华大学的李隽教授合作，通过球差校正扫描透射电子显微镜（AC-STEM）、原位红外光谱、X 射线吸收光谱（XAS）等表征手段，结合理论计算对催化剂中金属的单原子分散状态与催化反应机理进行了系统研究。

通过上述多种先进表征技术的综合运用，充分证明了所制备的 Pt_1/FeO_x 催化剂中，Pt 确实以单原子的形式高度分散在 FeO_x 载体上，并揭示了其具有高活性的根本原因。在此基础上，我们首次提出"单原子催化"（single-atom catalysis, SAC）这一全新概念，引发了单原子催化研究的热潮，并迅速发展成为多相催化领域新的研究前沿。上述研究方式也被广泛采用并沿用至今，成为单原子催化的研究范式，见图 6-2。

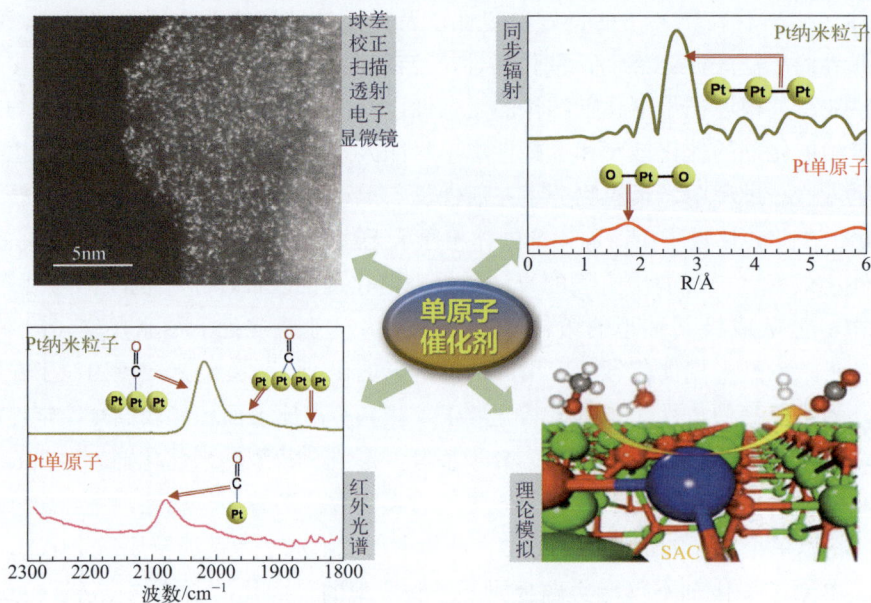

图 6-2　单原子催化剂的综合表征模式[10]

6.1.3 / 单原子催化剂与相近概念的区别与联系

近年来，随着人们对高分散催化剂的充分研究，也出现了一些与单原子催化剂相近或相关的概念，例如单位点多相催化剂（single-site heterogeneous catalyst, SSHC）和原子级分散催化剂（atomically dispersed catalyst, ADC）。下面简要说明单原子催化剂与这两个概念的联系与区别。

根据最初定义，单原子催化剂特指由单个金属原子孤立分散于载体上构成的负载型催化剂，其强调重点在于金属原子的孤立性，并不强调所处环境的均一性。也就是说，分散于载体不同晶面、不同位置的单个原子，其配位结构与微环境很可能完全不同，但仍然属于单原子催化剂。而单位点多相催化剂的概念是从酶催化发展而来，指的是活性位点由配位结构和微环境完全一致的原子或原子团簇构成，其重点在于强调活性位点的均一性，但不强调中心原子的孤立性。只要活性位点结构完全一致，中心原子数量是单个、两个、三个甚至多个均可。所以当单原子催化剂中的金属原子享有完全相同的配位结构和微环境时，或单位点多相催化剂的活性位点中仅含一个金属原子时，两者概念可视为等同，出现交集［如图 6-3（a）所示］，其他情况两者并不相同。值得指出的是，对于单位点催化剂，无论是制备还是表征，都存在极大的甚至难以克服的挑战。因此单位点多相催化剂的实际应用受到很大限制，这可能是其不如单原子催化概念接受度和普及度高的主要原因。

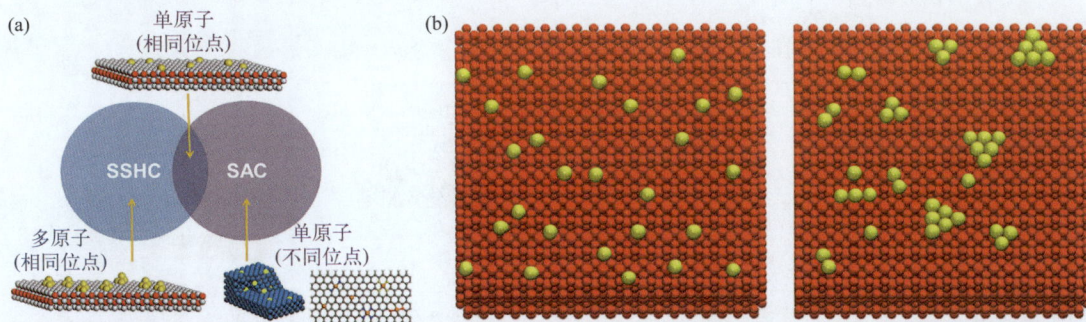

图 6-3　单原子催化剂和单位点多相催化剂的区别与联系（a），以及单原子催化剂（左）和原子级分散催化剂（右）的区别与联系（b）

（图片来源于 *ACS Publication*，版权所有：2020 年美国化学会）

原子级分散催化剂是指活性位中每个原子均可暴露，因此分散度与单原子催化剂一样，也能达到 100%，有时也被称为全暴露团簇催化剂（fully exposed cluster catalyst, FECC）[11]。原子级分散催化剂与单原子催化剂在追求高金属分散度和高原子利用率方面相似，但在孤立性和均一性方面有所不同，其活性中心可能是一个原子，亦可能是多个原子的团簇。请参见图 6-3（b）以获取直观理解。这两类催化剂的区别主要在于活性中心原子孤立性方面，所以对于一些原子尺度结构敏感反应来说，两者可能有很大区别。例如氢分子（H_2）的活化方式（均裂和异裂）、烯烃的吸附方式（双 δ 键吸附和 π 键吸附）等。

6.2　我国在单原子催化领域的学术地位及发展动态

6.2.1　我国在单原子催化领域的学术地位

2011 年，作者所在的中国科学院大连化学物理研究所张涛研究员团队与亚利桑那州立大学刘景月教授和清华大学李隽教授一起，在国际上首次提出"单原子催化"概念。在多相催化百余年的发展历史上（图 6-4），这是为数不多由中国人提出的具有重要影响力的原创概念[10-12]。因为单原子催化孕育着独特的潜力和机会，"单原子催化"概念一经提出，就受到学术界的广泛关注和认可，迅速发展成为多相催化领域最活跃的研究新前沿之一。在过去十余年中单原子催化相关工作曾四次被美国化学会 C&EN 评述，2016 年入选其十大重要进展，获得了国际学术界的广泛关注和认可，每年发表的论文数和引用数都快速增长（图 6-5），2023 年单年论文发表数超过 3500 篇，单年总引用次数超过 12 万次。单原子催化的原创论文成为 *Nature Chemistry* 开刊以来非综述类引用第一名（6100 余次）。

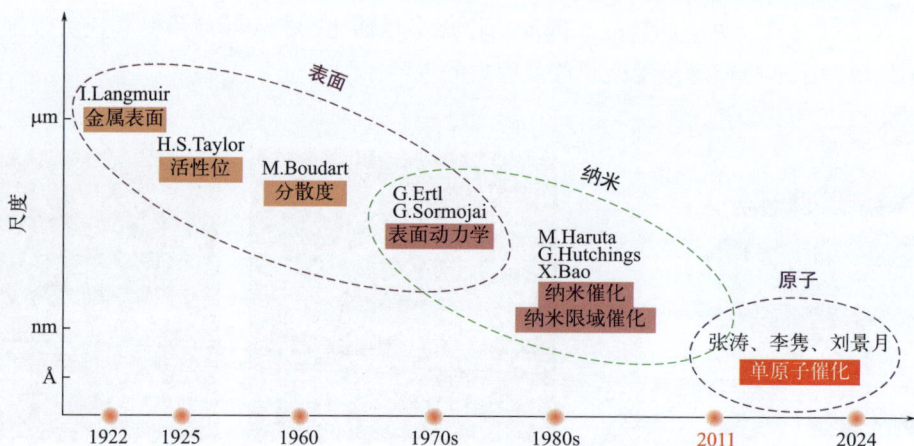

图 6-4　多相催化的发展历程中的重要概念

单原子催化吸引了国内外多个顶尖研究团队的广泛关注和积极参与。其中国内学者在单原子催化剂的制备、性能调控及应用探索等方面做出了系统性和开创性的研究工作，共同确保了中国在单原子催化领域的国际领先地位。

张涛研究员、李隽教授和刘景月教授在单原子催化领域的开创性贡献尤其显著。首先，他们提出的"单原子催化"概念简洁明了，不仅很清楚地展现出催化剂的特性，也在实操方面具有可行性，易于为人们所接受和传播。其次，他们所建立的单原子催化研究模式非常详尽和完整，为单原子催化的快速发展奠定了坚实基础。最后，也是最重要的，不同于传统的负载型金属催化剂，单原子催化剂中的活性位结构相对单一和明确，为建立更加有效的构效关系提供了可能。特别是结合机器学习技术，有可能使性能导向的催化剂理性设计从长期梦想变为现实，进而改变催化研究范式。因为单原子催化孕育的独特机会，国内一批极其优秀的研究团队迅速加入了单原子催化的研究浪潮，开展了广泛而深入的科学探索。例如，中国科学院大连化学物理研究所包信和院士团队在甲烷无氧高效转化研究中取得重要突破，展示了单原子催化剂在高温条件下的出色稳定性与反应效率。厦门大学郑南峰教授团队发展了光化学沉积、电化学置换等制备高负载量单原子催化剂的新方法，其成果为高效催化剂的实际应用提供了坚实保障。清华大学李亚栋院士领导的团队在过去十几年中发展了若干单原子材料的普适性合成方法，实现了多种金属单原子催化剂的制备。通过这些研究，国内学者不仅拓展了单原子催化剂的基础科学问题，还在多个重要的工业催化领域推动了催化材料的革新。

正是由于众多团队的共同努力，中国在单原子催化领域的基础研究始终处于国际领先地位。这不仅彰显了中国在催化科学领域的整体科研实力，也在多相催化研究的国际舞台上树立了鲜明的"中国学派"。这些成果为后续更广泛、更深入的研究奠定了坚实基础，并极大促进了我国催化科学与技术的整体发展。

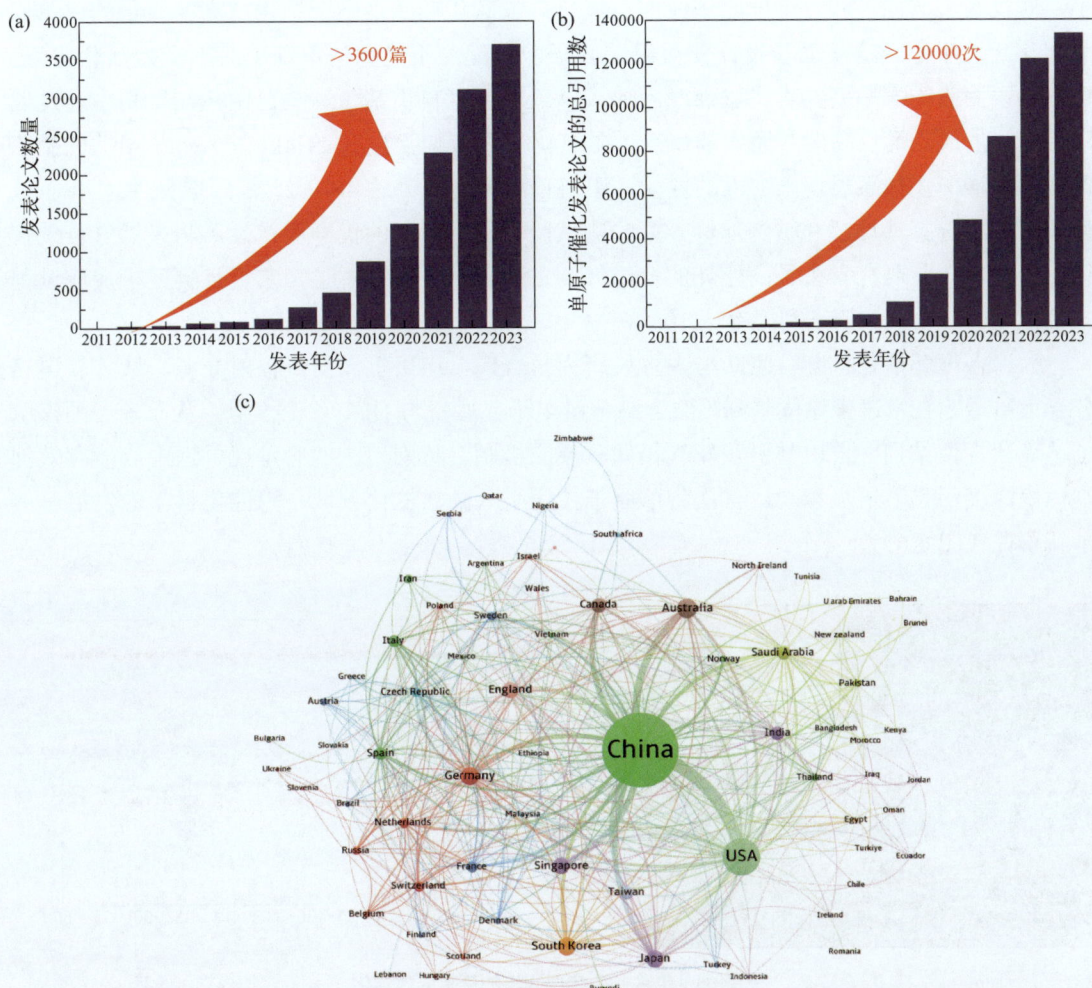

图6-5　单原子催化的研究论文数量（a）、单原子催化发表论文的总引用数（b）以及各国单原子催化领域发表论文量对比（c）（注：single-atom catal* 为主题在 Web of science 中检索）

我国在单原子催化领域的发展动态

近年来，中国科研团队在单原子催化领域取得了显著成就，涌现出多个具有代表性的研究课题组，他们在单原子催化剂的设计、制备、表征和应用等方面开展了前沿研究，推动了这一领域的国际竞争力。

基于在纳米材料合成领域的丰富经验与长期研究积累，李亚栋院士带领的团队在单原子催化剂的制备方面进行了深入研究并取得重要进展，为单原子催化的发展做出了重要贡献。团队开发了多种单原子催化剂制备技术，突破了传统催化剂制备技术的局限，可以实现元素周期表中的绝大多数重要催化元素的单原子催化剂制备。这一系列创新性研究进展极大地丰富了单原子催化剂的种类，提升了单原子催化剂的元素覆盖范围，因而显著拓展了单原子催化剂的应用场景与催化反应过程[13-15]。

2014年，包信和院士团队取得了一项重大突破，他们巧妙地将高活性单中心低价铁原子，通过两个碳原子和一个硅原子镶嵌在氧化硅或碳化硅晶格中，构建出高温稳定的铁单原子催化活性中心。这一创新设计使得甲烷分子能在配位不饱和的单铁中心上高效活化脱氢，转化为表面吸附态甲基物种，进而脱附形成高活性甲基自由基。这些自由基在气相中通过偶联反应，生成乙烯及高碳芳烃如苯和萘。在1090℃的反应温度和$21.4L \cdot g \cdot cat^{-1} \cdot h^{-1}$的空速条件下，该催化体系展现出惊人的性能，甲烷单程转化率高达48.1%，乙烯选择性达48.4%，且所有产物选择性均超99%。连续60h的测试验证了催化剂的优异稳定性。与天然气传统转化路径相比，此研究省去了高能耗的合成气制备步骤，大幅缩短了工艺，且实现了反应过程二氧化碳零排放，碳原子利用率达100%[16]。

为深入理解催化机制，团队与多方科研力量合作，运用上海同步辐射光源、紫外软电离分子束质谱等技术进行原位监测，结合高分辨电子显微镜与DFT理论模拟，从原子层面揭示了单铁活性位结构、自由基引发及气相偶联反应机制。特别地，他们发现单铁中心能有效抑制甲烷深度活化，避免积炭，首次将单原子催化引入高温催化领域，为催化科学的发展开辟了新路径（图6-6）。

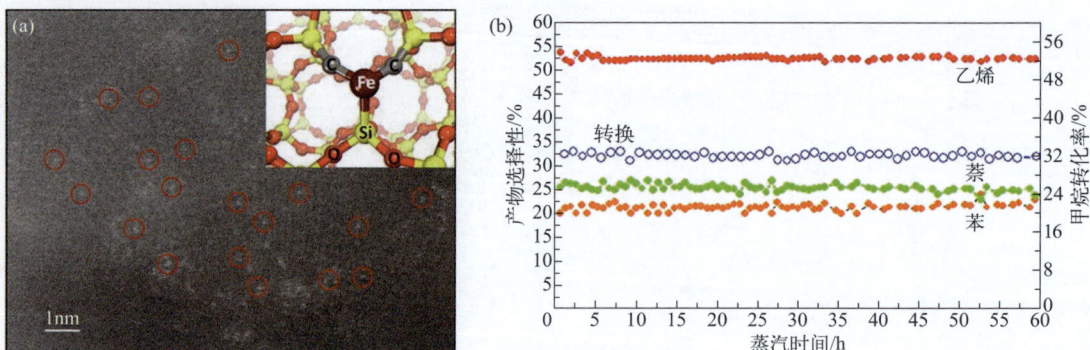

图6-6 单铁中心实现甲烷的无氧高效转化

（a）反应后的单铁中心催化剂的球差电镜图和理论模型示意图（右上）；（b）催化剂的稳定性测试

（图片来源于 *Science*，版权所有：2014年美国科学促进会）

2016 年，厦门大学郑南峰教授与傅钢教授合作，在单原子分散贵金属催化剂的制备领域取得了突破性进展。他们采用四氯化钛（$TiCl_4$）与乙二醇反应制备了两原子厚的二氧化钛纳米片载体，随后在纳米片载体的水分散液中加入氯钯酸（H_2PdCl_4）以吸附钯，经低强度 UV 照射后收集 Pd_1/TiO_2 催化剂并清洗。他们发现，UV 诱导二氧化钛纳米片上乙二醇自由基的形成，这对 Pd_1/TiO_2 的制备十分关键，不仅有利于脱除钯上的氯离子，还可形成对催化活性至关重要的 Pd-O 界面。随后的实验发现，Pd_1/TiO_2 在碳碳双键和碳氧双键加氢反应中都表现出了出色的稳定性和极高的催化活性。苯乙烯加氢反应中，Pd_1/TiO_2 的催化活性是商业化 Pd/C 催化剂的 9 倍以上。在醛类氢化实验中，Pd_1/TiO_2 的催化活性是商业化催化剂的 55 倍以上。

理论计算表明，Pd_1/TiO_2 通过异裂路径活化氢气，同时生成了 $Pd-H^{\delta-}$ 和 $O-H^{\delta+}$。这种氢气异裂活化路径通常发生在均相加氢催化体系中，而在非均相贵金属催化体系中常见的是均裂路径。这种出乎意料的异裂活化路径解释了 Pd_1/TiO_2 在极性不饱和键（如碳氧双键）加氢反应中的超高催化活性[17]。

2017 年，北京大学马丁教授与大连理工大学石川教授共同发表了一项突破性研究，他们制备了一种基于 MoC 载体的原子级分散 Pt 的催化剂，用于促进低温下甲醇 / 水反应制氢。研究表明，这种催化剂展现出了非凡的催化性能，其平均转化频率（ATOF）高达 $18046h^{-1}$，并且在 150 ~ 190℃的温和温度范围内，于无碱甲醇液相重整过程中保持了优异的稳定性。相比之下，以往文献中所提及的高活性 Ru 基催化剂，则需依赖 8M 浓度的 KOH 溶液方能有效激活甲醇[18]。

此外，结合理论计算，揭示了 α-MoC 与铂之间存在着强烈的相互作用，这种作用加之原子级分散的 Pt 物种所呈现出的优化几何构型，极大地扩展了催化剂的活性界面暴露，从而显著提升了反应活性位点的密度。这一创新催化体系的成功开发，为氢气作为能源的商业化存储与传输应用开辟了新的道路。

2019 年，中国科学技术大学路军岭教授利用原子层沉积（ALD）技术，构筑了 $Fe_1(OH)_x$ 物种以原子级形式分散在 Pt 纳米颗粒表面上的单位点界面催化剂，实现 −80 ~ 110℃温度区间内富氢气氛中微量一氧化碳的完全消除，极大突破了现有 PROX 催化剂工作温度相对较高且区间窄的两大局限性，为氢燃料电池在寒冷条件下，频繁冷启动和连续运行期间避免 CO 中毒，提供了一种全方位的有效保护手段，从而为未来氢燃料电池汽车的推广扫清了障碍。结合 STM、近常压 X 射线能谱（NAP-XPS）以及原位 X 射线吸收谱（XAFS），我们鉴定出催化剂的活性位点是 $Fe_1(OH)_x$-Pt 单位点界面。通过理论计算揭示了 $Fe_1(OH)_x$-Pt 单位点界面在 CO 氧化反应中的催化反应机理。金属 - 氧化物界面在众多催化反应中起着至关重要的作用。因此，单位点界面的成功获取以及概念的提出为设计高活性金属 - 氧化物界面催化剂开辟了新思路 [图 6-7（a）][19]。

2022 年，中国科学技术大学曾杰教授课题组与合作者通过将有缺陷的 CeO_x 纳米凝胶岛移植到高比表面积的 SiO_2 上，将单个金属原子限制在氧化物纳米团簇或"纳米胶"上。研究发现，在高温下，Pt 原子在氧化和还原环境下都保持分散，并且活化的催化剂显示出显著提高的 CO 氧化活性。作者将在还原条件下的稳定性提高归因于支撑结构和 Pt 原子对 CeO_x 的亲和力比对 SiO_2 的亲和力强得多，这确保了 Pt 原子可以移动，但仍然局限于它们各自的纳米岛。使用功能性纳米岛限制单原子并同时提高其反应性的策略是普适的，作者预计这将使单原子催化剂更接近实际应用［图 6-7（b）］[20]。

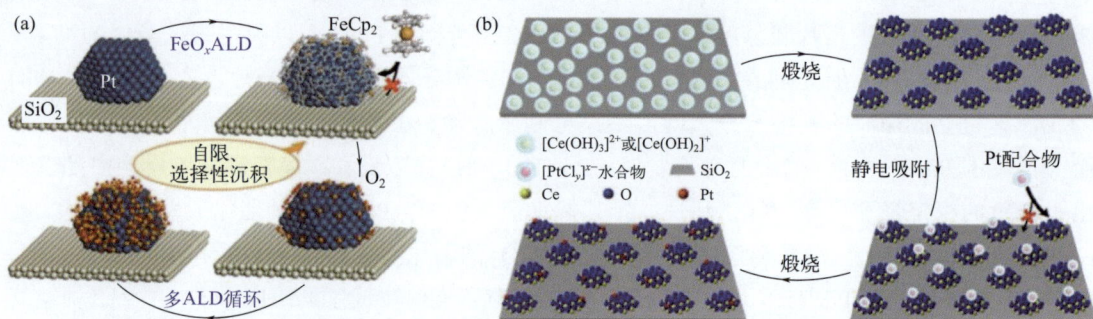

图 6-7　FeO$_x$ 原子层沉积（ALD）在 Pt/SiO$_2$ 催化剂上的示意图（a）；功能性 CeO$_x$ 纳米岛和 CeO$_x$/SiO$_2$ 负载的 Pt 单原子催化剂的制备工艺示意图（b）

（图片来源于 *Nature*，版权所有：2022 年自然出版集团）

2024 年，厦门大学的王野教授、傅钢教授与中国科学技术大学的姜政教授合作，精心设计并成功制备了一种分子筛限域的、由几个铟原子团簇稳定的 Rh 单原子催化剂，实现了高稳定丙烷脱氢。这一突破性设计成功攻克了单原子催化剂在高温还原性气氛下易于烧结团聚成纳米颗粒，从而逐渐丧失催化活性的技术难题[21]。原位光谱与理论计算表明，在反应气氛下铟物种将铑原子稀释并原位形成限域 Rh$_1$In$_4$ 物种，这一物种具有极高的丙烷脱氢选择性和稳定性：催化剂在模拟工业脱氢反应条件下（反应温度 550℃，纯丙烷反应气）可维持超 5500h 的催化剂稳定性，且过程中丙烯选择性始终大于 99%。该催化剂极具应用潜力，有望实现单原子催化剂的规模化应用。

总之，中国科研团队不仅提出了单原子催化概念，并且持续在单原子催化领域取得重要突破，持续引领单原子催化的发展方向，切实推动了单原子催化从概念到应用的跨越，形成了单原子催化研究的"中国学派"，并将我国建设成世界单原子催化研究高地，为催化学科的发展与进步贡献了"中国智慧"。

6.3　作者团队在单原子催化领域的学术思想和主要研究成果

6.3.1　学术思想

作者作为单原子催化概念的原创论文的第一作者，对单原子催化概念的提出亦有微末贡献。之后，作者长期围绕"单原子催化"这一前沿领域开展前瞻性应用基础研究，总的研究思想为：

① 探索单原子催化适宜的反应，展示单原子催化剂的独特优势；

② 解决实际应用过程中单原子催化剂的稳定性问题。

发现合适的反应并实现高稳定单原子催化剂制备，就有望推进单原子催化的实际应用，为推动单原子催化的进一步发展做出贡献。具体研究思路见图6-8。围绕上述研究思路，过去十余年间，作者在单原子催化剂独特几何结构与催化性能、中心原子配位结构与电子性质调控以及稳定机制等方面取得系列创新性研究成果，证明了单原子催化剂有望作为沟通均多相催化的桥梁，推动均多相催化融合，并实现了高载量、高稳定单原子催化剂制备。下面对主要研究成果进行简要阐述。

图6-8　作者单原子催化研究思路与内容概图

6.3.2　研究成果与创新

（1）提出并证明单原子催化剂可实现界面活性位数量最大化

单原子催化剂最显著的结构特征是催化剂中活性金属以孤立形式存在，理论上可将金属利用效率最大化。多相催化研究的核心是表界面问题，很多反应在负载金属 - 载体界面处发生，界面原子是真正的活性中心。而单原子催化剂中活性金属原子直接与载体相互作用，可能具有类似界面原子的特征和催化性能。因此，作者提出单原子催化剂有望实现催化剂界面位点数量最大化，从而在界面催化反应中展现出优异性能（图6-9）。为验证这一理念，以苯甲醇选择性氧化作为探针反应，通过系统研究单原子催化剂与纳米催化剂的催化行为，采用同位素标记等表征手段，证明单原子具有与界面原子相似的活性和选择性，如图6-9（a）所示[22]。

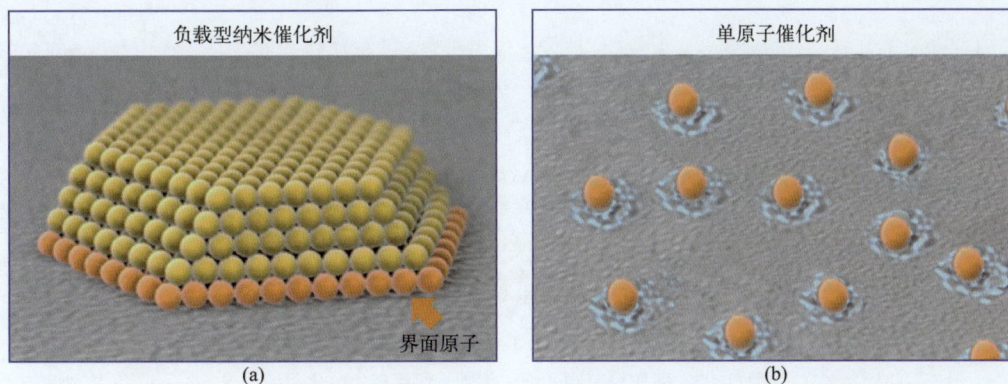

图6-9　纳米催化剂中的界面原子 [（a），橙色] 与单原子催化剂（b）示意图

一氧化碳（CO）在可还原性氧化物负载贵金属催化剂上的催化氧化是典型的界面反应。基于这一发现，作者成功开发了氧化铈负载的金单原子催化剂，在模拟汽车尾气消除条件下 CO 氧化活性比标准金催化剂和商业三效催化剂（庄信万丰 JM-888）活性分别高出一个和两个数量级（图 6-10），且具有优异的稳定性，有望发展为新一代 CO 消除催化剂[23]。

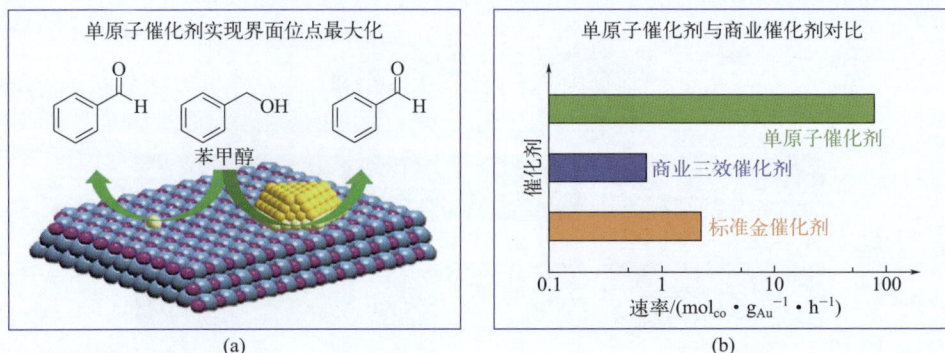

(a) (b)

图 6-10　单原子与纳米粒子界面原子催化性能对比（a）；据此开发的 Au_1/CeO_2 单原子催化剂比标准金催化剂和商业三效催化剂活性高出 1～2 个数量级（b）

（图片来源于 *Nature*，版权所有：2019 年自然出版集团）

（2）证明单原子催化剂有望推动均多相催化融合

单原子催化剂另一个显著特点是其兼具均相催化剂的孤立活性中心与多相催化剂稳定、易分离的特点，因而有望成为沟通均多相催化的桥梁。作者选取氢甲酰化这一典型的工业均相催化过程为探针，通过构筑活性位均一的铑单原子催化剂，实现了单原子催化剂与均相催化剂相当甚至更高的催化活性，且具有多相催化剂的重复使用性能。作者率先证实上述观点，为均相催化的多相化提供了新思路（图 6-11）[24]。受邀在《催化学报》撰写题为 *Single-atom catalysis: Bridging the homo- and heterogeneous catalysis* 的相关综述文章[25]。但是，单原子催化剂缺乏均相催化剂中的配体位阻效应，在氢甲酰化反应的区域选择性调控上面临巨大挑战。为解决这一难题，作者创造性地将单原子催化的氢甲酰化过程与水汽变换反应耦合，通过产生的原位氢配合物与底物相结合，避免氢气的直接加成，可高选择性地得到直链产物，实现单原子催化剂上氢甲酰化反应的区域选择性调控[26]。

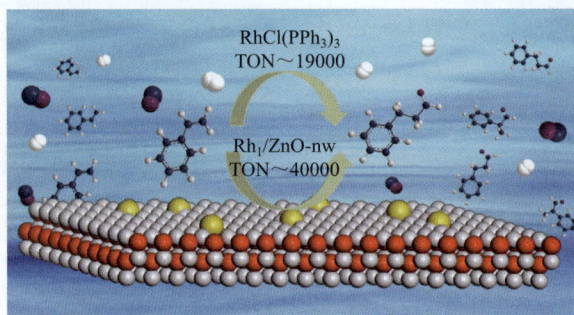

图 6-11　率先将单原子催化剂用于烯烃氢甲酰化反应

（图片来源于 Wiley，版权所有：2016 年德国化学学会）

（3）提出金属－载体共价相互作用（CMSI），实现高载量、高稳定单原子催化剂制备

相比纳米粒子，单原子具有更大的表面能和更高的配位不饱和度，但也因此其热稳定性相对较低。自单原子催化概念提出以来，单原子催化剂的热稳定性就成为研究人员关注的焦点问题，同时也是单原子催化剂走向实用化的主要制约因素之一。因此，高热稳定单原子催化剂的制备一直是单原子催化领域最具挑战性的核心问题。

2015 年，作者制备了氧化铁负载金单原子催化剂，展示出比纳米粒子更高的反应稳定性，在此基础上提出"金属-载体共价相互作用（strong covalent metal-support interaction，CMSI）"的概念[27]。其核心是金属与载体晶格氧之间形成稳定的共价键，单原子的稳定不再依赖缺陷位数量而取决于载体表面晶格氧数量，表现为单原子的负载量与载体的比表面积直接相关。因此该方法有望在获得高稳定性的同时，通过提高载体表面积提升单原子负载量。

根据上述理念，利用 Pt 与氧化铁之间的 CMSI，成功制备负载量提升 10 倍以上的 Pt 单原子催化剂，且在 800℃高温焙烧后保持稳定。更重要的是，还可以通过对不能与金属形成 CMSI 的载体（如氧化铝）进行修饰，实现单原子的分散与稳定，使这一策略具有广泛的金属和载体适用性，为高载量、高热稳定催化剂的制备提供通用且简易的方法[28]。

利用该策略可以实现系列单原子催化剂的简易制备。例如采用氧化铁修饰的高比表面的尖晶石为载体，通过简单浸渍焙烧即可成功制备负载量质量分数高达 5% 的高稳定铂单原子催化剂[29]。此外，将商业 RuO_2 粉末与氧化铁修饰的尖晶石载体进行简单物理混合，只需高温焙烧即可将亚微米尺度的 RuO_2 粉末快速分散为单原子。该方法流程简单、放大效应小，成功实现公斤级放大制备，为高载量、高稳定单原子催化剂的规模化制备提供了新方法[30]。我们还实现了多种其他贵金属单原子催化剂的简易制备[31-32]。

此外，通过该策略构建的强相互作用具有可调性，可以通过调节 CMSI 实现单原子催化剂的性能调控。例如，作者构建具有强相互作用的铁钴尖晶石负载 Pt 单原子催化剂，通过简单水处理，可使其甲烷燃烧反应活性提升 50 倍以上。DFT 计算揭示水在催化剂表面解离生成 H 与 Pt-O 相互作用，调变了铂原子的第二壳层配位结构，引起铂原子的电子态改变，从而显著提升催化剂活化 CH_4 的活性[33]。

值得一提的是，根据该策略，最近成功构筑了具有高热稳定性的非贵金属镍（Ni）基单原子催化剂，实现在甲烷干整高温反应中的应用。首次证明单原子催化剂在该反应中具有本征抗积炭性质并揭示原因。研究不仅为新型高稳定、抗积炭干整催化剂的开发提供了新思路，也为其他甲烷选择活化催化剂的设计与开发提供了借鉴[34-35]。

（4）发现单原子催化剂的金属－载体强相互作用（SMSI），实现催化剂配位结构与电子性质精细调控

通过提出金属-载体共价相互作用（CMSI）概念，我们实现了高载量、高稳定单原子催化剂的制备，为解决单原子催化剂的稳定性问题提供了新思路。然而，除了 CMSI 这一新型机制外，多相催化领域的经典理论依然为理解单原子催化剂的性能调控提供了重要启发。例如，金属-载体强相互作用（strong metal-support interaction，SMSI）自 20 世纪 70 年代末被发现以来，一直是多相催化研究的重要概念之一。经典 SMSI 现象主要涉及金属纳米粒子与载体之间的相互作用，其在稳定催化剂结构、调控反应性能方面具有重要意义。然而，单原子是否也能发生 SMSI 并发挥相应作用，仍是未被研究的科学问题 [36-37]。

因而，作者试图研究金属 - 载体强相互作用在单原子催化剂中发生的可能性，及其在单原子体系中的表现形式及对催化性能的调控作用。

在此背景下，自 2015 年起，作者对 SMSI 进行了较为系统的研究，发现一系列新型金属载体强相互作用 [图 6-12（a）]，为单原子催化剂的 SMSI 研究奠定了坚实的基础 [38-40]。随后，作者采用经典的氧化钛（TiO₂）负载 Pt 单原子催化剂为研究对象，首次揭示 Pt 单原子也能发生 SMSI，但其发生温度远高于铂纳米粒子 [例如 Pt 纳米粒子在 250℃ 还原即可发生 SMSI，而单原子在 600℃ 以上还原才能发生，图 6-12（b）]。另外，与纳米粒子不同的是，单原子发生强相互作用不会被载体包裹，但原子配位结构发生改变，同时引起电子性质的改变 [41]。

基于上述发现，作者发展了一种创新的催化剂调控方式，通过选择性地包裹纳米粒子并保留单原子活性位点，从而实现了对一些重要化工反应选择性的精确调控。例如，通过构建 Pd₁/TiO₂ 单原子催化剂，并利用高温还原形成强金属 - 载体相互作用（SMSI），诱导载体向金属钯（Pd）转移电子，显著降低了 Pd 原子的化学价态，从而同时提升了催化剂在光催化乙炔半加氢反应中的活性和选择性 [42]。

此外，这种选择性包裹的策略还被成功拓展到其他类型的催化剂材料中。例如，在 Pd/CeO₂ 和 Pd/Fe₂O₃ 催化剂中，通过选择性包裹纳米颗粒，构建了高效稳定的钯单原子催化剂。这些催化剂在乙炔选择加氢反应中的乙烯选择性显著提升，同时保持了优异的催化稳定性 [43]。进一步地，将 Pd/CeO₂ 催化剂中观察到的选择性包裹现象应用于 1,3- 丁二烯的选择性加氢反应调控，包裹后的催化剂成功实现了单烯烃选择性的显著提升（未发表工作）。

同样的策略也被应用于其他金属体系。例如，在 Rh/TiO₂ 催化剂中，通过高温还原诱导金属 Rh 与载体之间的强相互作用（SMSI），实现了对 Rh 纳米颗粒的选择性包覆，同时暴露出 Rh 单原子活性位点。这种调控方式有效实现了对 CO₂ 加氢反应选择性的控制：在高温条件下，反应以 CO 为主要产物，而通过氧化处理恢复 Rh 纳米颗粒的暴露后，反应选择性则切换为以 CH₄ 为主的反应路径。这一方法为设计可控的 CO₂ 加氢催化剂提供了全新的思路 [44]。

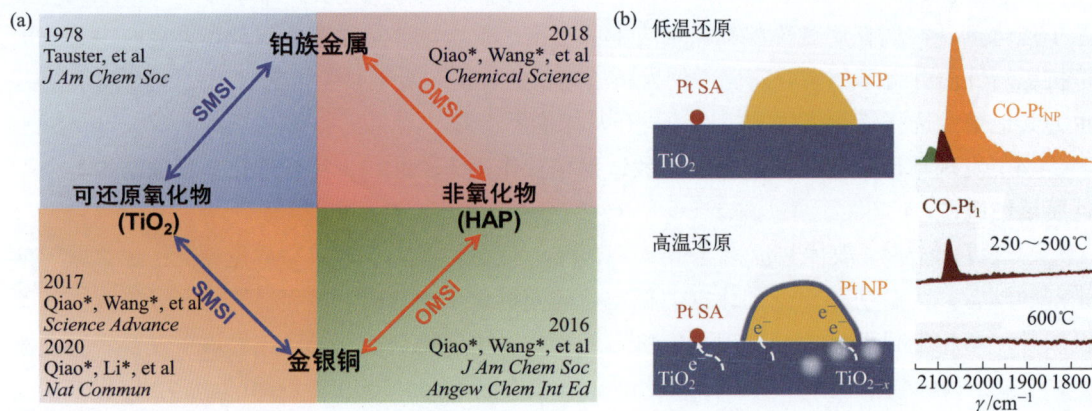

图 6-12 作者在金属载体强相互作用方面的系列研究进展（a）以及氧化钛负载铂单原子发生强相互作用（b）示意图

（图片来源于 Wiley，版权所有：2020 年德国化学学会）

6.4 / 单原子催化的发展重点

6.4.1 / 与人工智能、大数据结合实现单原子催化剂的精准设计

单原子催化剂在非均相催化领域展现出巨大潜力，但实现其结构精准设计仍面临诸多挑战。传统构建单原子催化剂的"设计—合成—分析"的实验流程主要依赖实验者的经验直觉，在特定条件下反复试验并摸索最佳制备方案，而这种"试错法"的局限性在于需消耗大量物力和人力。例如，在采用浸渍法合成单原子催化剂时，实验者难以精确调控金属负载量和局域的金属-载体相互作用[45]。传统实验制备的限制一方面在于单原子催化剂的微环境易受多种因素（如金属原子间距、金属原子表面自由能）影响而导致金属单原子团聚，这一现象在高金属负载量的单原子催化剂中更为突出；另一方面，若要实现单原子催化剂的大规模生产，仍主要需依赖人力制备，因此难以实现规模化制造。

人工智能的引入可为单原子催化剂的精准设计带来创新思路和方法。通过整合实验数据与计算机模型，建立数据库，能够以数据驱动的方式设计单原子催化剂结构。人工智能技术可实现高通量计算和筛选，快速评估大量潜在合理的催化剂结构，减少实验次数；同时，借助机器学习算法，能挖掘复杂数据中的隐藏信息，建立更准确的构效关联，为精准设计提供有力指导；在自动化制造方面，人工智能可与实验者经验相结合，优化合成制备流程，提高生产效率和质量，推动从实验室到工业规模的转化，有望解决传统单原子催化剂合成中存在的问题，实现单原子催化剂规模化生产。目前，人工智能在实现单原子催化剂精准设计的进展主要体现在以下方面：

① 数据驱动的设计策略　利用机器学习方法，如逆向设计、高通量筛选、多参数采样等[46-49]，可有效加速单原子催化剂的精准设计进程。通过建立多参数输入的描述符，可更全面地考虑影响催化性能的因素，有效提高催化剂构效关系预测的准确性。例如，在预测氮还原反应中高效单原子催化剂的结构时，可通过关联机器学习的描述符（如单原子 d 轨道孤立电子数），根据催化效率的量化结果，在多种载体和金属原子组成的系列单原子催化剂中筛选出最优催化剂组成和结构[50]。

② 原子级结构分析与可视化提升　借助类虚拟现实技术，人工智能可实现对单原子催化剂原子级结构的分析与可视化。通过计算机辅助卷积神经网络结合原子分辨率球差校正扫描透射电子显微镜，实现了单原子位点的自动识别和检测，有效提高了检测效率和准确性，同时采用特征值归一化的深度学习方法，避免了多种因素（如信噪比、催化剂厚度变化）对成像的影响，可显著提升成像质量[51]。此外，机器学习辅助的原位 X 射线吸收光谱技术可用于定量结构信息的高通量筛选，有助于在原子尺寸深入理解催化剂构效关系[52-53]。

③ 自动化制造的推进　在自动化制造方面，通过标准化的自动机器人合成平台，可有效替代传统实验人力实验操作中对反应条件的控制，实现千克级大规模、高质量单原子催化剂的制备，如通过两步退火法制备超高密度金属负载的单原子催化剂[54]。同时，3D/4D 打印技术也为高金属负载量和特定空间分布的单原子催化剂的大规模制造提供了新途径[55]。

第 6 章

6.4.2 / 高负载量单原子催化剂的简便、绿色合成与规模化制备

金属原子具有较高表面能，在热处理和催化反应过程中易烧结团聚形成纳米团簇或纳米颗粒。若要避免金属原子的团聚，确保其高分散性，目前设计制备常规单原子催化剂时需保持较低的金属负载量（质量分数通常小于 1%），这限制了其在实际工业生产过程中的应用。为实现单原子催化剂从实验室研究到工业示范应用的突破，研究人员系统性探索了高负载且稳定的单原子催化剂制备策略，本小节对近些年高负载量单原子催化剂的简便、绿色合成与规模化制备作以介绍，主要制备方法包括：热化学方法、电化学方法、湿化学方法以及其他方法。

① 热化学方法　热化学方法制备高负载量单原子催化剂主要包含热解法和化学气相沉积法。其中，热解法既可先将金属纳米材料限域封装在载体前驱体内部，也可将金属纳米材料预先与载体进行简单的物理研磨，进而通过热解将金属纳米材料原子化，并落位于载体表面形成单原子催化剂。Liu 等[56]用交联聚合物将氧化石墨烯包覆在磁铁矿表面，并在高温惰性气氛下热解，制备出负载量质量分数为 13.7% 的 Fe/C 单原子催化剂。此外，利用该方法还可制备负载量质量分数高于 10% 的 Co、Ni 和 Mn 单原子催化剂，但该策略对载体选择有一定局限性。Liu 等[30]将亚微米级 RuO_2 与 $MgAl_{1.2}Fe_{0.8}O_4$ 尖晶石进行物理研磨后在空气下焙烧，可得到质量分数为 2% 负载量的 Ru 单原子催化剂。这一策略利用了纳米金属原子化过程中 Ru 原子和载体中 Fe 的强共价金属 - 载体相互作用，可简便高效制备高载量单原子催化剂，且已实现 Fe_2O_3 负载的 Ru 单原子催化剂千克级规模化制备。

化学气相沉积法作为一种常规制备单原子催化剂的方法，可将金属块体在气氛诱导下以"金属原子 - 配体"形式挥发至气相中，进而载体"捕捉"并锚定气相中的金属原子，得到稳定的单原子催化剂。Qu 等[57]采用 NH_3 诱导 Pt 网形成可挥发的 $Pt(NH_3)_x$ 物种，通过石墨烯表面的缺陷位锚定 $Pt(NH_3)_x$ 物种，可得到质量分数为 2.1% 负载量的 Pt 单原子催化剂。除化学气相沉积法外，原子层沉积法可将脉冲的气态金属前驱体定向锚定于载体表面，通过控制金属前驱物种类和脉冲循环次数，可有效调节所制备单原子催化剂的原子组成和原子密度。Su 等[58]采用臭氧处理的石墨烯载体，可引入环氧官能团作为单原子锚定位点。通过原子层沉积方法并调节原子层循环沉积次数，制备出负载量为质量分数 2.5% 的 Co 单原子催化剂，并且预先修饰的环氧官能团可确保 Co 原子呈高度分散状态。

② 电化学方法　电化学方法合成纳米催化剂主要包含电沉积法、电化学脱合金、电化学剥离等策略，其具有操作简便、反应条件温和的特点，并且通过调节操作参数，如温度、电压、电流和电解液等可有效调控催化剂形貌和组成。其中，电沉积法利用外电场作用下电极的氧化和还原反应，可有效在载体（工作电极）表面沉积高负载量的单原子。Zhang 等[59]采用电沉积法，以 Pt 箔为对电极，饱和甘汞电极为参比电极，催化剂载体为工作电极，经 5000 次循环电位，可在泡沫镍为载体的 CoP 基纳米管阵列上得到负载量为质量分数 1.76% 的 Pt 单原子催化剂。

③ 湿化学方法　传统的湿化学方法，如浸渍法，难以获得高载量的单原子催化剂，原因在于表面高密度的金属原子在高温气氛处理过程中极易烧结团聚。因此，需对湿化学方法制

备催化剂的后处理条件进行精细调节以确保高载量单原子的均匀分散。Hai 等[54]结合浸渍法与两步退火流程，可成功制备 15 种高载量的单原子催化剂，其中最大的原子负载量高达质量分数 23%。浸渍后的催化剂经两步退火后处理，每步具有不同目的：第一步退火的温度需小于金属前驱体的热解温度，仅除去金属前驱体中部分配体，可有效避免原子团聚为纳米颗粒；在洗去未锚定的金属物种后，进行第二步退火处理，可完全脱除金属前驱物种的配体，得到高负载量的单原子催化剂。

④ 其他方法　除上述热化学、电化学和湿化学方法，研究者还创新性地开发了激光植入策略制备高负载量单原子催化剂。该方法利用脉冲激光在载体表面制造缺陷位点，同时可脱除金属前驱体的配体，使金属单原子稳定锚定在缺陷位。Wang 等[60]利用激光植入策略，成功在石墨烯量子点上负载了质量分数 41.8% 的 Pt 单原子。在催化剂制备过程中，激光频率对 Pt 原子的分散性有较大影响，调节至高频率激光可确保 Pt 呈单原子分散。

6.4.3　单原子催化剂重要催化反应过程的开发

自 2011 年单原子催化的概念被提出以来，单原子催化剂在基础研究领域已在选择性加氢、氧化等催化过程呈现出优异的催化活性和产物选择性。随着单原子催化剂研究的逐步深入，基于单原子催化剂模型阐释催化机制的研究基础和系统性认知，由基础反应过程研究向工业级示范应用的逐步过渡已成为当下单原子催化剂发展的一条主线。

其中，氢甲酰化以烯烃和合成气（CO 和 H_2 混合气）为原料制备醛具有重要的工业应用价值。传统工业氢甲酰化过程由含膦配体的均相铑基或钴基催化剂进行催化，而均相催化剂不仅因与反应体系分离困难而增加相应的设备能耗，同时大量使用有机配体对山林水体所造成的污染也与当下可持续发展的理念不符。单原子催化剂由于其单位点结构，不仅可模拟传统均相活性中心构型，同时还可兼具非均相催化剂易分离的特点，有望成为衔接均相催化与非均相催化的桥梁。中国科学院大连化学物理研究所丁云杰研究员团队采用溶剂热共聚的策略将传统有机膦配体非均相化，制备出多孔有机聚合物载体，并将 Rh 单原子通过 Rh-P 化学键作用锚定在载体表面（Rh_1/POPs），可模拟均相催化剂结构并具有优异氢甲酰化活性和醛产物区域选择性。此外，该团队利用所设计单原子催化剂还实现了年产 5 万吨的乙烯氢甲酰化制丙醛 / 正丙醇的工业示范，成为单原子催化剂在世界范围内首次工业应用[61]。然而，Rh_1/POPs 仍是基于有机配体构建的氢甲酰化催化剂，研究者近些年还聚焦于避免使用有机配体的策略构建性能优异的非均相氢甲酰化催化剂。一种有效的策略是采用沸石分子筛封装 Rh 物种，构建限域式 Rh 基催化剂，这一催化剂利用沸石分子筛刚性骨架结构对活性 Rh 物种在微观空间内施加的空间位阻作用，可模拟均相配体对 Rh 活性中心的位阻，有效提升氢甲酰化区域选择性。Zhang 等[62]和 Dou 等[63]均报道了沸石分子筛限域 Rh 物种在氢甲酰化中的应用，结果表明，限域 Rh 基催化剂可在丙烯和壬烯等支链 α 烯烃氢甲酰化中获得大于 100 的正异构醛摩尔比，体现出分子筛限域 Rh 基催化剂的优异区域选择性。而上述二例中 Rh 物种同时存在单原子和团簇物种，影响对氢甲酰化真实活性物种的辨析和对氢甲酰化机制的阐述。因此，若可调控限域封装的 Rh 物种仅为单原子态的同时确保氢甲酰化过程的高区域选择性，不仅有助于阐述非均相限域体系的氢甲酰化催化机制，同时还可催生更多单原子催化剂的工业示范应用。

另一个有望推动单原子催化剂向工业应用的反应过程为烷烃脱氢，这一过程是实现烷烃向烯烃等重要化工原料转化的关键反应，对满足工业对烯烃的需求、推动化工产品多元化发展具有重要意义。传统烷烃脱氢过程采用贵金属纳米颗粒，如 Pd 或者 Pt 进行催化，而反应过程主要发生在贵金属纳米颗粒表面，金属原子利用率低，效率受限，大幅提高了催化剂投入成本。而单原子催化剂具有 100% 理论原子利用率和高度均匀分布的活性位点，能显著降低贵金属的使用量，在烷烃脱氢过程中具有较大应用潜力。例如，Chen 等[64]报道了负载在 CeO_2 上的 Pt 单原子催化剂（Pt_1/CeO_2），由于 Pt 单原子和载体上 Ce 离子的协同作用，使 Pt 单原子具有高 C-H 键活化性能：Pt_1/CeO_2 在环己烷脱氢中氢气生成速率是商业 Pt 纳米颗粒催化剂的 309 倍。

6.5 / 单原子催化的展望与未来

6.5.1 / 单原子催化的应用设计和合成

单原子催化剂除应用在传统工业催化反应过程，其结构特性还有望推动单原子催化剂在生活场景中的应用。例如，传统的汽车尾气处理三效催化剂由 Pt、Pd 和 Rh 活性组分构成，可将一氧化碳、碳氢化合物和氮氧化合物转化为二氧化碳、氮气和水。对于小型家用汽车，尾气处理所需催化剂约含 1～5g 贵金属，而对大型汽车，其尾气处理所需催化剂的贵金属含量则可高达 30g。而单原子催化剂已被证实在一氧化碳转化[27,65]、催化脱硝[66-67]等尾气处理过程具有优异的催化活性和选择性。因此，针对汽车尾气处理工况条件下设计高效单原子催化剂，基于单原子催化剂理论上 100% 的原子利用率，有望大幅降低汽车尾气净化催化剂的成本。

此外，单原子催化剂在气体传感领域的应用也正处在起步研究阶段。依据工作机制差异，气体传感器可分为光学、声学与电气式。其中，电气式气体传感器的检测原理是元件气敏材料上气体化学吸附的强度变化可经转换电路将化学信号转换为电信号，因此可通过电参数（如电阻、电流或电压）的变化检测气体浓度，其本质仍是多相催化过程。单原子与载体间的配位环境可精细调节，如改变配位原子种类、数量与空间构型，可精准调控单原子催化剂的电子结构与化学活性，实现对特定气体高选择性传感。而纳米颗粒催化剂则因原子排列复杂，难以精准控制活性位点结构与性能，选择性提升受限。例如，Zong 等[68]采用 Pt 单原子功能化的 $Ti_3C_2T_x$ 纳米片（$Pt\ SA\text{-}Ti_3C_2T_x$）作为一种场效应晶体管检测三乙胺浓度。相比于未功能化的 $Ti_3C_2T_x$ 和 Pt 纳米颗粒功能化的 $Ti_3C_2T_x$（$Pt\ NP\text{-}Ti_3C_2T_x$），$Pt\ SA\text{-}Ti_3C_2T_x$ 传感器可将三乙胺检测极限降低至 14×10^{-9}。此外，在 1×10^{-6} 的三乙胺检测条件下，$Pt\ SA\text{-}Ti_3C_2T_x$ 相比 $Pt\ NP\text{-}Ti_3C_2T_x$ 具有更少的响应时间，这得益于三乙胺在 $Pt\ SA\text{-}Ti_3C_2T_x$ 上具有更强的吸附能力。借助已趋于成熟的稳定单原子制备方法，研究人员可继续探索单原子催化剂对臭氧、二氧化氮、甲醛、乙醇、二氧化硫、氢气等气体的传感探测[69]。此外，单原子功能化的气体传感器气敏仍机制不明晰，应着重关注单原子与载体的相互作用，借助理论计算与原位表征实验，从原子尺度剖析配位元素组成、配位结构与氧化还原特性，深入探究单原子功能化气体传感器的气敏机制。

6.5.2 ／单原子催化实现基础化学品的智能制造

　　智能制造是一种新兴的生产形式，它集成了由物联网、云计算、服务导向的计算、人工智能以及数据科学引领的信息物理系统概念，并将当今及未来的制造资产与传感器、计算平台、通信技术、控制、模拟、数据密集型建模以及预测工程进行整合，可推动制造业向智能化、自动化迈进[70]。在实验化学领域，英国利物浦大学的研究团队[71]开发了一种模块化的移动机器人平台，它可以在实验室中自由移动、自动添加试剂，还可自助分析数据、筛选结果，尤其在使用有机溶剂和处理危险试剂的实验中表现出色，已应用在超分子化学和药物化学中分子结构的自动化、智能化筛选。单原子催化过程涉及材料科学和催化科学，需要复杂的多步骤实验，这一具有模块化设计与自主探索机制的机器人可以作为"实验助理"，不仅为科研人员节省时间、提升实验效率，同时还可排除人为操作带来的实验误差，提升实验的准确性与重复性。基于高通量单原子催化剂制备、催化性能筛选与催化剂结构表征的智能模块化体系，可实现模块间数据的协同整合分析与反馈优化。基于气 - 固相与气 - 液 - 固三相催化的操作、分析准则和工艺条件优化流程，建立通用性的催化剂性能评测模块，实现单原子催化合成基础化学品过程的自动化与智能化。

6.5.3 ／单原子催化实现精细化学品的绿色合成

　　精细化学品作为医药、农业化学品等产品中的主要成分和重要中间体，具有很高生产价值（>10 美元 / 千克）。而传统精细化学品合成路线存在诸多弊端，如需使用当量试剂或有毒害作用的催化剂，因此产生系列环境污染问题。此外，精细化学品合成过程伴随大量副产物的产生，增加了产品分离提纯的成本投入。单原子催化剂的金属物种呈原子级均匀分散，兼具均相和多相催化剂优点，利于反应底物的高效转化和目标产物的高选择性。金属单原子与载体的强相互作用也保障了液相反应条件下催化剂的稳定性及可重复使用性。单原子催化剂的载体多数为环境友好的无机氧化物或碳材料。因此，单原子催化剂有望成为实现精细化学品绿色、高效、可持续合成的理想材料。

　　目前，单原子催化剂已在选择性催化加氢、催化氧化、氢甲酰化和碳碳偶联等合成精细化学品的催化过程中体现出优异的催化性能。例如，在 3- 硝基苯乙烯分子中，硝基（—NO_2）加氢是结构不敏感反应，即金属催化剂尺寸对加氢活性不产生影响，而碳碳双键加氢则是结构敏感反应，研究表明反应速率随金属催化剂尺寸增大而加快。因此，理论上将金属催化剂的尺寸降低至极限，即单原子分散时，3- 硝基苯乙烯的加氢过程可确保选择性加氢硝基而碳碳双键不发生加氢反应。Wei 等[72]采用 FeO_x 负载 Pt 单原子探究 3- 硝基苯乙烯选择性加氢性能，结果发现，Pt 单原子催化剂可确保底物高活性转化（转换频率为 $1514h^{-1}$）的同时达到高硝基转化选择性（选择性 >95%），而 Pt 纳米颗粒和商业催化剂的活性和选择性均有所下降，体现出单原子催化剂独特的单位点结构在调控精细化学品合成过程中对特定官能团的选择性转化具有无可比拟的优势。而目前单原子催化剂在精细化学品合成过程的研究多聚焦于简单的模型反应，将反应底物拓展为实际生产中迫切需求的精细化学中间体是今后单原子催化实现精细化学品的绿色合成的重点研究方向。

6.5.4 单原子催化在交叉领域的深度融合

单原子催化剂的理论 100% 原子利用率特性使其不仅在传统的化学化工领域中可在保证催化性能的前提下有效降低催化剂用量和成本投入，而且在农业、医疗领域，单原子催化剂同样可缓解使用传统纳米材料的组分大量消耗和因之带来的环境污染问题。例如，在禽类养殖行业中，饲料中过量的氧化锌添加剂无法完全被禽类消化，会通过粪便施肥以及养殖废水进入土壤，进而导致金属富集，使土壤中锌含量过高，污染环境并危害人类健康[73]。单原子锌材料能够替代饲料添加剂中的氧化锌纳米颗粒，且可将锌的用量减少为原来的 1/40，既能满足禽类生长需求，又能符合中国农业农村部对锌含量限制的要求；在农作物种植方面，由于雨水会将传统无机铜素杀菌剂（波尔多液）从叶片上冲刷下来，大量铜离子会流入土壤和水源，最终可能会随着食物链进入人体。而研究表明，铜离子对微生物几近无差别性的攻击也会抑制各种农药的微生物降解作用，从而导致局部生态系统崩溃[74]。因此，具有优异结构稳定性的铜单原子材料有望在具备同等杀虫效果的情况下，极大地减少铜的使用并缓解后续流失对环境的影响[75]。

在医疗领域，铜单原子在室温条件下可类比氧化酶的性能，高效将氧气转化为 $O_2^-\cdot$ 自由基，实现杀菌和伤口愈合的功效，并应用于口罩等个人防护装备[76-77]。此外，Co 单原子催化剂作为一种新型纳米酶材料，可展现出类过氧化酶和类氧化酶的性能，为肿瘤治疗提供新的思路[78]。在工程学领域，单原子材料还可作为高性能电磁吸波材料，其独特的离散分布能级和最高占据分子轨道 - 最低未占据分子轨道（HOMO-LUMO）间隙可显著增强电磁响应。而且，单原子与氮掺杂碳载体间的电子杂化结构一方面不仅可增强电磁波传导损失，此外，作为极化中心，还可增强弛豫损失，有效提升吸波性能[79]。

单原子催化剂根植于化学催化领域，但其独特的单位点结构特性决定了单原子的应用场景可广泛拓展到诸多学科领域，而上述介绍难免挂一漏万。未来对单原子的研究，不仅限于在化学化工中实现单原子工业化的突破，同时有望在传感、农业、医疗等领域实现学科间深度交叉融合，形成以单原子为核心的集成研究体系，促进创造新质生产力，助力更高效的生产和生活场景，为人类幸福生活添砖加瓦！

参考文献

作者简介

闵祥婷，中国科学院大连化学物理研究所助理研究员。2021 年于中国科学院大连化学物理研究所取得博士学位。2021—2024 年在中国科学院大连化学物理研究所从事博士后研究，合作导师为张涛院士、乔波涛研究员。2024 年 3 月，博士后出站留组。目前的研究聚焦于单原子催化的均相反应多相化。目前发表 SCI 论文 27 篇，其中，以第一作者在 *Chem*、*J. Am. Chem. Soc.*、*Angew. Chem. Int. Ed.* 等期刊发表论文 10 余篇，授权国家发明专利 9 项。主持国家自然科学基金青年基金项目、博士后基金面上项目、辽宁省博士启动基金项目等。

刘存，中国科学院大连化学物理研究所催化与新材料研究室博士后，合作导师为乔波涛研究员。2011—2022 年于大连理工大学获工科学士、硕士及博士学位。2022 年 7 月至今，于中国科学院大连化学物理研究所从事博士后研究工作。2025 年入职大连理工大学化工学院，主要从事分子筛限域催化及单原子催化方向研究。主持国家自然科学基金委青年项目。目前已在 *Joule*、*JACS Au*、*Chem. Eng. J.*、*Ind. Eng. Chem. Res.* 等国际顶级与化学工程主流刊物发表论文 10 余篇。

乔波涛，中国科学院大连化学物理研究所研究员，博士生导师，张大煜优秀学者。获 2012 年首届全国催化新秀奖，2018 年"兴辽英才计划青年拔尖人才"。主要从事单原子催化及其在绿色能源催化转化与环境催化中的应用，主持国家自然科学基金青年项目、面上项目、国际（地区）合作与交流项目等；科技部重点研发计划课题负责人。目前已在 *Chem. Rev.*、*Nat. Chem.*、*Sci. Adv.*、*Chem*、*Joule*、*Nat. Commun.*、*J. Am. Chem. Soc.*、*Angew. Chem. In. Ed*、*ACS Catal.*、*Chin. J. Catal.* 等国际顶级与催化主流刊物发表论文 130 余篇，共被引 23000 余次，H 因子 53。

第
6
章

第 7 章

接触电致催化及其新材料

王中林　唐伟　史开洋　董轩立

随着社会高速发展和工业化进程不断推进，环境恶化和能源短缺等问题日渐显现，传统能源、化工行业的绿色低碳转型引起了广泛的关注[1-2]。在目前的研究中，催化在化学品制造、能量转换与储存、资源回收和环境治理等方面具有不可替代的作用[3]。催化不仅能大幅提高化学反应的效率，减少能耗和副产品，还能够促进可持续发展，推动环境保护和资源的循环利用[4-5]。目前电催化和光催化被普遍认为是实现能源、化工行业绿色转型的最有希望的方法之一[6]。压电催化和接触电致催化（CEC）作为新兴的催化方法也受到了广泛的关注和研究[7-8]。接触电致催化最早由王中林院士与唐伟研究员团队于 2022 年首次提出[9]。CEC 是在机械驱动下材料接触起电过程中通过电子转移实现的，与传统的催化原理在电子/能量来源上都有很大的不同[8,10]。由于接触起电后的荷电表面能在局部引入高强度电场，转移的电子与水或者水中的溶解气体可结合产生羟基自由基、超氧自由基或气体活性自由基基团，进而促进后续氧化还原反应，实现在能源绿色合成、环境修复、资源回收、生物医疗等方面的多种应用。

本章系统地讨论了 CEC 的基础原理、突出特点和重要应用，探讨了 CEC 在各个领域的应用以及提升 CEC 催化效率的相关研究，最后讲述了 CEC 催化材料的研究现状和未来发展方向。

7.1　接触电致催化的研究背景

催化在工业流程和环境可持续性方面具有深远意义，它在人类社会的进步中发挥着举足轻重的作用[11]。在各种成熟的催化技术中，机械催化技术吸引了广泛的关注，这主要是由于它具有明显的优势，如提高能源效率和减少对环境的影响[12]。力引起的缺陷增加、极端条件或其他效应是传统机械化学过程的三种主要运行机制[13]。然而，尽管机械刺激不可避免地会导致摩擦对之间频繁地接触分离，但接触起电（CE）效应对机械化学的贡献却在很大程度上被忽视了。一系列研究提供了令人信服的证据，证明电子是大多数接触起电现象中的主要电荷载体，而接触表面的高强度电场可促进电子转移并推动随后的氧化还原反应，进一步验证了通过接触起电效应催化化学反应的可行性[14]。

通过人为构建带电界面，实现调节界面间的电荷转移，可以给我们提供一种研究液 - 固界面电荷转移的思路。接触起电（CE）现象几乎存在于所有固体材料中。接触起电是摩擦起电的科学术语，指的是分离和接触起电两个过程的结合[15]。与固 - 液带电界面和电子转移相关的基础科学已经发展了几十年，但人们主要集中关注于一些特定的液 - 固界面系统[16-17]，如锂电池中的 LiF- 电解质界面，光催化中的 TiO_2- 水界面；相比之下，液 - 固界面之间的机械摩擦作用几乎存在于所有的液 - 固界面中。因此，从液 - 固接触起电的角度来理解液 - 固界面的电荷转移具有普遍意义。

CEC 的能量来源是外部机械搅拌，使用的固体是一般的有机（如 FEP、PTFE）和无机材料（如 SiO_2、Al_2O_3 等），如图 7-1 所示，尽管它们具有化学惰性，但 CEC 为几乎任何材料都能用作催化剂铺平了道路，只要它能表现出优异的 CE 能力。此外，CEC 与绿色化学原则高度一致，部分原因是其驱动力是现成的但经常被浪费的机械能，这有利于减少对化石燃料或电力的依赖。因此，CEC 不仅可以在合成化学合成物的过程中避免使用贵金属和对环境有害的化学试剂，而且可以大幅减少催化过程中的碳排放。

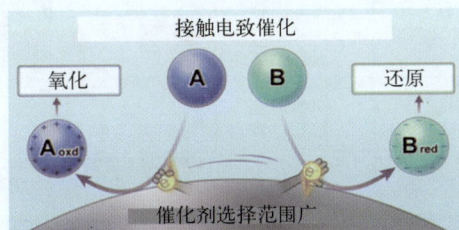

图 7-1　接触电致催化反应示意图[8]

7.2 接触电致催化的研究进展与前沿动态

7.2.1 接触电致催化的基本原理

接触起电（CE）是一种普遍存在于各种界面上的效应[18]。除了众所周知的固 - 固界面 CE 现象之外，液体与固体接触时也会发生 CE[19]。然而，最近的一系列研究证明，在液 - 固界面的 CE 过程中存在电子转移，而且在某些情况下，电子转移似乎是最主要的过程[20]。有人提出了一个"电子云 - 电位阱"模型来说明 CE 过程中的电子转移机制，该模型假定在机械刺激下由于接触而产生的电子云重叠是界面电子转移的驱动力[21]。具体来说，液体在热运动或流体压力的驱动下与固体发生碰撞，从而诱发相应电子云的重叠，进行电子交换。近年来，人们开发了多种策略来研究液 - 固（L-S）界面的 CE。通过在薄膜上施加外力挤压液滴来诱导接触起电，液滴和固体薄膜之间的接触面积可通过挤压程度来调节，如图 7-2 所示。CE 后

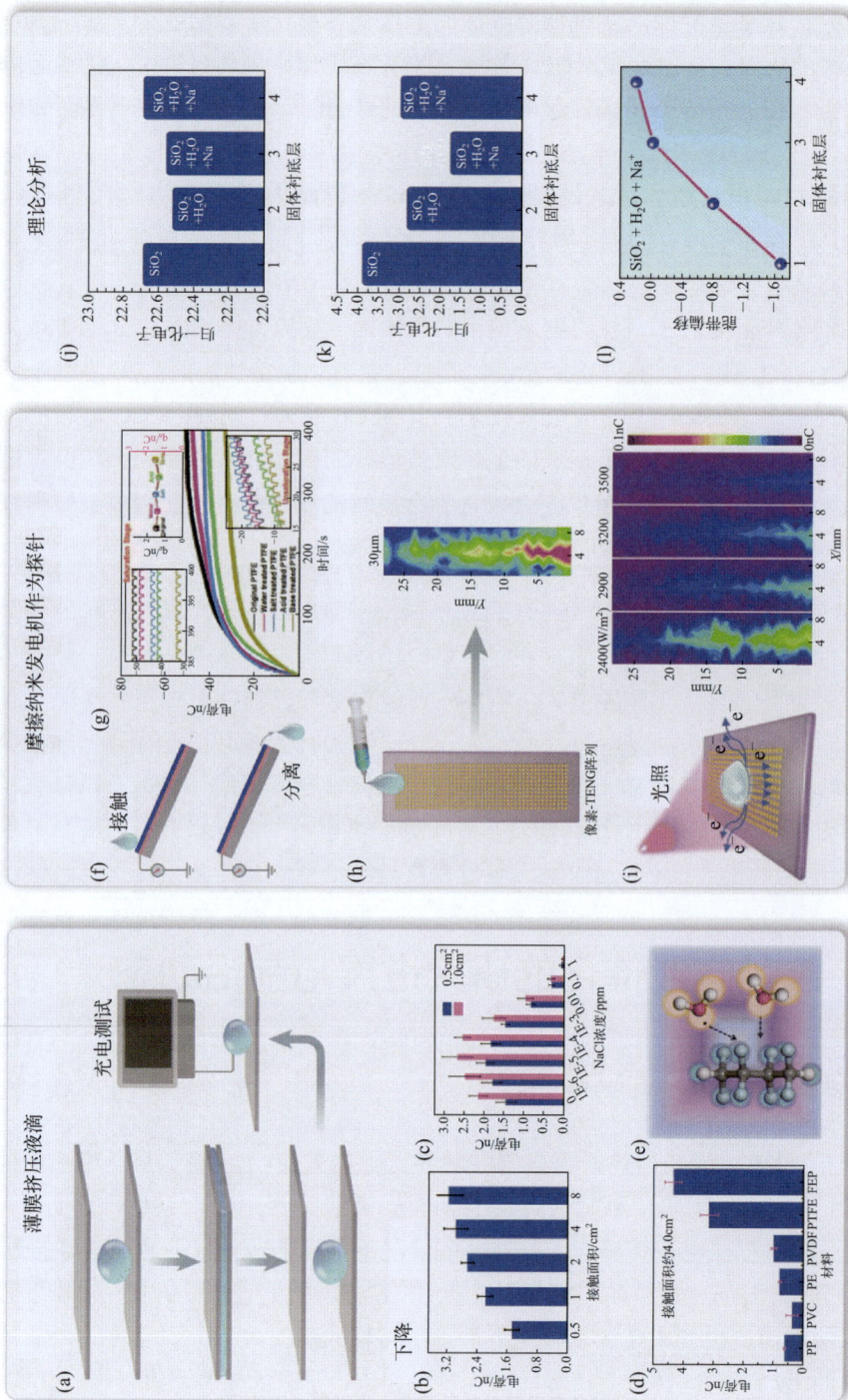

图7-2 液-固界面接触起电研究[8]

液滴上的电荷量由电度计测量。作为最具代表性的 L-S CE 案例之一，我们首先研究了去离子水（DI）和聚四氟乙烯薄膜之间的 CE，随着接触面积的扩大，DI 水滴的测量电荷量呈上升趋势。当接触面积为 8cm² 时，电荷量约为 3nC［图 7-2（b）］。值得注意的是，这一电荷转移过程很可能是由电子主导的，因为如果所有这些电荷都是由离子转移产生的，那么计算出的电荷量仅为 0.15nC。这也符合去离子水中只含有微量离子的事实。一般来说，含氟（F）聚合物的 CE 能力优于其他聚合物，侧链中 F 基团的密度越大，转移电荷的数量就越多。这可能是因为 F 在 CE 过程中是一个强电子吸收官能团［图 7-2（e）］。通过广泛的材料选择范围和各种操作模式，摩擦电纳米发电机（TENG）技术成了研究 L-S CE 的强大平台，特别适用于原位研究。研究者通过定制 TENG 平台，观察了水滴与聚四氟乙烯薄膜之间的电荷转移过程[22]。他们发现，即使经过处理的 PTFE 薄膜表面富含离子，电子仍然参与了 CE 的电荷转移过程。另外，他们还通过替换 TENG 中的电极，并利用紫外线照射的策略，进一步研究了 CE 过程中的电荷转移行为，结果显示，电子在转移过程中起到了重要作用。此外，通过量子力学模型和密度泛函理论（DFT）在理论层面提出了 L-S CE 的详细模型，进一步证明电子在 CE 过程中的重要作用。

固体与液体接触时会自发形成电双层（EDL），同时液固接触界面上也会发生接触起电现象[23]。电子转移出现在 L-S CE 的电荷转移过程中，有时甚至主导电荷转移过程，这意味着电子转移对 EDL 形成的影响应该是参与其中的[24-25]。2018 年，Wang 等[9]首次提出了一种混合 EDL 模型，该模型同时考虑了电子传递和离子吸附效应对 EDL 形成的影响，也称为 Wang 混合 EDL 模型（图 7-3）。Wang 混合 EDL 的形成可具体分为"两步"。第一步，液体中的分子和离子在热运动或流体压力的驱动下与固体表面发生碰撞。由于相应电子云的重叠，电子会在 L-S 界面交换，离子也会同时吸附在固体表面。这一步解释了固体表面初始电荷的来源和组成，而这在传统的 EDL 模型中仍是模糊不清的。第二步与传统的 EDL 模型类似，即液体中的游离离子被静电吸引到带电的固体表面，形成 EDL。Wang 混合 EDL 模型为理解电荷

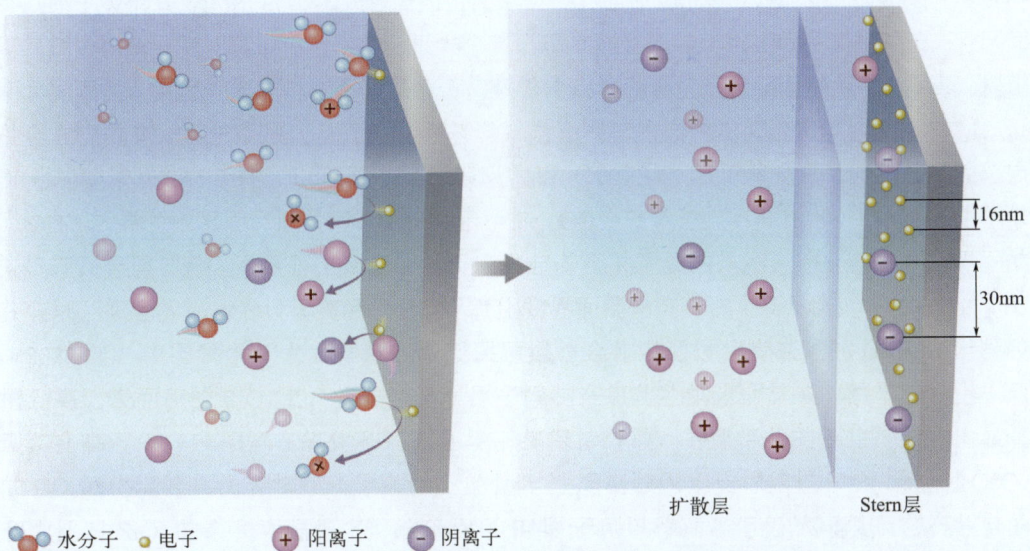

16nm

30nm

扩散层　　　　　Stern 层

🔵 水分子　🟡 电子　⊕ 阳离子　⊖ 阴离子

图 7-3　Wang 混合 EDL 模型及其"两步"形成过程[8]

第7章

转移过程和 L-S 界面 EDL 的形成提供了一个更完整的理论框架。例如，由于在形成 EDL 的第一步就有电子转移的贡献，EDL 的结构会受到固体 CE 能力的显著影响，而这一点在以往的对 EDL 的研究中被忽略了。

反应步骤是指电子在催化剂的帮助下重新排列以产生产物，电子转移或激发的驱动力是各种催化原理的根本区别之一。CE 产生的带电表面将在空间中产生电场，高强度的电场能够显著影响环境[26]。例如，电场可以诱导极化或调制相邻分子的电子结构，从而改变它们的化学活性[27]。此外，接触界面处的电场可以驱动带电物种（如电子）的传输和扩散。近期的研究表明，水微滴表面的高强度电场是电子转移和随后生成 H_2O_2 的驱动力。此外，这种电场也存在于水 - 油接触界面，而产生的电子转移可以催化生成活性氧（ROS）来降解十六烷。进一步的研究表明，接触界面处的强化电场可以通过促进电子转移来加速反应速率。这些实验观察进一步支持了 CE 可以促进化学反应的观点。CEC 是连接 CE 与机械化学的桥梁，利用了 CE 过程中交换的电子来提升化学反应速率。以 FEP 颗粒与周围基底之间的接触为例，根据摩擦序列，水分子与 FEP 颗粒接触时，电子将被转移至 FEP 颗粒表面。随着电子的损失，水分子首先被转化为水自由基阳离子，然后通过快速的质子转移生成氢氧根阳离子和羟基自由基。当 O_2 分子与带电的 FEP 颗粒碰撞时，FEP 颗粒表面的电子被 O_2 分子捕获，形成超氧自由基，并将 FEP 颗粒恢复到其原始的不带电状态。这个循环将随着机械刺激的持续而持续进行（图 7-4）。

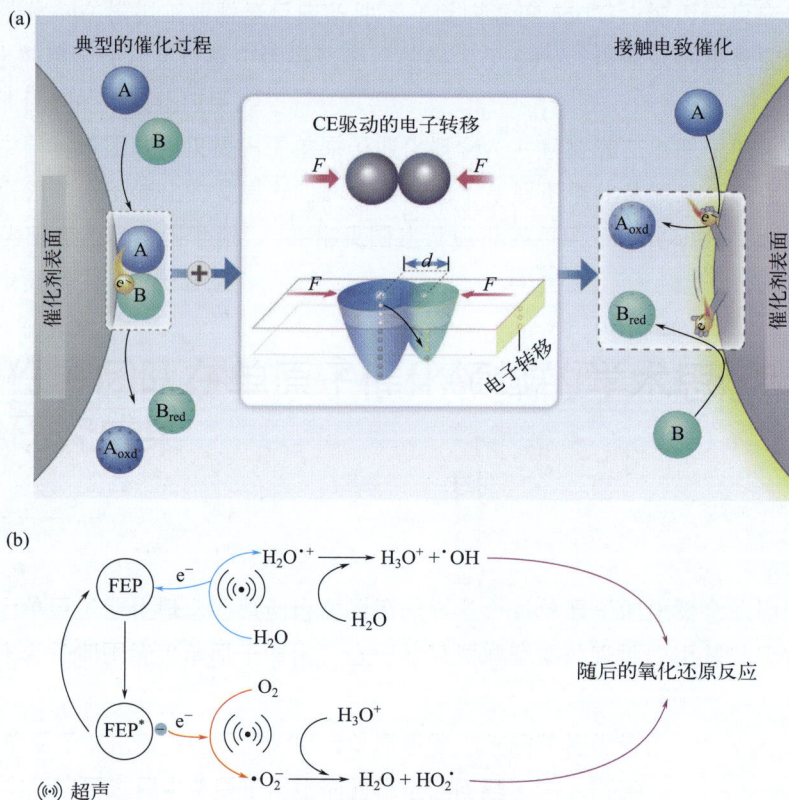

图 7-4 从 CE 驱动的电子转移到接触电致催化[8]

7.2.2 / 接触电致催化的触发条件及影响因素

触发接触电致催化的本质依赖于在目标界面上引入有效的接触分离循环。在这样的循环中，电子交换被认为能促进化学反应的速率。图 7-5 给出了触发 CEC 的代表性方式。超声诱导 CEC 的方法是利用超声波传播过程中空化气泡的变化[9]。具体地说，空化泡的核倾向于在溶解气体（如 O_2）附近形成，而核的生长将包围这些邻近的气体分子。一旦空化气泡超过临界尺寸，其内爆将释放所含气体分子，产生高压微射流，从而引起接触分离循环和相应的电子交换。超声作用下 FEP 颗粒可产生包括羟基和超氧自由基在内的活性氧（ROS），这些 ROS 对降解有机污染物或直接合成 H_2O_2 是有效的[28]。Wang 等发现，超声不仅可以诱导高频 CE，还可以通过降低电子转移的能量势阱，为 ROS 的产生提供高压环境[9]。

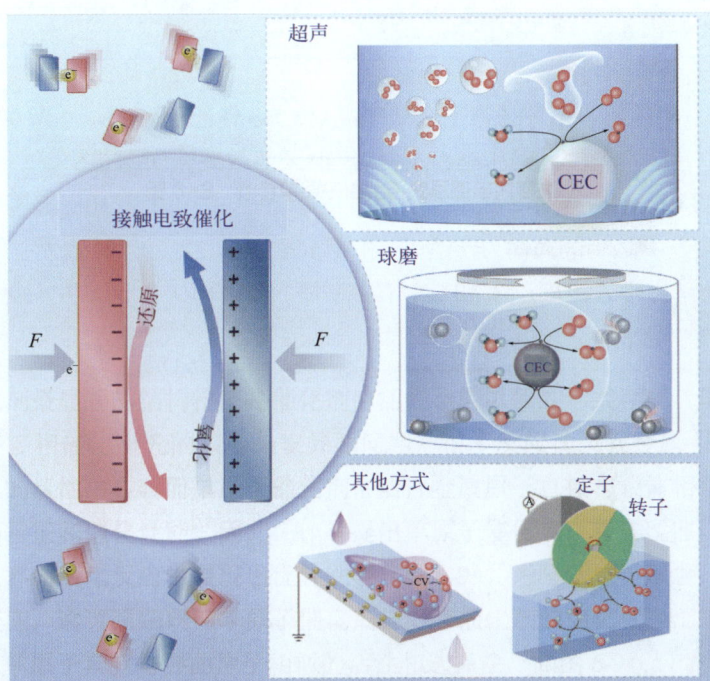

图 7-5 CEC 的触发方式示意图[8]

球磨是触发 CEC 的另一种有代表性的策略，它自然会带来频繁的接触和分离。在这种碰撞中，摩擦电材料的存在预计会引起明显的 CE 现象，这意味着可以通过在球磨中使用摩擦电材料来实现 CEC。Wang 等[29]通过一种由摩擦电材料制成的液体辅助磨削（LAG）装置研究了这种方法的可行性。除了使用不同的摩擦电材料外，在相同的条件下进行了一系列平行实验。活性氧可以通过 CE 驱动的电子转移催化生成，接收浓度与利用的材料的 CE 能力相关。通过常规 ZrO_2 球磨机装置的控制实验，进一步揭示了 CEC 的主导作用。虽然 ZrO_2 在研磨过程中应该提供更高的能量冲击，但催化效率仍然远低于 PTFE 基团。这一结果也表明，CEC 的发生并不需要高能量冲击，这有利于提高催化剂的可回收性和可重复使用性。我们推测，开发具有更高 CE 能力的材料可能会在更温和的条件下引发 CEC。同时，球磨也为研究

CE 和 CEC 之间的关系提供了一个理想的平台。尽管 CEC 可以在任何转速下发生，但存在触发 CEC 的速度阈值。这一有趣的现象促使我们探索其潜在的机制，其中一个可能的原因应该是当转速较低时，CE 过程中交换电子的能量不足。转速的进一步提高将导致 ROS 生成速率的提高，这可以解释为在转速提高时撞击频率的提高和界面电子转移的能量势垒的降低。

其他的方法也有报道，包括液滴在聚合物表面滑动和将摩擦电纳米发电机（TENG）浸入水溶液中[30-31]。这些方法需要在液 - 固界面上应用简单直观的接触分离，并且染料溶液的变色是非常有效的。然而，这些情况与我们所用材料的情况相反。例如，结晶紫（CV）是一种阳离子染料，经 CE 后 FEP 表面带负电。因此，带正电的 CV 分子应该意识到物理吸附可能在变色过程中起主导作用。目标染料的极性离子静电吸附在带负电荷的 FEP 表面，这种吸附被认为会阻碍 FEP 上进一步的 CE。为了提高化学降解的贡献，应努力提高 CE 的频率或提供更高的能量以克服驱动电子交换的能量势垒。

以下是其他影响因素。

（1）温度

以 40kHz、600W 的超声条件考察了介质温度对 CEC 性能的影响，并考察了 FEP 在 10℃、20℃、30℃、40℃、50℃条件下对甲基橙（MO）的降解效果。如图 7-6（a）所示，在 20℃和 30℃的培养基温度下，甲基橙的降解速率明显更快。同时，在 10 ~ 50℃范围内存在降解的最佳温度点，在 22℃左右达到最大动力学速率 0.0364min^{-1} [图 7-6（b）]。此外，甲基橙的最终去除率同样遵循降解动力学的趋势，在 20℃左右甲基橙的降解率比在 50℃左右提高了 31.2%。

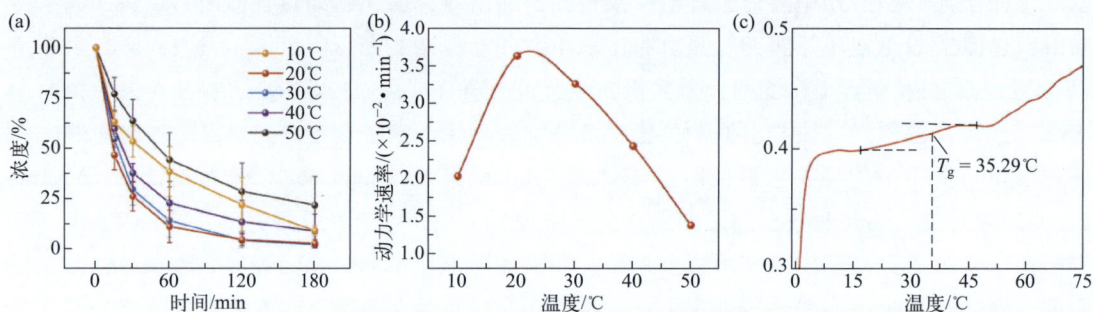

图 7-6 温度对甲基橙降解的影响[32]

（a）甲基橙浓度在 10℃、20℃、30℃、40℃和 50℃时的变化；（b）降解动力学速率；（c）FEP 粉末的差示扫描量热分析结果，T_g 表示玻璃化转变温度

根据目前的实验结果，我们推测 FEP 粉末将经历玻璃化转变过程，当温度超过 CEC 实验中的某一值时，图 7-6（c）差示扫描量热（DSC）结果显示，玻璃化转变温度在 35℃左右，这意味着玻璃化转变区域上方聚合物粉末的黏度和软化改变了 FEP 的物理性质，从而影响 FEP 表面的电子转移。值得注意的是，温度的影响可能是多方面的，如固 - 液界面的电子转移和催化剂表面改性，需要进一步的实验来深入了解。

（2）超声功率

在超声机中进行了超声功率和超声频率的 CEC 实验。超声过程伴随空化泡的形成、生长和破裂，空化泡的数量和大小由超声的功率和频率决定。超声波降低了 FEP- 水和 FEP-O$_2$

界面上电子转移的能量屏障，同时促进了催化剂表面频繁的接触分离循环。我们比较了超声频率（20kHz、28kHz、40kHz 和 89kHz）和功率（60W、120W、240W、360W、480W 和 600W）对 FEP 催化降解甲基橙的影响。

以 40kHz 为例，比较不同超声功率下 MO 的降解情况（图 7-7）。与 60W 相比，600W 条件下甲基橙的降解率（去除率）提高了 97.27%。随着超声功率的增加，空化泡的数量和能量也会增加。超声功率决定了在一定体积的介质中实际耗散的能量，在这里作者测量了超声功率密度作为体效应来描述不同功率下 CEC 的退化。

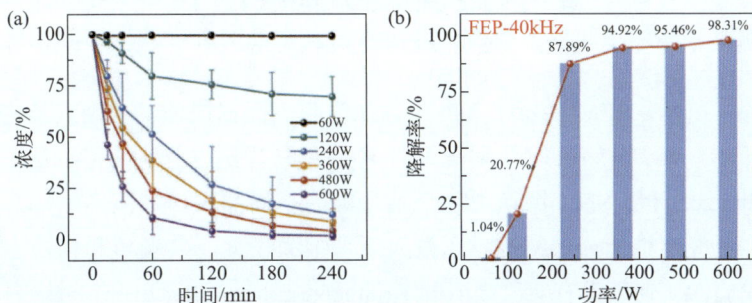

图 7-7　超声功率对甲基橙降解的影响[32]

（a）不同功率（60W、120W、240W、360W、480W、600W）对 40kHz FEP 对 MO 降解的影响；（b）各功率对应的最大 MO 去除率

根据量热法，当介质的质量和比热容一定时，介质（一般为液体）内部的实际输入能量仅由单位时间内介质的温升来确定[33]。也就是说，更大的实际能量输入往往导致更大的超声功率密度。但是，超声功率并不是越大越好，达到一定值后会产生大量无用气泡，造成声散射衰减，导致空化效应减弱。

（3）超声频率

超声频率是超声的另一个重要参数，它决定了超声空化泡的大小和催化剂表面发生的接触分离循环。在 600W 下，我们检测了不同频率（20kHz、28kHz、40kHz 和 89kHz）下 MO 的最终浓度和反应动力学 [图 7-8（a）]。由于在超声作用的 240min 期间，MO 分子链逐渐向较小的有机分子打开，因此本章主要研究前 60min MO 浓度的变化。由 MO 的紫外可见光谱可知，MO 在 600W 下随频率增加（20kHz、28kHz、40kHz、89kHz）的反应动力学常数依次为 $0.0231min^{-1}$、$0.0278min^{-1}$、$0.0364min^{-1}$、$0.0343min^{-1}$ [图 7-8（b）]。4 个频率下 MO 的最大去除率分别为 97.30%、98.14%、98.31% 和 95.51% [图 7-8（c）]。在相同的功率输入下，超声频率对超声功率密度也有影响。在以上 4 个频率中，功率密度的最佳值为 28kHz，25.4W/L。

（4）基于薄膜的 CEC

通过将介电粉末转化为薄膜，我们可以采用多种表面改性方法研究表面结构对接触电催化反应的影响[34]。氩气因其化学惰性而闻名。在这里，我们使用氩气通过离子耦合等离子体蚀刻改性的 FEP 薄膜来代替 FEP 粉末，因为它具有潜在的可扩展性和易于回收的过程。在金掩膜的帮助下，不同的蚀刻时间使 FEP 膜的物理性质不同，这只是由形貌的变化引起的。

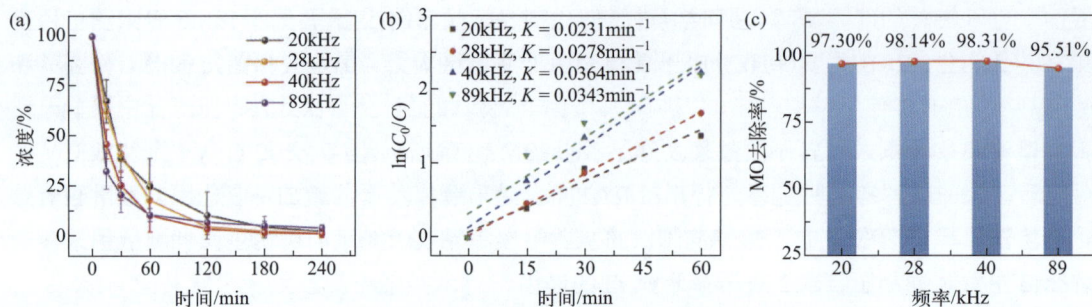

图 7-8　超声频率对甲基橙降解的影响[32]

（a）4 个频率（20kHz、28kHz、40kHz、89kHz）MO 浓度的演变；（b）MO 降解动力学常数；（c）MO 去除率

如图 7-9（a）所示，SEM 显示了 ICP 刻蚀在薄膜表面形成的纳米锥状结构。静态接触角如图 7-9（b）所示，在刻蚀 60s 时达到最大值，说明 FEP 膜的疏水性并不是随着刻蚀时间单调增加。利用 ImageJ 计算 SEM 图像中单个纳米锥的平均面积，如图 7-9（c）所示。改性后的膜在 20s 内不表现出纳米森林结构。在最大纳米锥面积处，接触角和扫描电镜观察之间发现了相关性。我们尝试使用带有氮气吸附的 Brunner-Emmet-Teller（BET）法来检测比表面积，但发现比表面积太小而无法测量。原子力谱测量的表面积［见图 7-9（d）］显示出上述趋势的不同风格，表明在水 -FEP 界面的物理化学相互作用中，表面积和表面结构起着不同的作用。

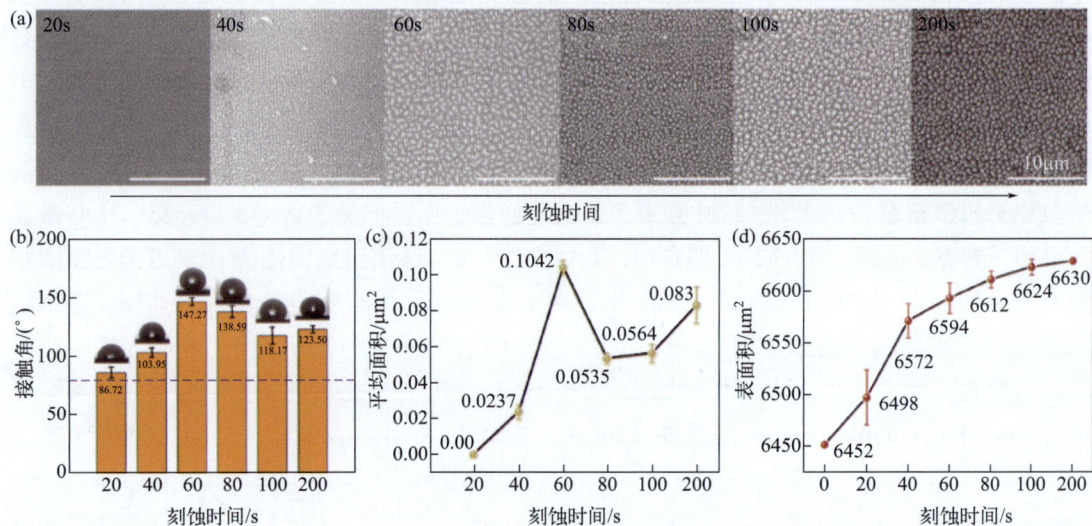

图 7-9　改性 FEP 膜表面结构的表征[34]

（a）刻蚀时间不同的 FEP 薄膜的 SEM 图像；（b）不同刻蚀时间下 FEP 膜的接触角（虚线为非刻蚀膜的接触角）；（c）FEP 膜表面单个纳米锥基部所占的平均面积；（d）不同刻蚀时间 FEP 膜的表面积

为了进一步研究 FEP 的表面结构如何影响接触起始效率，我们使用开尔文探针力显微镜测量了图 7-10（a）所示结构上不同点的电势。这里的电位分布可以理解为电荷密度分布和接触充电容量，如图 7-10（b）所示。表面形貌与图 7-10（a）所示的 SEM 结果观察一致，为圆锥形结构组成的纳米森林。我们发现，表面结构与电位分布之间存在关系，如图 7-10（c）

所示。实际上，电位分布随表面结构的变化而变化。在峰的顶部是观察到最高电荷密度的地方，而在峰之间的山谷中观察到最低的电荷密度。图 7-10（c）中检测到的几乎所有峰都与图 7-10（b）中凸起的结构相对应，这表明了平坦表面和修饰表面之间接触电荷的差异。我们认为碳链在结构峰处断裂，导致氟基团暴露更多，从而增加了重叠电子云的概率和更好的电荷转移能力。

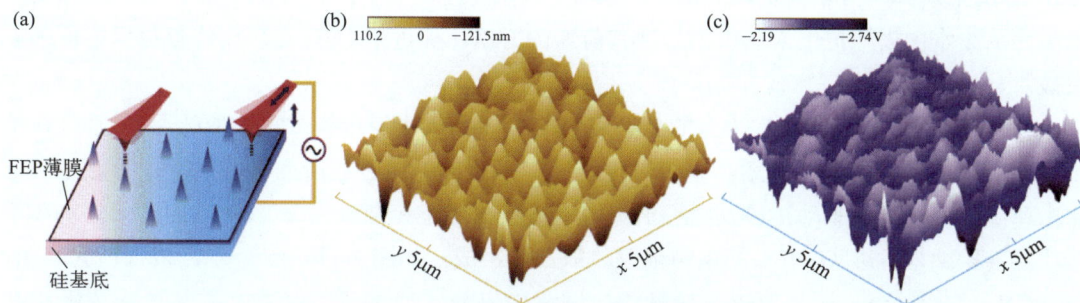

图 7-10　不同表面结构的接触通电能力[34]

（a）用开尔文探针力显微镜（KPFM）测量 60s 刻蚀 FEP 膜的电势示意图（红色的图案和蓝色的锥体分别代表 KPFM 探针和表面结构）；（b）刻蚀 FEP 膜的表面结构；（c）刻蚀 FEP 膜同一区域的测量电位

7.2.3　接触电致催化的重要应用

　　接触电致催化是一种通过接触起电产生的电子转移进行化学反应的催化过程，其作为一种新兴的催化机制，利用水与介电材料界面处的转移电子与水或者氧气产生活性自由基，进而发生氧化还原反应，因此接触电致催化可以在降解有机污染物，重要化学品的合成，锂离子和贵金属的离子回收以及生物医疗等多个交叉领域有着广泛应用。CEC 具有更强的起电优势和更广泛的催化剂选择，并且由于其绿色环保、反应条件温和等特点，有望探究其在其他催化反应甚至跨学科领域的多种应用，例如有机污染物的降解、重要化学品的合成、金属离子回收甚至生物医学方面等。总之，接触电致催化（CEC）领域为机械化学催化的发展提供了令人兴奋的机会，这使得 CEC 成为未来科研和工业应用中的一项极具前景的技术。

（1）在低碳方面应用（污染降解、二氧化碳捕获）

　　有机废水的来源非常广泛，如化工生产、食品加工、工业设施（点源），以及农业径流中的农药或化肥扩散（非点源）。由于水资源中的有机污染物对环境和人类健康都有重大影响，因此降解水资源中的有机污染物至关重要。Wang 等[9] 以染料降解为例，研究了甲基橙（MO）的降解过程。实验设置如图 7-11 所示。甲基橙（MO）水溶液是一种典型的难降解且易诱变的有机化合物。研究中，将 20mg FEP 粉末颗粒加入 50mL 的 MO 水溶液（$5×10^{-6}$）中，搅拌 48h，以增强 FEP 与水的接触。随后，将制备好的悬浮液超声处理 3h，初始淡黄色溶液变得透明。为了进一步了解潜在的机制，捕获实验表明两个活性自由基·OH 和·O_2^- 参与了降解过程。其中，羟基自由基被认为是主要的限制因素。为了进一步提高 CEC 的催化性能，Dong 等[35] 开发了一种聚合物 / 金属 Janus 复合催化剂，该催化剂可以根据其组成调节水氧化反应（WOR）和氧还原反应（ORR）的反应速率 [图 7-11（b）]。超声处理诱导 CE 空化泡，这导致 FEP 表面产生负电荷，产生电场，将电子从铜（Cu）组件内部驱动到其外表面，从而促进 ROS 的产生。此外，接触电致催化在降解水中抗生素[36]、五氯苯酚[37] 等对环境有危害的污染物时也具有较好的降解活性。以可重复使用的聚四氟乙烯（PTFE）颗粒作为触发催化剂，降解三种典型的抗生素（磺胺甲噁唑、环丙沙星、四环素），如图 7-11（c）所示，超声 90min 后去除率分别达到 50%、80% 和 90%。研究结果表明，CEC 反应产生了·OH 和 $^1O_2$，对抗生素降解有很大贡献。因此，提出了 CEC 过程中新的活性氧生成机制。这项研究结果为从废水中去除抗生素提供了一种有前途的方法，促进了 CEC 在环境修复技术方面的新突破。

另外，二氧化碳（CO_2）浓度的上升对全球气候和人类健康构成重大威胁，通过 CEC 给出了一个很有前途的解决方案，以应对传统的二氧化碳减排过程所面临的挑战。接触电致催化由摩擦纳米发电机驱动，该发电机由负载单原子铜锚定聚合氮化碳（Cu-PCN）催化剂和季铵化纤维素纳米纤维（CNF）的电纺聚偏二氟乙烯组成，如图 7-11（d）所示。机理研究表明，Cu-PCN 上的单个 Cu 原子可以在接触起电过程中有效富集电子，促进电子在与季铵化 CNF 上吸附的 CO_2 接触时的转移。此外，季铵化 CNF 对 CO_2 的强吸附可以在低浓度下有效捕获 CO_2，从而实现环境空气中的 CO_2 还原反应。与最先进的空气基 CO_2 还原技术相比，接触电致催化实现了 $33\mu mol \cdot g^{-1} \cdot h^{-1}$ 的优异 CO 产率。该技术提供了一种减少空气中 CO_2 排放的解决方案，同时推进了化学可持续性战略。该技术利用风能作为动力源，实现了高效的 CO_2 减排，为降低大气 CO_2 水平提供了一种绿色、可持续的方法。它为推进碳捕获工作提供了一种新方法，为全球可持续发展倡议做出了贡献[38]。

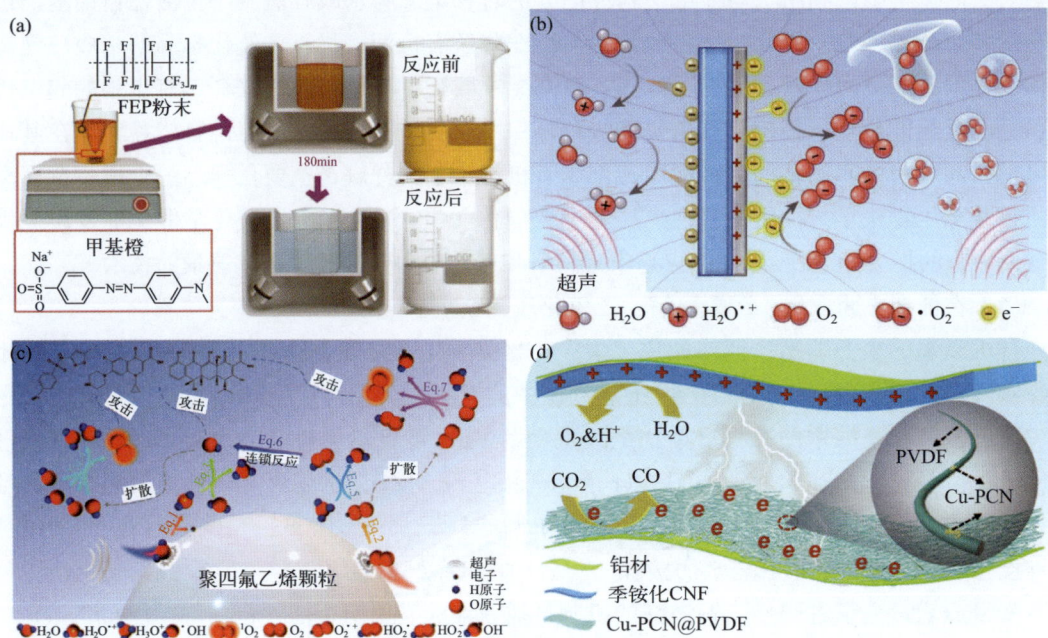

图 7-11　CEC 在低碳方面的应用

（a）CEC 降解甲基橙的实验装置和方案的示意图[9]；（b）Janus 复合材料的电子传递原理[35]；（c）CEC 降解抗生素过程中 ROS 的生成机制[39]；（d）CEC 还原空气中的 CO_2 的催化剂结构示意图[38]

（2）重要化学品的合成（过氧化氢、氨合成）

随着社会的快速发展和进步，环境污染和能源短缺问题日益凸显，过氧化氢（H_2O_2）在环境修复和替代碳能源方面前景广阔[40]。过氧化氢作为一种绿色、温和的氧化剂和重要的化工原料，用途广泛，在化学合成、燃料能源以及电子工业中都有着广泛的应用[41-42]。另外，氨（NH_3）在工业上也是极为重要的无机化学品之一。众所周知，大气中 N_2 的含量约为 78.8%，因此如何将如此丰富的氮源转化为氨是当前研究的重点[43]。

接触电致催化作为一种新兴的催化机制，利用水与介电材料界面处的转移电子发生氧化还原反应，其反应条件温和并且催化剂的选择广泛，几乎没有任何限制。在最近的研究中，Zhao 和 Wang 等均提出了利用聚四氟乙烯颗粒（PTFE）与水接触电致催化高效生成 H_2O_2（图 7-12）[28,44]，其中 Zhao 在常温常压条件下的 H_2O_2 产率达到 313μmol·L^{-1}·h^{-1}，而 Wang 等利用水氧化产生的·OH 重组使得 H_2O_2 产率达到了 24.8mmol·$gCat^{-1}$·h^{-1}，均达到了较高的 H_2O_2 生成速率。同时，为了揭示 H_2O_2 的形成机理，系统地研究了接触电致催化反应中间体的表征。利用电子顺磁共振（EPR）光谱测定了中间产物，确定了电荷转移和 H_2O_2 生成的途径。从结果可以看出，三种活性自由基·OH、·O_2^- 和 $^1O_2$ 均能产生，并且随着超声时间的延长而增加。此外，Berbille 等[45]以氟化乙丙烯（FEP）为催化剂，采用超声驱动 CEC 从空气和去离子水中生成 H_2O_2［图 7-12（c）］。Wang 等[46]提出了一种不使用催化剂的接触电解合成 H_2O_2 的方法——采用聚四氟乙烯（PTFE）搅拌棒与超声波相结合的连续搅拌方法［图 7-12（d）］，在温和条件下，H_2O_2 产率达到 256.6μmol·L^{-1}·h^{-1}，与目前的氧化还原技术相比具有竞争力。该工艺环境友好，易于操作，与使用 PTFE 和 FEP 粉末作为催化剂相比，避免了催化剂回收的问题。CEC 生成过氧化氢可以分为水氧化反应（WOR）和氧还原反应（ORR）两个路径［图 7-12（e）］。在水氧化反应过程中，PTFE 颗粒与 H_2O 接触分离，水分子失去一个电子到聚四氟乙烯颗粒上，产生一个羟基自由基，两个羟基自由基的重组将产生一个过氧化氢分子。氧还原途径，溶液在超声作用下产生大量的小气泡，膨胀，然后坍塌消失，氧分子将从带电的 PTFE 表面获得电子，形成超氧自由基；生成的超氧自由基首先质子化为氢过氧自由基（·OOH），然后同时获得一个质子和一个电子，转化为过氧化氢。此时，PTFE 颗粒重新回到原始状态。

此外，他们还设计了一种基于接触电致催化原理的经济型 H_2O_2 生产系统［图 7-12（b）］，有望实现量产，加速接触电致催化生产 H_2O_2 的商业化。通过搭建的一个简单的实验装置，验证了该方法具有较高的耐久性。由此也可以看出，采用接触电致催化法制备 H_2O_2 可以简化制备步骤，降低经济成本，实现整体绿色生产。

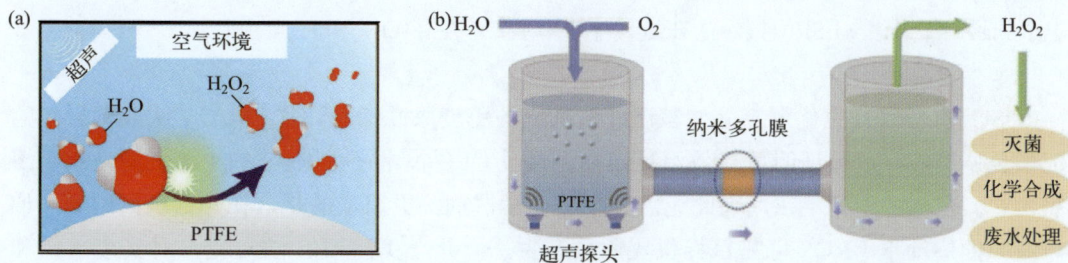

图 7-12

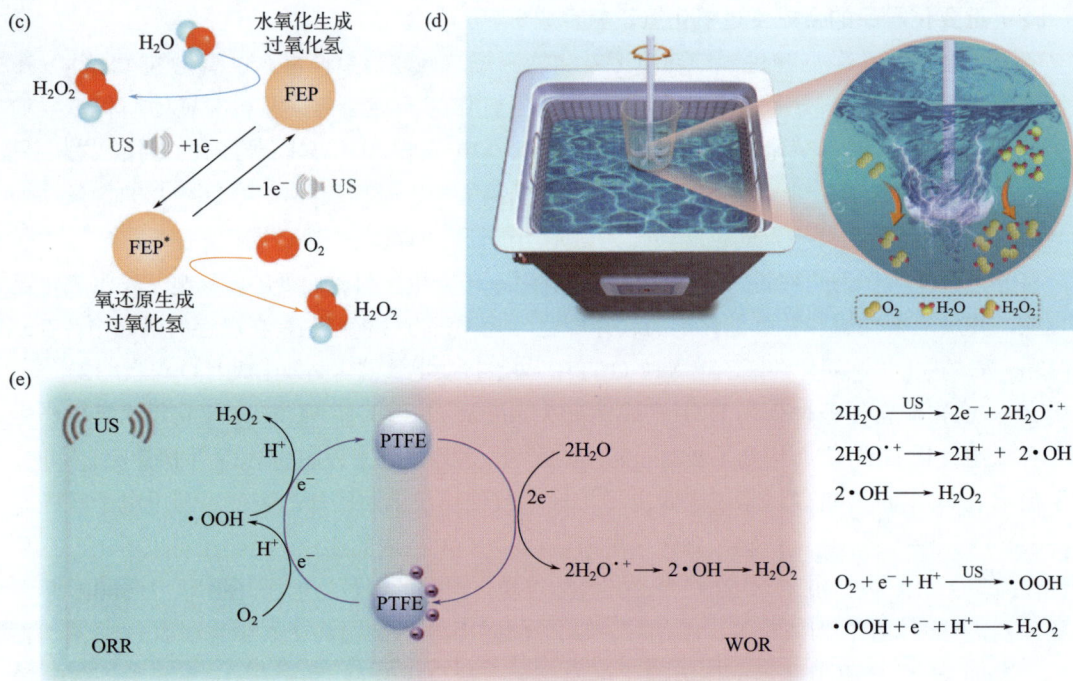

(c) 水氧化生成过氧化氢

H_2O → FEP

H_2O_2

US $+1e^-$ $-1e^-$ US

FEP*

氧还原生成过氧化氢

O_2 → H_2O_2

(d)

(e)

$((US))$ H_2O_2 → H^+ → e^- → PTFE → $2H_2O$ → $2e^-$ → $2H_2O^{\cdot+}$ → $2\cdot OH$ → H_2O_2

$\cdot OOH$ → H^+ → e^- → PTFE

O_2

ORR   WOR

$2H_2O \xrightarrow{US} 2e^- + 2H_2O^{\cdot+}$

$2H_2O^{\cdot+} \longrightarrow 2H^+ + 2\cdot OH$

$2\cdot OH \longrightarrow H_2O_2$

$O_2 + e^- + H^+ \xrightarrow{US} \cdot OOH$

$\cdot OOH + e^- + H^+ \longrightarrow H_2O_2$

图 7-12　CEC 在合成过氧化氢方面的应用

（a）CEC 合成过氧化氢的示意图[44]；（b）预计 CEC 技术在高效生产 H_2O_2 领域得到广泛应用[28]；（c）FEP 存在下超声波从水和氧中生成 H_2O_2 的示意图[45]；（d）聚四氟乙烯搅拌棒生成 H_2O_2 实验装置的示意图[46]；（e）CEC 生成 H_2O_2 反应机理的示意图[28]

现有的合成氨方法分为两种：自然固氮和工业固氮。自然固氮的产量过低，无法满足需求。目前，在工业上最普遍且成熟的便是 Haber-Bosch 法，但是由于工业合成氨的反应条件苛刻（高温高压），这将消耗巨大的能量以及会排放大量温室气体[47]。因此，亟须一种可以在温和条件下实现 N_2 固定合成氨的新途径。最近一项研究表明，氨可以在水微滴和氮气之间的界面产生，这增加了在接触起电过程中氮持续还原为氨的可能性。Li 等[48]在室温下，向含有聚四氟乙烯（PTFE）颗粒的纯水中通入氮气［图 7-13（a）］，用 CEC 原理超声合成了氨气（NH_3）。该过程无需额外电能或辐射，可实现连续的氨气合成。在最优条件下，每 1g 聚四氟乙烯颗粒的氨气产生率约为 $420\mu mol \cdot L^{-1} \cdot h^{-1}$，如图 7-13（b）所示，经过 2h 超声处理的氮气注入样品比空气注入更有利于氨气生成。此外，进行了不同比例的 N_2-O_2 混合物实验。图 7-13（c）显示，降低 N_2-O_2 混合物中氮的比例，不仅会降低 NH_3 的产率，还会导致 H_2O_2 的产率减少。图 7-13（d）和图 7-13（e）利用电子顺磁共振光谱（ESR）揭示了在氮气环境中主要产生了 $OH^\cdot$ 和 $H^\cdot$ 自由基。

（3）生物医疗

ROS 具有一系列生化效应，如激活肿瘤细胞的免疫原性细胞死亡（ICD）或改善机体的适应性免疫反应，已被证明可有效治疗癌症。通过 CEC 技术产生 ROS 的主要资源是水和溶解氧，它们在体内无处不在，因此无需额外的化学试剂。更重要的是，在外部机械刺激（如超声波）的驱动下，ROS 可在目标位置原位产生。因此，我们相信 CEC 是一种高度可控和安全的有效抗癌治疗策略。

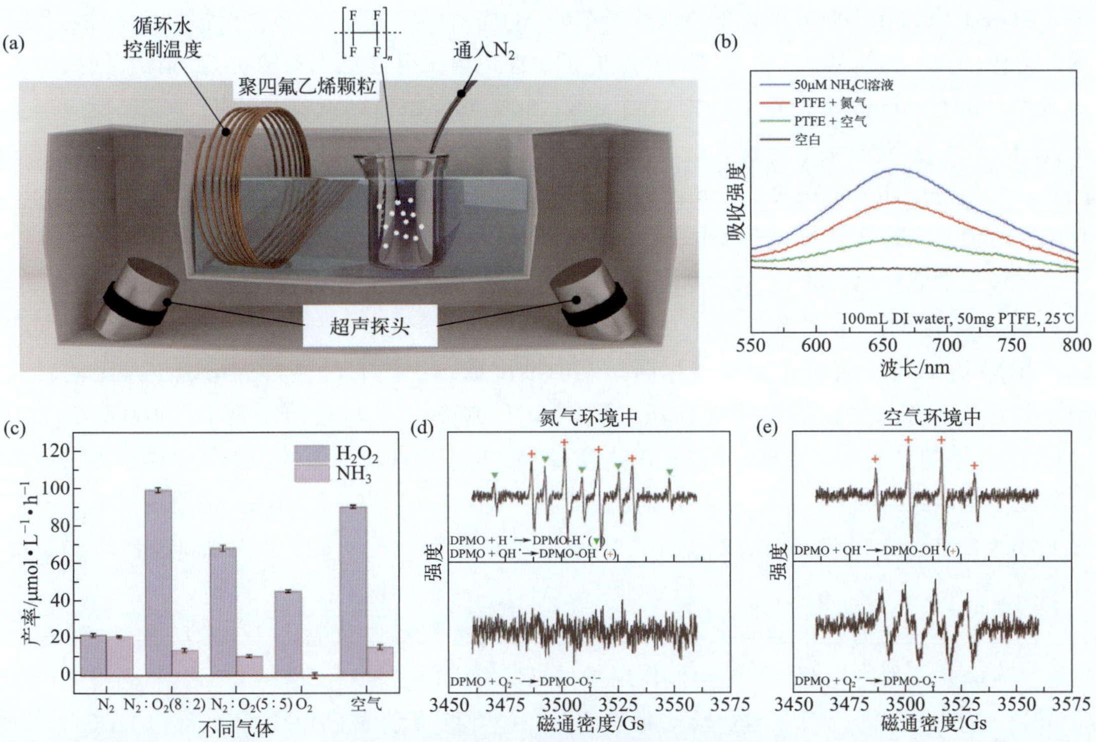

图 7-13　氨合成中接触电致催化的进展[48]

（a）实验装置示意图；（b）不同气氛（100mL 去离子水，50mg PTFE，25℃）超声下使用吲酚蓝法的吸光度变化；（c）不同气体组分聚四氟乙烯悬浮液中 NH₃ 生成动力学速率的比较；（d）在含 OH·、H· 和 O₂⁻ 的 PTFE 悬浮液中，N₂ 作为反应物的 ESR 结果；（e）作为反应物的 N₂-O₂ 混合物（8∶2）在含 OH·、H· 和 O₂⁻ 的 PTFE 悬浮液中的 ESR 结果

7.3　我国在接触电致催化领域的学术地位及发展动态

2022 年，王中林院士与唐伟研究员团队首次提出了接触电致催化[9]。作为一种新机制，它代表了一种创新和可持续的催化方法，在水处理、资源回收、化工原料合成、生物医学治疗等领域中展现出巨大的潜力。团队还持续开展了相关研究，报道了接触电致催化的机制与材料研究[32]，激发方式研究[29]，及其在水处理[9]、锂电正极绿色湿法回收[49]、贵金属回收[50]及生物医学[51]等领域的应用。随后，有关 CEC 技术及其相关机制的研究十分活跃，我国科研人员在此基础上取得了系列重要进展，主要包括以下几个方面。

厦门大学范凤茹团队[28]在常温常压下利用 CEC 合成 H₂O₂。在机械力的作用下，聚四氟乙烯颗粒与去离子水 -O₂ 界面在物理接触过程中发生电子转移，诱导生成活性自由基（·OH 和 ·O₂⁻），自由基可反应生成 H₂O₂，产率高达 313μmol·L⁻¹·h⁻¹。此外，新反应装置还能长期稳定地产生 H₂O₂。这项工作为高效制备 H₂O₂ 提供了一种新方法，也可能激发对接触电致催化过程的进一步探索。

北京建筑大学曹达启团队[36]采用一种新型接触电致催化工艺，以可重复使用的聚四氟乙烯（PTFE）颗粒作为触发催化剂，取代传统的 AOP，能够降解三种典型的抗生素（磺胺甲噁唑、环丙沙星、四环素）。将浓度为 0.8g/L 的 PTFE 颗粒引入抗生素浓度为 1mg/L 的抗生素溶液中，运行 90min 后去除率分别达到 50%、80% 和 90%。研究结果表明，CEC 反应产生了·OH 和 $^1O_2$，对抗生素降解有很大贡献。因此，提出了 CEC 过程中新的活性氧生成机制。此外，利用静电纺丝回收 PTFE 颗粒制备了聚偏二氟乙烯纳米纤维膜，实现了近 100% 的回收率。这项研究的结果为从废水中去除抗生素提供了一种有前途的方法。

南华大学戴仲然团队[39]采用 CEC 方法从水溶液中提取铀。利用商业聚四氟乙烯（PTFE）作为触发催化剂，在超声刺激下生成 e^-、O_2^- 和 H_2O_2，然后与铀酰离子反应产生 $(UO_2)O_2 \cdot 2H_2O$ 沉淀物，从而促进高效和选择性的铀提取。在没有牺牲剂的情况下，无需材料制备和环境气氛条件，在超声波作用（40kHz，180W）下，浓度范围为 $1 \sim 100mg/L$ 的 U（Ⅵ）去除率超过 95%。此外，PTFE 在共存离子存在下表现出显著的选择性。由于其出色的物理化学稳定性，PTFE 在 CEC 去除铀的过程中表现出显著的可重用性。值得注意的是，实际低浓度含铀废水中 82.6% 的 U（Ⅵ）是通过 CEC 提取的，证实了该方法具有广阔的应用前景。

中国科学院上海硅酸盐研究所王文中团队[52]利用接触电致催化（CEC）技术，采用多巴胺（PDA）作为催化剂，在超声波作用下与氧气发生电子转移，产生 ROS，从而推动甲烷（POM）的部分氧化。相应的实验结果表明，CH_4 可直接生成 CH_3OH 和大部分 HCHO。此外，通过原位表征，我们还发现在含氧气氛中对催化剂进行光预处理有助于形成更多具有强吸电子特性的 C=O 官能团，从而显著提高总产物的产率，尤其是 CH_3OH 的产率。在 2h 内，HCHO 和 CH_3OH 的产量分别达到 1.5mmol·gcat^{-1} 和 0.9mmol·gcat^{-1}。这项工作介绍了一种甲烷高效催化转化的新方法。

中国地质大学（北京）佟望舒团队[53]通过驻极体工艺给聚四氟乙烯（PTFE）电介质充电，并且利用 KPFM、XPS 和纳米发电机输出电压，分析表明，该工艺可为 CEC 催化剂建立内部电场。在 1.5h 内，甲基橙的最大降解率达到 90% 以上，而 PTFE 驻极体的羟基自由基产率几乎是原始 PTFE 的 3 倍。经密度泛函理论（DFT）计算证实，在内部电场的作用下，PTFE 与 H_2O 之间的原子间电子转移势垒降低了 37%。本章用于优化聚四氟乙烯催化剂的驻极体策略为其他普通塑料在 CEC 中的应用提供了基础，并有助于生产易制备、易回收和廉价的聚合物电介质催化剂，从而促进大规模污染物的降解。

上海工程技术大学郭隐犇团队[54]利用三个基团（吡啶、氨基、硝基）修饰了 MIL-101（Cr），得到了一系列 X-MOF（X =—PY、—NH$_2$、—H 和—NO$_2$），并明确了它们在摩擦电性系列中的位置。吡啶强大的电子负载能力赋予了 PY-MOF 正摩擦极性，并有效地将功率密度提高了 9.6 倍。此外，PY-MOF 被证明是一种重要的接触电致催化材料，通过降解水环境中的亚甲基蓝（MB）染料，3h 内的降解率达到 97%。这项工作表明，用官能团修饰 MOFs 分子可以调节 MOFs 的摩擦电性能，在很大程度上提高了其输出性能，在接触电致催化领域具有广阔的应用前景。

青岛大学龙云泽团队[55]提出了一种新型氟化石墨 $[(CF_x)_n]$ 催化剂，显著扩展了 CEC 可用催化剂材料的范围。结果表明，$[(CF_x)_n]$ 催化剂在非光照条件下保持了较高的催化活性，并在高温条件下表现出优异的稳定性，超越了传统的有机聚合物 CEC 催化剂。此外，他们通过 DFT（密度泛函理论）计算揭示了影响催化性能的关键因素，还深入分析了温度对 CEC 效率的影响。循环测试证实 $[(CF_x)_n]$ 粉末的催化效率保持在 95% 以上，并能有效分解各种有机污染物，凸显了其在针对有机污染物的大规模处理系统中的应用前景。

7.4 作者团队在接触电致催化领域的学术思想和主要研究成果

面向国际科学前沿与国家"双碳"目标需求，中国科学院北京纳米能源与系统研究所王中林院士、唐伟研究员团队率先提出了高度契合绿色化学精神内涵的利用接触起电电子转移来直接驱动化学反应的新型催化范式，即接触电致催化。基于普遍且常见的接触起电效应，利用机械过程中频繁的接触分离现象，作者团队将两者耦合，开辟了接触电致催化领域，并取得一系列原创性和系统性成果。王中林院士、唐伟研究员应邀在英国皇家化学学会旗下 *Chemical Society Reviews*（IF=46.2）发表题为 *Contact-electro-catalysis (CEC)*（接触电致催化）的综述文章，系统性地分析了接触电致催化的基本原理、突出特点和应用，同时对该领域未来的研究方向和发展路线提出了展望。作者团队围绕"接触电致催化"已经开展了一系列原创性工作，涉及领域包括接触电致催化的基本机制与参数研究、新原理优化与拓展、面向国家"双碳"目标的重要应用等。

7.4.1 首次提出接触电致催化机制

接触起电是一个非常古老且广泛存在的物理现象，关于接触起电效应最早的记载可以追溯到约 2600 年前。最近，中国科学院北京纳米能源与系统研究所王中林院士团队发表的一系列重要原创成果表明，在大多数情况下，电子是接触起电过程中的主要电荷载体[20,56,57]。考虑到化学反应的进行往往伴随着电子转移的发生，王院士和唐伟研究员团队首次发现利用超声空化作用在材料表面引起接触起电过程，即使所使用的材料为具有高度化学惰性且从未被报道过催化活性的介电聚合物[如全氟乙烯丙烯共聚物（FEP）]也能催化甲基橙污水降解[9]，并且将 FEP 替换为其他同样不具备催化活性但具备较好接触起电能力的介电粉末，如尼龙、橡胶、聚四氟乙烯（PTFE）或聚偏二氟乙烯（PVDF）等，也能产生活性氧，实现污水降解。但是如果溶液中未添加这些起电性粉末，在只有超声的条件下甲基橙溶液不会发生降解。

研究团队首次证明了在水与介电粉末界面上接触起电的过程中交换的电子可以用于催化化学反应，这一全新的催化机制被称为接触电致催化。具体而言，由于水分子与 FEP 的电子亲合能不同，在 FEP 与水接触时，水分子会失去一个电子，形成水的自由基阳离子。由此生成的水自由基阳离子迅速从水中转移质子，形成水合氢离子和羟基自由基。而 FEP 则得到一个电子成为表面带一个电子的"激发态"FEP。随后，溶液中的溶解氧在电子亲合能的驱动下捕获"激发态"FEP 表面的负电荷形成超氧自由基。这些超氧自由基在前述过程中生成的水合氢离子的辅助下经过一系列链式反应生成羟基自由基，同时由于表面负电荷被溶解氧消耗，因此"激发态"FEP又可恢复到初始"基态"，完成一个循环（图7-14）。最终，在两个步骤结束时生成的活性自由基与水溶液中的有机污染物发生反应。

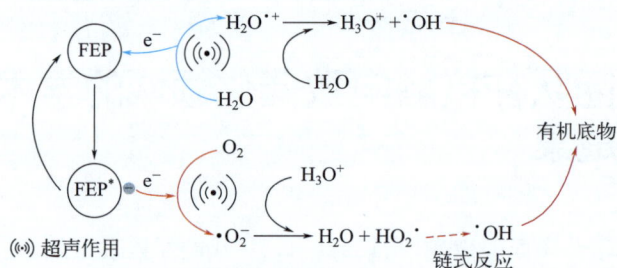

图7-14 接触电致催化产生活性自由基机制[9]

与电催化、光催化或压电催化等需要催化剂具备特定性质不同，接触电致催化是一种基于机械激励下通过接触起电效应产生的电子驱动化学反应的催化机制。只要材料具备接触起电的能力，就有可能催化反应，因此极大地拓宽了催化剂的遴选范围，并为催化体系的设计提供了更多的可能性，同时促使学界重新审视催化剂的标准与类型。此外，由于接触起电效应在各类界面间普遍存在，接触电致催化有望引领一系列前沿的催化研究，为碳中和、新能源、水资源、医药化工等一系列国家战略和国计民生问题的解决提供了新的理论依据和创新思路。

7.4.2 接触电致催化的体系化研究

接触电致催化过程包含两个主要反应——水氧化反应（WOR）和氧还原反应（ORR）。而当前的接触电致催化催化剂通常为聚合物，由于带电聚合物的极性固定，其中一个反应的热力学反应速率高于另一个反应。凭借聚合物本征的荷电能力，电子从液体媒介（通常为水）转移到聚合物的WOR过程具有高的能效，而从聚合物表面移除电子则需要更高的能量[28]，这表明ORR是接触电致催化的快速步骤。优异的接触起电性是实现高效接触电致催化的先决条件，但如何进一步克服高接触起电性导致的聚合物"电子饱和"问题，以及接触电致催化相对迟滞的还原反应，是未来本领域发展所需解决的一大难点。

作者团队开发了聚合物/金属Janus复合材料[35]作为接触电致催化催化剂，其将聚合物（如FEP）优异的接触起电能力与金属（如Cu）良好的电子供给能力耦合，即FEP表面累积的电荷会在邻近金属中感应出相应电荷，而金属上的电子相比于束缚在聚合物表面的电子更容易发生转移。这种聚合物/金属Janus结构产生的协同效应，是提高整体催化效率的理想选择，同时可以促进相对迟缓的反应路径，又不会对另一条路径造成太大的牺牲。以聚乙烯（PE）、PVDF和FEP作为聚合物基为例，接触起电能力和接触电致催化效率之间存在一致性，根据接触起电的衍生电场提出的机制可以解释这种差异，具有高接触起电能力的聚合物会在铜的外表面诱导形成更多的电子。另外，聚合物表面较高的接触起电电荷密度也会诱发更强的电场，从而通过降低势垒促进铜表面的电子交换。此外，目标氧化反应的速率和路径可以得到有效的调节。为了进一步评估接触起电的衍生电场及其对金属面的影响，作者团队进行了理论模拟。当分离距离从 100nm 增加到 1μm 时，电场急剧下降，表明 FEP 薄膜附近的电场强度很高（约 100000kV/m）（图 7-15）。在带负极性 FEP 膜的电场中，当电场强度从 0 增加到 100000kV/m 时，Cu 的费米能级从 4.325eV 下降到 2.88eV，这表明 Cu 提供电子所需的能量更少。相反，一旦使用 PA 薄膜反转电场方向，铜的功函数会随着电场的增加而增加，这有利于铜从周围基底吸引电子。开发在接触起电过程中具有更高的表面电荷密度的聚合物或可利用接触起电衍生电场的新型结构将进一步提高接触电致催化效率。接触起电效应在自然界中无处不在，所提出的聚合物 / 金属 Janus 复合材料不仅是一种提高接触起电效率的简便方法，也是一种调节现有金属催化系统中特定反应路径速率的可行策略。

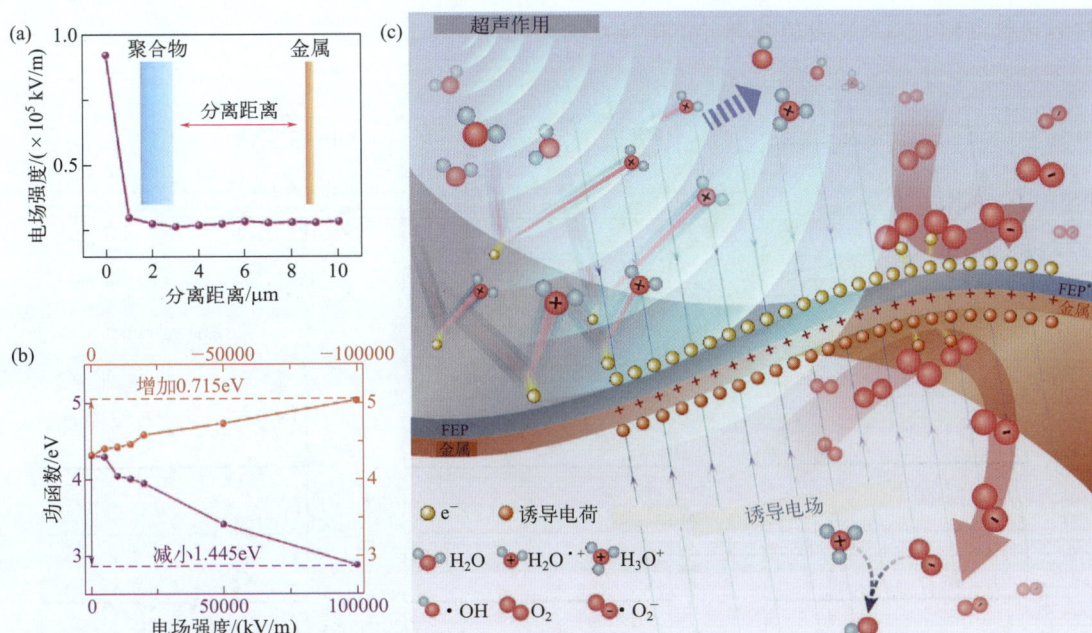

图 7-15 聚合物 / 金属 Janus 催化剂接触电致催化机理理论计算及示意图[35]

在接触电致催化原理优化的研究基础之上，作者团队还进行了球磨辅助机械化学策略的新原理拓展研究[29]。球磨作为最常用的机械化学方法之一，通常依赖高能冲击引发的极端条件[58-59]、表面缺陷[60-61]或其他效应（如压电效应[62]）来活化底物实现催化。实际上在低转速下，球磨时摩擦副之间也会自然地发生频繁的碰撞现象，作者团队研究发现，借助材料表 / 界面普遍存在的接触起电效应可充分发挥球磨过程中频繁发生接触分离循环的特点，获得兼具更广泛的材料选择和更高的催化效率的球磨化学体系。以液体辅助球磨（LAG）过程为例，仅将装置整体改用 PTFE 等接触起电性能优异的材料来构筑而其余保持不变，即使 PTFE 具有高度化学惰性且从未被报道过催化活性，也可在球磨过程中实现活性氧（ROS）的高效生成与有机污染物的同步降解。进一步的研究揭示了聚合物生成 ROS 的产量与接触起电能力一致，表明接触起电在这一过程中起主导作用。显然，材料表现出更高的接触起电能力时，能够同时获得更高的降解速率和较低的接触电致催化启动转速。为验证这一假设，利用电子自旋共振（EPR）技术表征不同材料和转速组合下 ROS 的生成（图 7-16）。当转速为 50r/min 时，在 PP、聚二甲基硅氧烷（PDMS）和 PTFE 组中未发现活性自由基峰值。只有在 PTFE 组的转速为 150r/min 时，才发现 ROS 的生成，这一转速超出了 PTFE 组的阈值，但低于 PP 和 PDMS 组的要求。当转速增加到 350r/min 时，尽管在 PP 组中仍未发现明显峰值，但 PTFE 和 PDMS 组都能产生 ROS，且 PTFE 组的强度明显高于 PDMS 组。这些结果不仅证明了具有更高接触起电能力的材料可以通过接触电致催化促进 ROS 的生成，还表明通过提高所用材料的接触起电能力，接触电致催化可以在更低的转速下启动，为构建更温和条件下的机械化学设备提供了替代策略。此外，研磨过程不仅提供了频繁碰撞以触发接触电致催化，还通过增加电子波函数的重叠并激发声子提供能量来促进电子转移，从而增强了接触电致催化的效果。

总而言之，作者团队在高效催化剂材料的设计、催化模式的拓展方面取得的研究进展对接触电致催化的体系化发展具有一定指导意义。

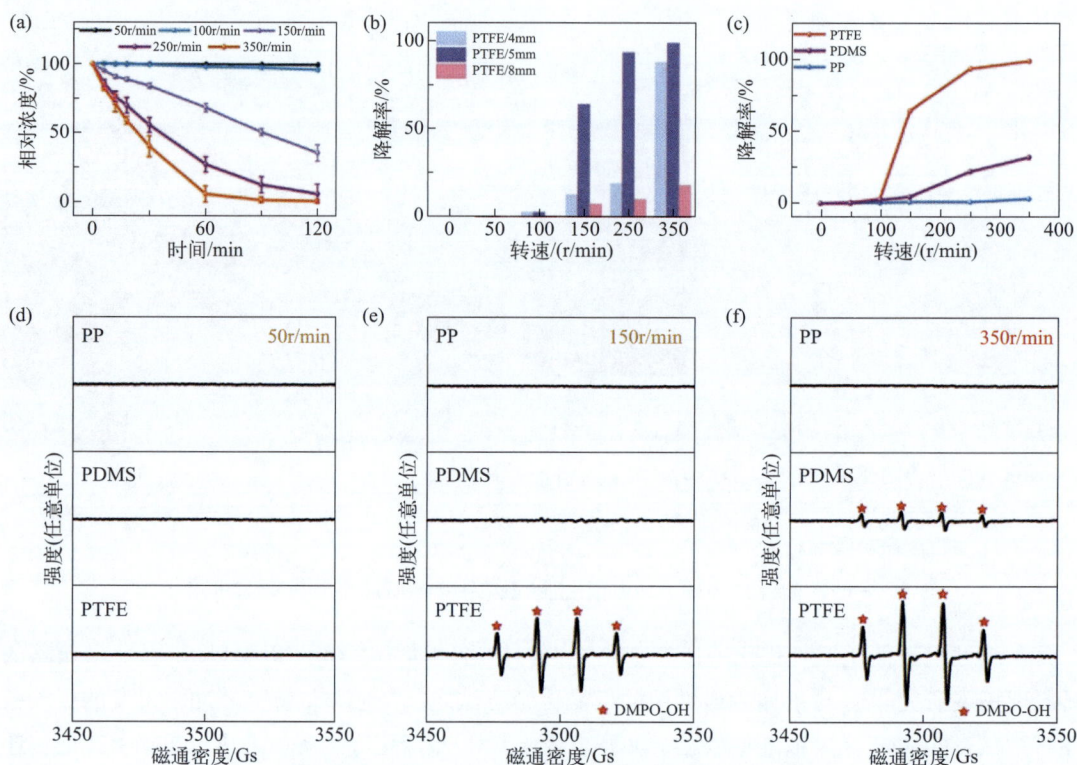

图 7-16　球磨转速与产生的活性氧之间关系的研究[29]

7.4.3　接触电致催化面向国家"双碳"目标的重要应用

锂电池（LIBs）广泛应用于各种电子设备和大规模电网储能，已经成为我们日常生活和能源行业的重要组成部分。在通信、交通和电力领域，便携式电子设备的快速普及推动了锂电池需求的持续增长。据预测，到 2030 年，全球废旧锂电池的数量将超过 1100 万吨[63]，这将成为一个巨大的污染源，严重威胁环境和公众健康[64]。与此同时，锂和钴的需求不断增加，推动了锂电池产业的进一步发展[65]。国际能源署（IEA）报告称，全球电池和矿产供应链需要在 2030 年前扩展十倍，例如，需建设 50 座新的锂矿、60 座镍矿和 17 座钴矿。另一方面，锂电池正极中的锂和钴含量分别高达 15% 和 7%，远高于矿石和盐水中的含量[66-67]。因此，回收废旧锂电池正极中的金属元素具有重要的环境、社会和经济意义。在此，作者团队提出利用接触电致催化产生的自由基，在超声波作用下促进金属浸出[49]。首先从 LIBs 中分离出钴酸锂（LCO）。然后，通过接触电致催化浸出法提取金属。在这一过程中，将 LCO 和柠檬酸混合，添加 SiO_2 作为催化剂，并使用超声波作为机械能源。经过 6h 反应后，溶液呈粉红色，表明正极材料中金属的浸出已成功完成。最后，通过连续沉淀法分离金属，催化剂（SiO_2）得以回收。基于接触电致催化基本原理，作者团队提出了以下浸出过程：超声波导致空化泡的生长与塌陷，在 SiO_2 和水的界面上产生频繁的接触起电现象。由此，电子从去离子水转移到 SiO_2 表面[57-68]。这一过程生成水分子中的水自由基阳离子，水自由基阳离子与水分子反应生成羟基自由基和氢氧根离子[69]。在空化泡的塌陷过程中，泡内的氧气与 SiO_2 表面的电子反应，形成超氧阴离子。电子、超氧阴离子和羟基自由基都可能参与浸出过程。最后，通过沉淀法分离溶液中的锂和钴离子混合物。依次加入 $Na_2C_2O_4$ 和 Na_2CO_3，与 Co^{2+} 和 Li^+ 反应，生成钴草酸盐（CoC_2O_4）和碳酸锂（Li_2CO_3），即 LCO 合成的前驱物。值得注意的是，整个过程中使用的 SiO_2 可以通过简单的过滤法进行回收。浸出后，可得到含锂和钴离子的混合物的浸出液，需要从中分离并回收金属离子以供进一步使用。因此，作者团队向浸出液中添加 $Na_2C_2O_4$，获得了 CoC_2O_4 的粉红色沉淀。图 7-17 展示了所获得的 CoC_2O_4 的性质。X 射线衍射（XRD）峰值与 CoC_2O_4 的标准卡（PDF#25-0251）一致，表明 CoC_2O_4 的形成。此外，傅里叶变换红外光谱（FTIR）显示了 CoC_2O_4 的明显特征峰，并确认了与 XRD 一致的结果。此外，位于 $1605.84cm^{-1}$ 的峰归属于 C—O 键的非对称振动，紧密排列的 $1356.46cm^{-1}$ 和 $1308.24cm^{-1}$ 的峰则归属于 C—O 键的对称振动，表明存在桥联草酸盐，其中所有四个氧原子与金属原子配位。扫描电子显微镜（SEM）图像显示，钴草酸盐沉淀呈现层状结构[70]。通过沉淀法从溶液中去除钴离子后，向富锂溶液中添加饱和碳酸钠，生成 Li_2CO_3 沉淀。Li 沉淀的 XRD 图谱与 Li_2CO_3 的标准图谱相符。此外，FTIR 光谱中 $1152.78cm^{-1}$ 的峰归属于 C—O 键的对称振动[71]，而 $1388.75cm^{-1}$ 和 $1585.45cm^{-1}$ 的带状峰则归属于 Li_2CO_3 中 C—O 键的反对称伸缩振动[72]，确认了该沉淀为 Li_2CO_3。

第 7 章

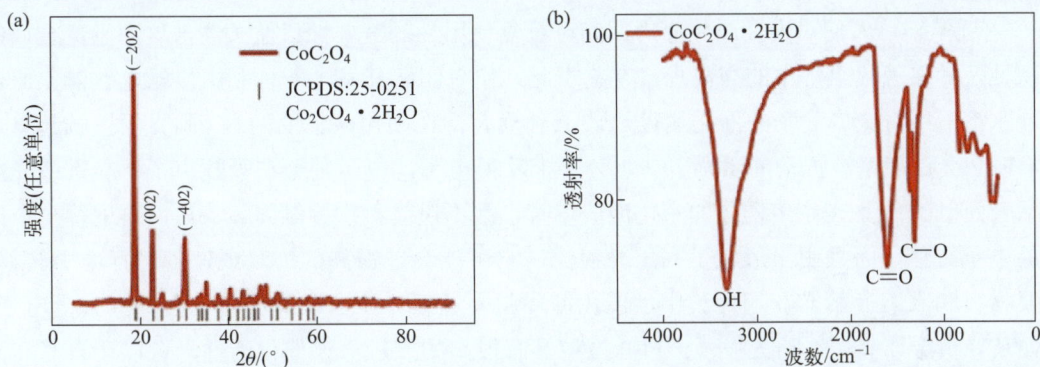

图 7-17

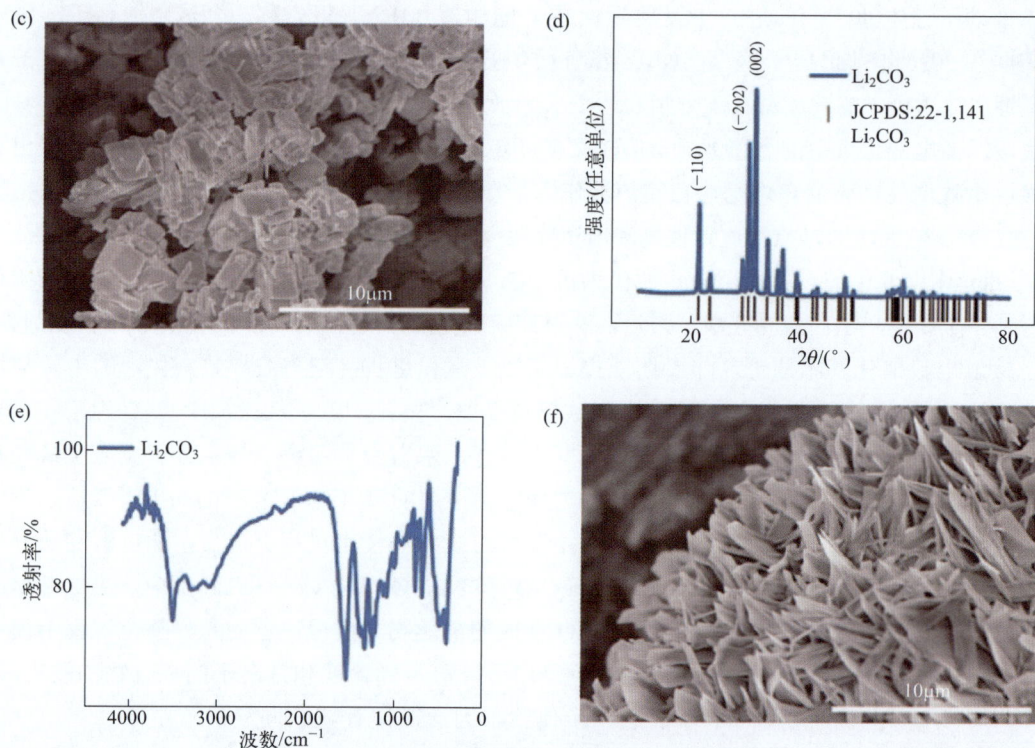

图 7-17　CEC 处理后浸出液中沉淀物的特性 [49]

（a）CoC_2O_4 的 XRD 图谱；（b）CoC_2O_4 的 FTIR 光谱；（c）CoC_2O_4 的 SEM 图像；（d）Li_2CO_3 的 XRD 图谱；（e）Li_2CO_3 的 FTIR 光谱；（f）Li_2CO_3 的 SEM 图像

作者团队的研究结果证明了利用接触电致催化从锂电池正极材料中浸出金属的可行性。在 90℃条件下，LCO 的接触电致催化浸出效率分别为 100% 和 92.19%，而氧化锰钴中锂、镍、锰和钴的浸出效率分别为 94.56%、96.62%、96.54% 和 98.39%，反应时间为 6h。这项研究还展示了通过沉淀获得的化合物可作为合成有价值产品的前驱体。总之，提出的接触电致催化浸出方法为锂电池的可持续回收提供了一种具有生态友好性、经济有效性和高效率的有前景的解决方案。

贵金属（PMs）是各种技术的关键组成部分，包括电子、催化、能源存储、医疗植入物等 [73]。近年来，人们对贵金属生命周期和可重复使用性的重要性日益关注，这源于贵金属的稀缺性及其在现代经济中的高需求。有鉴于此，作者团队开发了一种利用接触电致催化原理还原水溶液中贵金属离子的催化途径 [50]。具体而言，在超声波辅助的水 - 固界面接触起电之后，FEP 会在超声波振动的激励下从水分子上获得电子，电子则会在吸收声子、热量或光线后从表面射出 [74]。当超声诱导的空化泡坍塌时，水不仅会再次接触固体，从而再进行一个周期的电子转移，而且由于形成了高压微射流，它可能会以很高的力量或速度进行电子转移。只要材料和水溶液暴露在超声波中，催化循环就会继续。在这种情况下，会产生大量电子，进而还原贵金属离子。研究发现，FEP 微粒具有很高的接触电致催化活性，可以在有氧和无氧条件下驱动接触电致催化还原水溶液中的金（Au）、汞（Hg）、钯（Pd）、铂（Pt）、铱（Ir）、铑（Rh）和银（Ag）离子。此外，FEP 还能成功地从不同浓度的（0.001mmol/L、0.01mmol/L、0.1mmol/L 和 1mmol/L）含有 $AuCl_4^-$ 的溶液中提取金，3h 后的萃取能力分别为 0.756mg·g^{-1}、9.387mg·g^{-1}、95.706mg·g^{-1} 和 722.5mg·g^{-1}。为了证明接触电致催化是贵金属离子还原的主要驱动机制，分别使用 FEP、PTFE、PP 和高密度聚乙烯（HDPE）作为还原溶液中 $AuCl_4^-$ 的催化剂。HDPE 这种材料的水 - 固接触起电能力几乎可以忽略不计，其性能与对照实验（无催化作用）相似。同时，与之前的接触电致催化实验一样，FEP 的表现最为优异，这一突出表现源于氟原子在水 - 固接触起电过程中的高电子吸引能力[75-76]。再者，作者团队通过 EPR 光谱将这些结果与各种颗粒还原顺磁电子捕获剂 2,2,6,6- 四甲基哌啶 -1- 氧自由基（TEMPO）的能力进行了比较，当 TEMPO 被还原成 TEMPOH 时，它失去了顺磁性，导致 EPR 信号减弱。材料还原 TEMPO 的能力似乎与还原 $AuCl_4^-$ 的趋势相同（FEP > PTFE > PP > HPDE > 对照组），也与水 - 固接触起电实验的趋势相同。研究结果显示，介电粉末在接触电致催化中的活性与其进行水 - 固接触起电和释放这些电子的能力有关，证明了水溶液中贵金属离子的还原源于接触电致催化。

电子废弃物（如 CPU 和电镀废料）含有多种金属，其中金是最有回收价值的金属。作者团队发现可以利用接触电致催化在有氧条件下的局限性，从电子废物浸出液中选择性地提取金。首先从粉碎的 CPU 或电镀废品中萃取金属，将它们在 10mol/L NaOH 溶液中浸泡 48h 以去除有机物，然后过滤，再用王水从上一步得到的固体中浸出金属。过滤溶液，中和氧化亚氮。稀释溶液，直到金的浓度达到约 10×10^{-6}（这是电子废物回收中经常遇到的浓度[77]），开始在有氧环境中通过接触电致催化还原金属。实验结果显示，20h 后，94.4% 的 $AuCl_4^-$ 被还原为 Au^0，而其他离子（锌、铁、铜、镍）的浓度仅略有下降。这表明接触电致催化工艺具有良好的选择性。

综上所述，作者团队所提出的接触电致催化具备在室温和压力下从水溶液中机械催化还原贵金属的能力。此外，该方法也可用于从 CPU 浸出液和电镀废料中提取金，由于使用高度可回收的无金属催化剂，使得金还原具有良好的选择性。

过氧化氢（H_2O_2）被广泛认可为是一种防腐剂和漂白剂，并被工业部门和科学家视为潜在的能量载体[28,46]。H_2O_2 通常被认为是一种绿色氧化剂，在化学合成、环境修复和电子工业中有着广泛的应用，但工业上采用的传统蒽醌氧化 / 还原法，其要求（成本高、规模大、使用贵金属和来自碳氢化合物的 H_2）使 H_2O_2 生产难以去中心化、按需、低成本生产[45]。为了解决这些问题，作者团队提出了利用接触电致催化原理来生产 H_2O_2[45]，并且采用 ^{18}O 标记的水和氧气进行了实验验证，通过液相色谱质谱（LC-MS）对实验结果进行了评估。作者团队当对含有 FEP 微粒（5 ~ 30mg）的去离子水（50mL，40kHz，110W）进行超声处理时，观察到了 H_2O_2 的产生，且在完全优化的条件下（50mL，5mg FEP，20℃），从空气和水中演化出 H_2O_2 的动力学速率达到 58.87mmol·L^{-1}·$gCat^{-1}$·h^{-1}，该动力学速率高于最近报道的在类似条件下进行的压电催化实验。通过电子顺磁共振（EPR）、LC-MS 和从头算分子动力学（AIMD）研究了接触电致催化形成 H_2O_2 的机制。这项研究除发现了一种新的 H_2O_2 合成方法之外，还比以前的报道更全面地描述了接触电致催化的机制，无须使用复杂的催化剂设计或牺牲剂。

7.5 / 接触电致催化材料的发展重点

7.5.1 / 材料极性对接触电致催化的影响

当前的接触电致催化的触发形式主要是超声和球磨，除了外界机械刺激条件外（如超声功率、球磨转速等），催化材料本身的极性也对接触电致催化整体效率产生了重要影响。由于接触电致催化基于固 - 液（通常为水）界面电子转移，催化剂材料的表面极性决定了其在接触起电过程中能够吸引或释放电子的能力，从而影响催化性能。对于接触电致催化催化剂常用的介电聚合物而言，一些正电性的聚合物（如丁腈橡胶、乙基纤维素、聚甲醛等）往往呈现出较弱的催化活性，这些聚合物在与水的接触起电过程中表面通常带正电荷，无法有效地进行水的氧化反应，进而抑制活性氧自由基的产生。此外，在设计新型催化剂时，还应考虑催化剂的极性与液体媒介中底物极性的关系，这是由于物理吸附会优先发生在相反极性的催化剂材料与底物之间，进而抑制接触电致催化效率。目前，接触电致催化剂都采用负极性材料，对于底物是正极性的情况，这些催化剂材料可能不再适合。未来，关于在分子或原子尺度下正负极性材料作为催化剂时的机制区别仍有待深化研究，这对于特定的反应选择合适的催化剂至关重要。

7.5.2 / 材料接触起电能力对接触电致催化的影响

材料的接触起电能力作为接触电致催化发生的先决条件，对于接触电致催化效率有着重要影响。良好的接触起电能力意味着有更多电子转移，导致更多电子参与活性氧的生成。再者，更好的接触起电能力带来的电荷积累会在材料表面产生更强的局部电场，这种电场可以影响反应物的吸附、解吸以及电子转移过程，通过极化周围水分子而产生更多的活性自由基[78-79]，进而改变反应的选择性和催化活性。目前，一系列的研究证明，接触电致催化效率与材料的接触起电能力呈正相关，开发具有优异的接触起电能力的材料是进一步提升接触电致催化效率的重要方向。一方面，通过物理刻蚀或化学修饰来提高材料表明电荷密度是增强接触起电能力的可行策略；另一方面，设计合理的、契合固 - 液界面接触的材料结构也是增加材料与液体媒介间转移电荷的有效手段。此外，为了从本质上提升材料本身产生的用于参与催化的活化电子的数量，应探究更有效的接触电致催化触发条件，以激发材料深能级的电子跃迁，将会为催化更多前沿化学反应开辟途径。

7.5.3 / 面向高温下高接触电致催化效率的材料研究

温度对接触电致催化效率的影响是多方面的，以接触电致催化常用的介电聚合物为例，一方面，温度升高后会改变聚合物的理化状态（如经历玻璃化转变），导致聚合物黏度变化以及软化，影响其与液体媒介的接触起电过程；另一方面，在室温下随着温度的升高，材料表面积累的电子会经历热发射过程[57]，这些电子并不会参与后续的活性氧生成反应。高温下启动接触电致催化的机制需进一步探讨。目前，已将 SiO_2 用于高温下（90℃）的锂电池回收工艺[49]，但由于 SiO_2 相较于传统的介电聚合物（如 PTFE）的接触起电能力有较大差异，在一定程度上限制了锂电池的回收效率。对于耐热性能稳定的无机催化材料，可以采用微/纳米工程技术增大比表面积或化学氟化强吸电子能力基团来进一步提升高温下的接触起电能力。此外，开发耐温性能良好的材料是实现高温下高接触电致催化效率的重要研究路径。比如，采用耐高温的金属合金、碳基复合材料以及先进的二维材料（如石墨烯、过渡金属二硫化物等）作为催化剂，能够有效改善其高温稳定性，将热稳定性与起电性耦合是未来亟需解决的技术难点。

7.6 接触电致催化的展望与未来

两个表面在外部机械力作用下的相互作用会带来一系列效应，并且基于这些效应开发了各种催化策略。凭借接触起电（CE）驱动的界面电子转移，提出了接触电致催化（CEC）的概念，这被证明是机械化学研究的一个重要且有前途的方向。由于即使在接触过程中没有剧烈摩擦，CE 效应也会发生，CEC 可能会提供更温和的条件来加快反应速率。受益于 CE 效应的普遍性，CEC 能够丰富可用催化剂的材料范围，并且催化剂有望表现出优异的可回收性和可重复使用性。此外，摩擦催化通常需要固-固摩擦对来引起剧烈摩擦，从而在局部创造合适的催化条件。CEC 可以消除这些限制，因为 CE 也存在于固-气或液-液等界面，即使基底处于气相或液相，也能直接进行电子交换。尽管摩擦催化与 CEC 之间存在一些根本性的差异，但我们仍期望能在一个机械化学系统中结合这两种催化策略，并充分利用两者的优势。我们提出了一幅全面的路线图，总结了优先方向和主要挑战，为在快速发展的 CEC 领域取得进一步进展铺平了道路。

展望一：提高 CEC 催化剂性能的策略

CEC 的效率在很大程度上取决于所使用催化剂的 CE 能力，这就凸显了开发可提高 CE 性能的材料的必要性。通过物理刻蚀增加接触表面面积或通过化学修饰提高表面电荷密度是提高特定材料 CE 能力的两种代表性策略。另一种有效的方法是设计出本质上适合 CE 的新型材料。除了对催化剂类别的探索外，优化结构和形态也为提高催化效率提供了巨大的潜力。在传统催化方法中，这方面的研究已经非常广泛，但在 CEC 中尚未开展。更重要的是，CE 的普遍性为将 CEC 催化剂与传统催化剂结合使用以提高整体催化效率提供了大量机会。这种方法有望成为提高现有催化剂性能的通用策略。

展望二：高能效比的 CEC 激发方法

超声波和球磨是引发 CEC 的两种代表性方法，它们的操作参数会在很大程度上影响 CEC 的效率。虽然人们已经提出了有关潜在机制的理论解释，但仍缺乏直接观察和具体证据来阐明这些实验因素如何影响 CEC 过程。为了应对这一挑战，应深入研究特定区域以揭示如何在局部诱导接触分离。这种研究不仅能指导优化当前策略中的接触分离效率，还能启发我们探索新的方法，以更有效的方式启动接触分离。此外，还应该考虑在单一系统中加入不同的刺激因素。以 CEC 与光催化或电催化相结合的系统为例，我们预计在光照射或外加电场的情况下，超声处理可大幅提高整体催化效率。

展望三：CEC 机理的基础研究

对 CEC 的机理研究可以帮助我们全面了解 CEC，进而推动其在各个领域的应用。目前，CEC 的研究主要集中在评估和提高接触表面的电荷密度。然而，电子的能量也具有重要意义，尤其是在估算催化过程的可行性方面，这就强调了设计一种可靠策略来精确评估接触电致电子能级的必要性。因此，可以建立一幅量化的接触 - 电子 - 催化图，以帮助选择 CEC 催化剂和催化目标反应的合适方法。此外，一种能在原位表征 CE 驱动的界面电子转移过程的时间分辨方法可使我们研究这些电子是如何在外部机械刺激下产生和转移的。此外，计算研究对于 CEC 的发展也是不可或缺的。一方面，有关组成和结构的理论计算为设计新型催化剂以提高 CEC 效率奠定了基础。另一方面，对催化过程的模拟为了解 CE 诱导的电子与表面吸附分子之间的相互作用提供了宝贵的数据。我们期待这些基础研究能揭示 CEC 的运行机制，从而扩大可行催化过程的范围，使更多前沿化学反应实现高效催化。

参考文献

作者简介

王中林，国际纳米科技领域公认的领军型科学家，世界知名材料学家、能源专家，现任中国科学院北京纳米能源与系统研究所所长、首席科学家，中国科学院大学讲席教授、纳米科学与工程学院院长，美国佐治亚理工学院终身讲席教授。中国科学院外籍院士、美国国家发明家科学院院士、欧洲科学院院士、加拿大工程院院士、韩国科学技术院院士。是纳米能源研究领域的主要创立者和奠基人，发展了基于纳米能源的高熵能源与新时代能源体系，开创了基于纳米发电机的自驱动系统及蓝色能源领域，以及基于压电电子学与压电光电子学效应的第三代半导体领域，建立了压电电子学、压电光电子学与摩擦电子学学科，发现了六个新物理效应：压电电子学效应、压电光电子学效应、压电光子学效应、摩擦伏特效应、热释光电子效应和交流光伏效应。先后获得近 20 项国际科技奖项，是 2023 年全球能源奖（Global Energy Prize）、2019 年爱因斯坦世界科学奖（Albert Einstein World Award of Science）、2018 年埃尼奖（ENI award – The "Nobel Prize" for Energy，能源界最高奖）与 2015 年汤森路透引文桂冠奖等四大国际大奖获得者。全球全科顶尖科学家终身影响力排名前二，2019—2022 年单年影响力连续排名第一，材料与工程终身排名第一。在 *Nature*、*Science* 及其子刊上发表了 110 篇文章，文章总引用超 40 万次，H 指数超 300。

唐伟，中国科学院北京纳米能源与系统研究所研究员，博士生导师，国家高层次青年人才。取得北京大学学士和博士学位。近年来致力于界面电子转移与穿戴电子器件的研究，以通讯 / 第一作者发表学术论文 100 余篇，包括 *Nature Energy*、*Nature Communications*、*Advanced Materials*、*JACS*、*Angewandte* 等刊物，SCI 引用超 1.2 万次，H 因子 60。主持国家自然科学基金项目、GF 创新特区项目、国家重点研发计划子课题、北京市科委重大项目等。入选国家"万人计划"青年拔尖人才，中国科学院青年创新促进会会员。获北京市科学技术奖二等奖、中国仪器仪表学会技术发明奖二等奖，成果入选 2023 年度中关村论坛（国家级平台）百项新技术等。

第 8 章

磁性分子探针

侯仰龙　王静静　王衔人　汪志义

8.1 磁性分子探针的研究背景

　　20 世纪中叶，核磁共振（nuclear magnetic resonance, NMR）和磁共振成像（magnetic resonance imaging, MRI）技术逐渐发展起来[1]。科学家发现，在强静磁场中时，人体内大量的氢原子核（质子）会顺着静磁场方向排列。当施加与质子自旋频率相匹配的射频脉冲后，质子会通过弛豫过程恢复平衡态，收集质子在弛豫过程中释放的信号便可以构建人体软组织图像[2]。在该成像机制里，横向弛豫（T_1）与纵向弛豫（T_2）是两种最常用且彼此独立的弛豫形式。一般而言，具有长 T_1 弛豫时间和短 T_2 弛豫时间特性的组织，在 T_1 加权图像上呈现亮信号，而在 T_2 加权图像中则表现为暗信号，这种信号差异为影像诊断提供了关键依据[3]。目前，MRI 技术已经广泛应用于肿瘤、炎症、神经退行性疾病的医学诊断等领域[4]。然而，仅依靠 MRI 技术所获取的图像，在分辨率与灵敏度层面存在一定局限，往往难以契合一些特定应用场景的严苛要求，这一问题在肿瘤检测、细胞追踪等对成像精度要求极高的专业领域表现得尤为突出[5]。为解决这些问题，科学家率先尝试使用 Gd^{3+}、Mn^{2+} 等顺磁性金属离子作为 MRI 造影剂，由此提出了磁性分子探针的概念。Gd^{3+} 因存在未成对电子而具有强磁矩，基于钆（Gd）的造影剂能够显著缩短周围水分子中质子的 T_1 弛豫时间，从而增强 T_1 加权 MRI 的信号强度[6]。然而，现有的顺磁造影剂存在明显短板，其在人体内的循环周期短暂，难以在靶向作用部位实现有效富集，这极大地制约了它们在提升成像分辨率方面发挥作用[7]。此外，由于 Gd^{3+} 和 Mn^{2+} 在人体组织内存在沉积现象，这极有可能诱发各类不良反应，给患者的生命健康带来潜在威胁[8-9]。

　　纳米技术与生物医学交叉，有望在生物工程、医学诊断和疾病治疗等领域实现重大突破[10]。随着磁性纳米材料的开发，磁性分子探针在生物医学领域，尤其是在 MRI 技术中的应用愈发重要。研究表明，磁性分子探针能利用自身局域磁场加速附近质子的弛豫，缩短弛豫时间，进而增强 MRI 的信号对比度，凸显病理组织特征[11]。20 世纪末，超顺磁性氧化铁纳米颗粒（superparamagnetism iron oxide nanoparticles, SPIOs）被引入作为 MRI 造影剂。其中，超顺磁性铁氧化物和碳化铁纳米颗粒受到了科研人员的格外关注。SPIOs 造影剂能够大幅度降低附近质子的 T_2 弛豫时间，从而使得 T_2 加权图像的信号得到显著增强，为更精准的医学成像提供了有力支持[12]。与顺磁性金属离子造影剂相比，磁性分子探针在尺寸维度上与生物分子相近，因此可以将其与多肽、蛋白质、核酸等生物分子相结合，以增强自身的稳定性、生物安全性和靶向性[13-17]。更重要的是，在设计磁性分子探针时，其众多参数，包括尺寸、形貌、涂层厚度、表面化学性质以及靶向配体的选择等，均可依据特定器官、细胞或分子标志物进行定制，从而实现对特定部位的精准成像与监测。这种可定制化特性，可针对不同病理状态提供独特成像信号，显著提升诊断准确性。此外，基于铁碳化合物的磁性分子探针还可利用碳元素的近红外光响应特性，通过光吸收过程产生声信号，实现 MRI/ 多光谱光声层析成像（Multispectral Optoacoustic Tomography, MSOT）的双峰成像[18]。在此基础上，通过合成多组分纳米平台并引入金纳米颗粒等计算机断层扫描成像（Computed Tomography, CT）造影剂，可实现 MSOT 与 CT 的多模态成像，进一步显著提升其疾病诊断能力[19]。然而，目前将 SPIOs 用作造影剂的研究仍处于发展阶段，面临生物安全性、稳定性、靶向效率和规模化生产等诸多问题，成功实现将 SPIOs 用于临床诊断仍面临挑战。

能否实现磁性分子探针在特定组织部位的有效富集，是提高 MRI 分辨率和灵敏度的关键，而这在很大程度上取决于对其结构的精准调控。近年来，国内外在磁性分子探针制备方面的研究已取得了重大进展，多种精确可控形态和表面修饰的磁性分子探针已成功开发（图 8-1）[20]。其中，对氧化铁纳米颗粒以及尖晶石过渡金属铁氧体颗粒的研究最广泛[30-31]。这些磁性分子探针的制备大多采用"自下而上"的策略，通过化学沉淀法、水热法、溶液 - 凝胶法、微乳液法、热分解法和微波辅助法等多种手段，从分子层面构建纳米级结构。基于先进的制备技术以及表面修饰纳米技术，具有核 / 壳结构的磁性分子探针得以开发，从而显著提升了磁性分子探针的药物装载能力[20-29]。事实上，早在 20 世纪末，利用纳米材料构建给药系统以治疗疾病的构想就已被提出。研究表明，具有核 / 壳结构的磁性分子探针能够装载化疗药物并靶向癌变组织，以此增强化疗效果，同时减少对正常组织的损害。另一方面，还可以利用磁性分子探针开发热疗、化学动力学治疗、免疫治疗等癌症治疗新策略。结合磁性分子探针的 MRI 造影增强能力，有望在未来为疾病的诊疗一体化带来新的希望和变革（图 8-2）[32]。

综上所述，磁性分子探针的开发具有以下显著优势：

① 可对尺寸、形貌和表面修饰类型等进行定制，这有助于显著提升诊断的准确性和特异性，为疾病的精准诊断提供有力支撑；

② 能够整合多种成像模式，从而实现多模态成像，为临床诊断提供更为全面和准确的影像信息；

③ 可以与靶向药物递送、热疗、化学动力学治疗、免疫联合治疗等多种治疗手段相结合，进而实现肿瘤疾病诊疗的一体化，展现出巨大的临床应用潜力。

展望未来，基于先进纳米材料、先进制备工艺和表面修饰方法开发多功能化、智能化、精准化的探针将成为研究的热点领域。然而，如何进一步提升探针的性能，并有效推动其在疾病诊断和治疗中的临床转化，是摆在研究人员面前的主要挑战，这需要众多科研人员持续

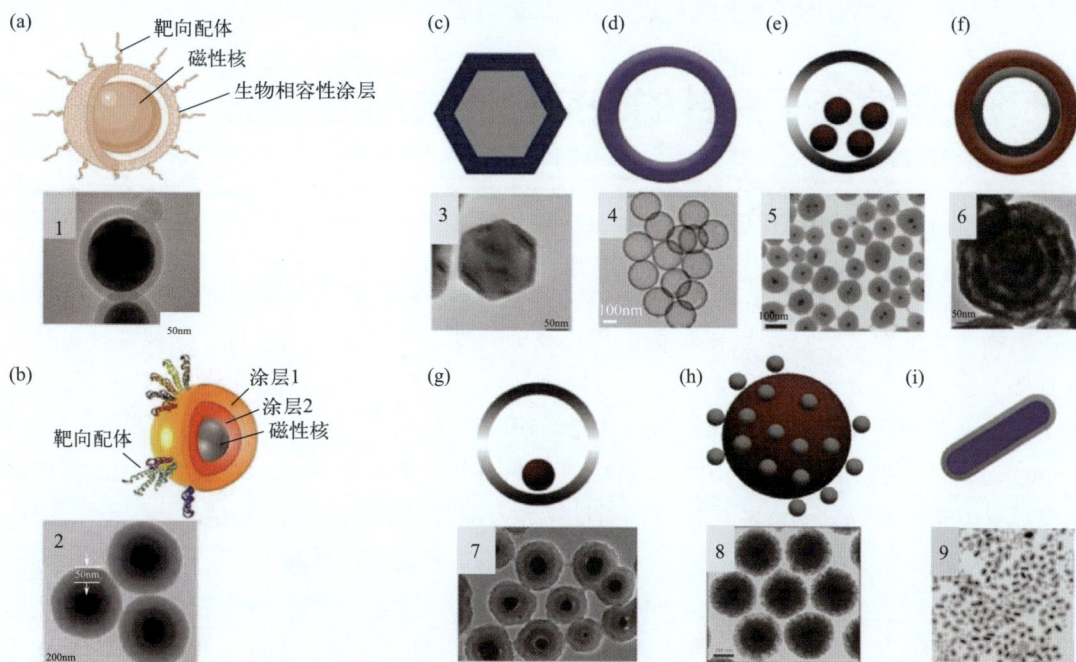

图 8-1　各种类型的磁性纳米颗粒结构及其 TEM 图像[20]

（a）核 / 壳结构[21]；（b）核 / 壳 / 壳结构[22]；（c）多面体核 / 壳结构[23]；（d）空心结构[24]；（e）可移动的多核 / 壳结构[25]；（f）空心双壳结构[26]；（g）可移动单核 / 壳结构[27]；（h）核 / 多孔壳结构[28]；（i）棒状核 / 壳结构[29]

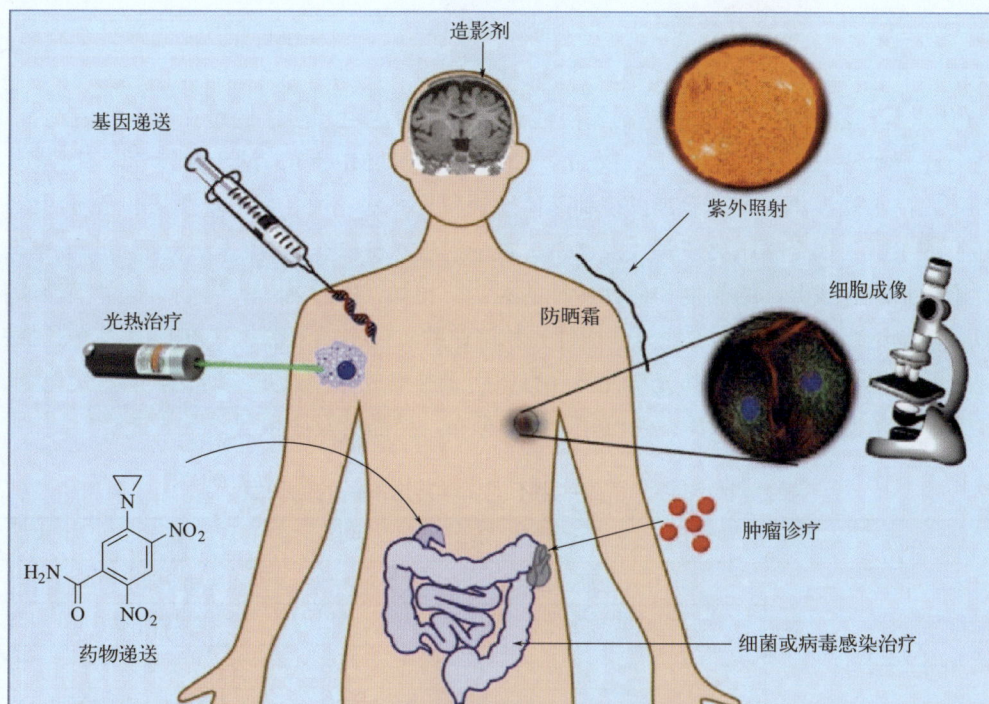

图 8-2　磁性纳米探针的几种典型应用[32]

探索创新，以突破当前的技术瓶颈，让该技术更好地服务于人类健康事业。

8.2 磁性分子探针的研究进展与前沿动态

8.2.1 磁性分子探针的制备方法

过去 20 年，研究人员在磁性分子探针的制备方法上开展了大量研究，开发出诸多物理、生物和化学合成方法，旨在制备出具备高分散性、优异生物安全性、高纯度、可控结构且多功能的磁性分子探针。物理方法主要包括真空沉积和气相蒸发等[33]，这些方法可在原子层面上精准调控磁性纳米颗粒的尺寸与形貌，进而获得磁性能优异的纳米颗粒。例如，Rellinghaus 等[34]提出了一种利用气相烧结制备 FePt 纳米颗粒的方法，通过调节气压和烧结温度可以改变纳米颗粒的形貌。然而，通过物理方法合成的纳米颗粒也存在一些不足之处，如易出现团聚现象以及稳定性较差等。该方法需要高能量输入，对操作人员技术水平要求高，且需复杂参数优化，缺乏灵活性，不利于大规模低成本生产，限制了其在实际工业生产中的广泛应用。生物方法利用真菌、酶、植物或植物提取物等合成纳米探针，具有环保、安全无毒的优点，可确保纳米颗粒的高分散性和生物安全性。目前，已有众多基于生物矿化法的研究成果涌现。比如 Li 等[35]通过生物矿化法，成功制备了一种经特定酶修饰的金纳米探针，并基于此开发了一种新型的超灵敏比色免疫传感方法。生物方法虽具有环保、安全无毒的优点，但精准调控和大规模制备难度较大，适用性有限。相比之下，化学方法是制备磁性分子探针最常用的方法，能够有效控制尺寸、形貌和晶体结构，且操作简单、环境友好、易于大规模生产。几种主要化学方法的优缺点见表 8-1。

① 化学沉淀法 化学沉淀法是制备磁性分子探针的常用方法，通过在碱液中沉淀金属离子并进行干燥处理，可制备磁铁矿（Fe_3O_4）和铁氧化物（MFe_2O_4）纳米探针[36]。化学沉淀法操作简便、易于规模化生产，但难以控制晶体生长和尺寸均一性，易出现团聚和杂质污染。精确调控反应参数（如金属阳离子种类及比例、反应温度、pH 值、浓度、沉淀剂和分散剂选择）是优化颗粒形貌、成分、结晶度和磁性特征的关键。比如，Darwish 等[37]利用化学沉淀法制备了钴铁氧化物纳米颗粒（CF- 磁性分子探针）和锌钴铁氧化物纳米颗粒（ZCF- 磁性分子探针）。这些纳米探针具备优异的磁学和光学性能，有望用于肿瘤成像和热疗。研究表明，优化金属离子的类型和摩尔比对调控纳米探针的粒径、尺寸分布、结晶度及团聚现象至关重要。

表 8-1 磁性分子探针用不同化学方法制备的优缺点[20]

方法	优点	缺点
化学沉淀法	反应迅速	尺寸分布不均
	反应条件温和	重复性不高
	可大规模生产	存在表面氧化现象
	成本低	缺乏精准的物相调控
	简便、高效	

方法	优点	缺点
水热法	可控制尺寸、形貌和磁性	高温高压条件
	不需要煅烧，环保	合成时间长
	结晶度高	对压力和温度敏感
	成本低	封盖剂吸附
溶液-凝胶法	成本低	易形成第二相
	均一性好	难以去除有机物残留
	纯度高	需要后续处理
热分解法	产量高	高温高压的安全性问题
	尺寸分布均匀	对溶剂溶解能力要求高
	重复性高	溶剂有毒
		需要后续处理
微乳液法	成核，生长可控	活性剂残留
	避免团聚现象	难以生产大尺寸颗粒
	磁化率高	
微波辅助法	快速	反应动力学低
	成本低	设备复杂
	能耗低	
	尺寸和形貌均一	
	尤其适用于医学成像	

② 水热法　水热法是在高温高压环境中，通过加热溶解水介质中的铁，利用化学反应生成氢氧化物中间物 [Fe(OH)$_n$]，最后脱水生成铁的氧化物纳米颗粒[38]。该方法的原料成本较低，能够精准调控磁性分子探针的形貌与组分，同时可有效避免单晶磁性分子探针中位错的形成，从而实现高质量磁性分子探针的制备[39]。研究表明，水热法中温度和反应物浓度显著影响反应动力学和成核速率，进而影响磁性分子探针的尺寸分布。反应时间则主要影响磁性分子探针的粒径大小[40]。水热法尤其适用于制备特定形貌的空心磁性分子探针，如纳米管和纳米环。例如 Kermanian 等[41]制备了一种 IO–HA 羟基磷灰石复合纳米棒状材料。这些材料具有良好的分散性和优异的磁性能，其独特结构可实现药物负载及药物在酸性环境中的高效释放，在靶向给药和成像领域展现出广阔的应用前景。

③ 溶液-凝胶法　溶液-凝胶法是利用溶液中分子的水解和缩合反应，形成由纳米颗粒组成的"溶胶"，加热去溶剂后溶胶就会"凝胶化"，形成具有特定结构和性质的金属氧化物网络[39]。该方法操作简便，能够精准调控材料结构，合成的磁性分子探针具有优异的均匀性、高纯度和高化学活性[42]。但原料成本高且通常有害，以及涉及复杂的合成阶段，故不适用于大规模生产[43]。溶剂、温度、反应物浓度及 pH 值等因素会影响溶液-凝胶过程中的动力学行为和水解、缩合反应，进而决定凝胶的形状、大小和孔隙度。Sanpo 等[44]基于溶液-凝胶法研究了不同铜浓度如何影响铜掺杂钴铁氧化物纳米颗粒的晶体结构，发现增加铜浓度

第8章

能够减小磁性分子探针尺寸并增强均匀性。另外，将铜引入钴铁氧化物纳米颗粒可使其对金黄色葡萄球菌的抗菌活性显著增强，有望替代用于治疗动物胃肠道问题的多种抗生素。

④ 热分解法　热分解法是合成磁性分子探针的关键方法之一，通常在添加油酸或油胺等有机表面活性剂的条件下，通过高温分解乙酰丙酮铁（Ⅲ）或五羰基铁等前驱体来实现[38]。这种方法将成核和生长步骤分开，能够生产出高度结晶、分散性好和尺寸均匀的磁性分子探针，特别适用于制备高质量 IO 磁性分子探针[45]。在热分解过程中，退火温度的调节可精准调控磁性分子探针的性能。比如，Patsula 等[46]通过热分解法成功制备了多种具有优异理化特性的磁铁矿纳米探针。经表面功能化后，这些材料有望在细胞追踪、MRI 造影和肿瘤治疗等领域实现应用。

⑤ 微乳液法　微乳液法是利用表面活性剂稳定油水两相混合物的方法。当表面活性剂浓度达到临界值时，会形成球形胶束，使油相小液滴均匀分散于水相中[47]。微乳液法因对反应过程的高度可控性，在纳米晶体和纳米颗粒的合成中被广泛应用。通过调节表面活性剂浓度、油水比、pH 值和温度等参数，可精确调控纳米颗粒的尺寸、形貌和成分。该方法具有广泛的适应性，可用于合成多种磁性分子探针，如 Fe_2O_3、Fe_3O_4、ZrO_2、$SrZrO_3$、$LaMnO_3$ 等[48]。但是，从微乳液中分离和纯化纳米颗粒面临诸多挑战，易导致污染，进而影响产品质量。微乳液系统的稳定性易受外部因素（如 pH 值变化或杂质）干扰，重复性较差。此外，微乳液法并不适用于所有材料[45]。

8.2.2 ╱ 磁性分子探针的功能化修饰

磁性分子探针用于生物医学领域时，需具备稳定性、生物相容性、低毒性及可生物降解性，并需进行表面功能化以满足特定应用需求。因此，表面改性及功能化研究极为重要。目前，提高磁性纳米探针稳定性的方法主要是采用无机涂层（金和二氧化硅等）[49-51]或有机涂层（聚乙二醇、右旋糖酐和壳聚糖等）来修饰[52-53]。例如，Delille 等[54]开发了一种磺基甜菜碱 - 磷酸盐嵌段共聚物包覆的氧化铁纳米探针，它能够有效靶向细胞核内的生物分子，并对特定基因位点进行显微操纵。此外，涂层材料在改善纳米探针的物理性能方面也发挥着重要作用，例如，金涂层可以改善磁性分子探针的导电性和光学特性，使其表现出近红外波段的强吸收和散射行为，扩展了磁性分子探针在多模态成像和光热治疗等领域的应用[55]。涂层的使用还能增强其吸附、共价连接和结合生物分子的能力，使其易于用多肽、抗体、配体、基因和药物等进行表面修饰，这是开发具有核/壳结构多功能化探针的关键[56-57]。一些特殊基团（如—OH、—COOH 或—SH 等）的引入使磁性分子探针可以结合一些刺激响应分子，使其具备对温度、光照、pH 值等因素的智能响应能力，从而适用于不同的应用场景[58]。结合特定靶向配体可显著增强磁性分子探针的靶向效果，实现对特定细胞、组织及疾病生物标志物的精准靶向。核/壳结构的磁性分子探针具有高稳定性、良好分散性、优异生物相容性和大比表面积等优点。其可将药物装载于壳层，并借助靶向配体和刺激响应分子实现药物在特定组织的有效释放。最新研究表明，表面功能化的核/壳结构对构建多功能纳米平台至关重要。因此，通过表面配体修饰的磁性分子探针，有望构建兼具成像与治疗功能的多功能系统，实现肿瘤等疾病的诊疗一体化（图 8-3）。

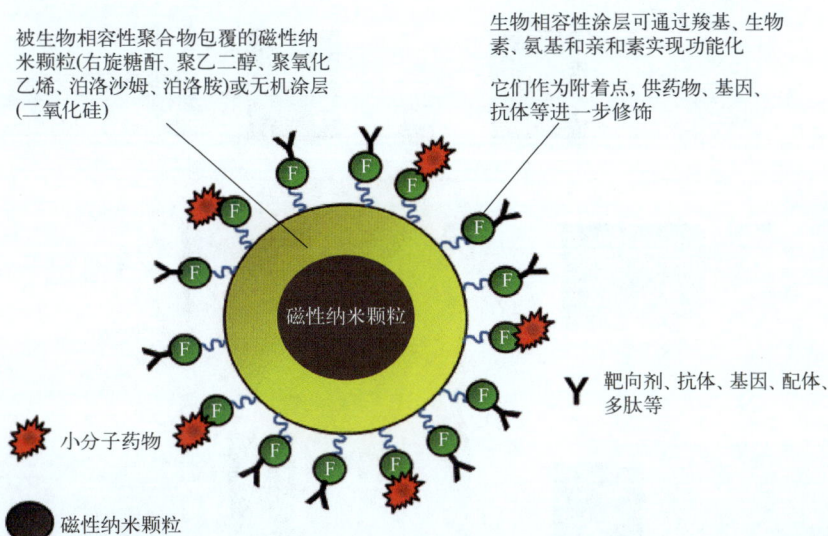

被生物相容性聚合物包覆的磁性纳米颗粒(右旋糖酐、聚乙二醇、聚氧化乙烯、泊洛沙姆、泊洛胺)或无机涂层(二氧化硅)

生物相容性涂层可通过羧基、生物素、氨基和亲和素实现功能化

它们作为附着点，供药物、基因、抗体等进一步修饰

磁性纳米颗粒

靶向剂、抗体、基因、配体、多肽等

小分子药物

磁性纳米颗粒

图 8-3　通过药物、抗体、基因、多肽、配体等对磁性纳米颗粒进行表面修饰，用于制备多功能磁性分子探针 [59]

8.2.3　磁性分子探针的生物应用

（1）医学成像

生物医学成像对肿瘤等疾病的诊断和治疗意义重大。在制定治疗方案前，需通过成像技术获取肿瘤的位置、大小和边界等信息。成像技术不仅能实时监测治疗过程，还能精准评估治疗效果。MRI 因无创、无辐射、高穿透性和高空间分辨率，成为临床常用成像手段。此外，CT、PET、光学成像（Optical Imagine，OI）和光声成像（Photoacoustic Imaging，PAI）等技术也广泛用于肿瘤的早期诊断和生长监测，不同成像模式优缺点见图 8-4。

磁性分子探针基于不同造影原理，可作为各类成像技术的造影剂，提升成像灵敏度与分辨率。此外，将多种造影技术有机结合，开发多模态探针，实现信息互补与交叉验证，有望为肿瘤早期诊断和治疗效果评估提供更精准的信息。

① T_1 对比剂　改变 T_1 弛豫时间的造影剂称为正对比剂，T_1 的缩短会使病理组织在 MRI T_1 加权图像中的信号增强。常见的正对比剂由顺磁性镧系金属钆和过渡金属锰组成，Gd^{3+} 和 Mn^{2+} 由于存在未成对电子而表现出对比度增强的特性。比如，Lim 等 [60] 开发了一种具备酸性响应特性的新型 T_1 MRI 对比剂吡啶 - 钆（Py-Gd）磁性分子探针。与中性环境相比，在低 pH 值条件下，Py-Gd 和 PEG 吡啶基团之间可以发生更多相互作用，从而增强了磁性分子探针的渗透和滞留效应。该对比剂在肿瘤酸性微环境中有望生成高度灵敏的图像，在肿瘤诊断的 MRI 中具有较大应用潜力。

② T_2 对比剂　T_2 弛豫时间缩短使组织在 T_2 加权图像中变暗，增强了对比度，因此改变 T_2 的对比剂称为负对比剂。超顺磁性纳米颗粒（如 SPIONs）经功能化修饰后，可显著影响邻近水分子的 T_2 弛豫，实现对多种肿瘤（如乳腺癌、胃癌、结肠癌、肾癌、肝癌和脑

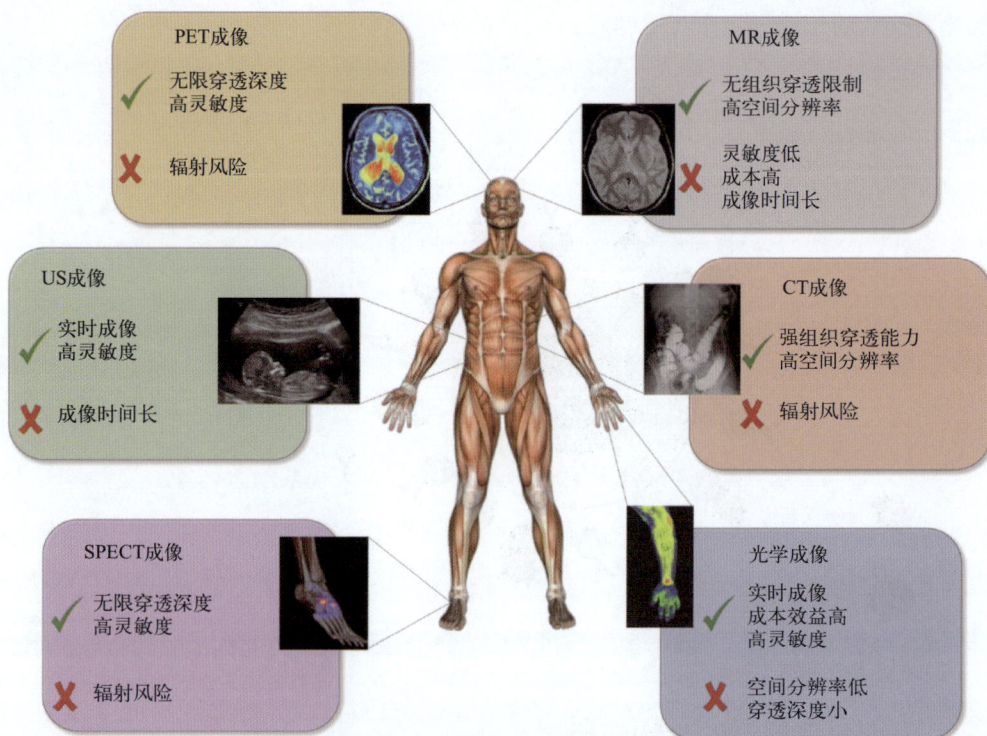

图 8-4 磁性分子探针不同成像模式优缺点对比示意图[61]

癌）的靶向成像诊断。比如，Mohammadi 等[62] 成功合成了具有超顺磁性的 $CoFe_2O_4$ 纳米探针。在低浓度条件下，该探针可显著提升 T_2/T_1 值，具备作为 T_2 对比剂应用于常规 MRI 的潜力（图 8-5）。

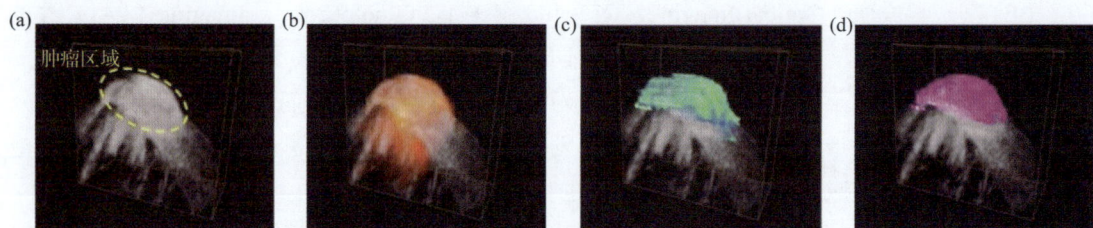

图 8-5 超顺磁性分子探针用于小鼠肿瘤区域多模态成像
（a）超声成像；（b）光声成像；（c）磁动式超声成像；（d）磁光声成像[66]

③ T_1-T_2 双模对比剂 具备 T_1/T_2 造影功能的磁性分子探针，有望应用于 MRI，以提升诊断准确性。实现这一目标的一种简便策略是在单一纳米探针中整合 T_1 和 T_2 造影剂，如将钆化合物嵌入氧化铁磁性纳米颗粒中[63-64]。但是，该方法的两种对比剂间存在强磁耦合作用，可能会引发其他问题。为此，研究人员基于核/壳结构研发了一系列磁去耦合 T_1-T_2 双模对比剂。通常，该探针由超顺磁性纳米颗粒核和 T_1 对比剂壳构成。比如，Lin 等[65] 成功开发了一种基于 Fe_5C_2 磁性核和二氧化锰壳的磁性分子探针，当该探针到达肿瘤酸性微环境中时，MnO_2 分解为 Mn^{2+}，可作为 T_1 造影剂，结合 Fe_5C_2 的 T_2 造影能力，可实现 T_1/T_2 双峰 MRI。

④ CEST 技术　化学交换饱和转移成像（Chemical Exchange Saturation Transfer，CEST）作为一种新兴的成像技术，正受到研究人员关注。CEST 技术基于化学交换饱和转移现象，通过检测生物体内自由水分子的信号变化，间接反映目标分子浓度。作为 MRI 方法的重要分支，CEST 有望用于细胞活性检测、酶活性检测、pH 值和温度检测等，在代谢和炎症等方面疾病的诊断及治疗效果评估领域具有较大的临床应用价值。CEST 技术在肿瘤研究中具备无创、实时、高灵敏度及可定量测定肿瘤微环境 pH 值的优势。磁性纳米颗粒凭借高比表面积和磁性，可有效负载 CEST 造影剂并增强局域磁场，显著提升成像灵敏度。目前，已经有大量的研究使用 CEST 技术对乳腺癌[67]、前列腺癌[68]、宫颈癌[69]、肺癌[70] 等肿瘤区域的质子信号进行表征和量化分析。未来，基于磁性纳米颗粒开发具备 CEST 成像能力的纳米平台将是磁性纳米探针的研究热点，对肿瘤的诊断及治疗意义重大。

⑤ 多模态成像　在双模式成像基础上，进一步增加集成成像标记物的数量，有望开发出具备两种以上成像模式的多模态成像技术。例如，Alfredo 等[71] 在 FeO 纳米颗粒表面生长介孔二氧化硅涂层，并选择性地包覆金层，成功制备出具有二氧化硅 / 金双面神结构的磁性分子探针。其中，介孔二氧化硅的高比表面积可以加载丰富的荧光染料。因此，所制备的磁性分子探针可实现三种成像方式：MRI（氧化铁纳米颗粒）、CT（金纳米颗粒）、OI（荧光染料）。基于磁性纳米颗粒，将传统成像模式（如 MRI、CT 等）与磁颗粒成像（Magnetic Particle Imaging，MP）、磁动机超声成像（Magneto-Acoutic Imagine，AMI）、磁光声成像（Magnetic Photoacoustic Imagine，MPA）等新兴成像技术结合，构建新型多模态成像技术也受到广泛关注。因此，磁性纳米探针作为示踪剂和造影剂有望大大提高多模态成像的灵敏度、分辨率和精确度[19]。

（2）生物传感与检测

磁性生物传感器相较于其他类型的生物传感器具有显著优势，因而受到越来越多的关注。与荧光标记不同，磁性生物传感器在细胞内具有良好的稳定性，可在组织和器官构建过程中开展长期标记实验。此外，磁性材料不会产生荧光标记中常见的背景噪声，且可通过施加外部磁场实现远程监控。磁性检测能够在更低的蛋白质浓度下进行，灵敏度高于荧光检测，这为低分析物浓度检测提供了便利。例如，Wang 等[72] 成功制备了一种基于生物模拟分子印迹聚合物修饰的上转换荧光磁性分子传感器，用于检测苯并咪唑。Chen 等[73] 制备了一种基于磁性响应的上转换发光共振能量转移生物传感器，用于超灵敏检测 SARS-CoV-2 刺突蛋白。而在生物检测领域，磁性分子探针具备三大优势：其一，基于超顺磁特性，可用于样品的富集与分离；其二，凭借大比表面积、较大质量以及高酶模拟活性，能够实现信号放大；其三，依托磁性、光学或电学特性，可用于信号检测。为构建生物传感器，需将酶、抗体等生物识别分子修饰于磁性分子探针表面，以实现目标识别。目前，抗体 - 抗原相互作用、适体识别及分子印迹聚合物等不同生物识别机制，均已应用于生物传感器。

（3）诊疗一体化

磁性分子探针在疾病治疗领域，尤其是在肿瘤和炎症治疗中的应用始终备受瞩目，有望为疾病治疗开辟新的个性化治疗途径。结合磁性分子探针优异的成像和追踪能力，有望实现疾病治疗的诊疗一体化。

① 细菌性疾病的诊断与治疗　传统的细菌性疾病诊断方法如蛋白质印迹和基因组测序等

第
8
章

156

价格昂贵，而磁性分子探针作为细菌检测和分离平台有望开创新的诊断方法[74]。此外，磁性纳米颗粒与微生物细胞膜间的静电相互作用，可能抑制微生物生长或诱导其细胞死亡。同时，活性氧会破坏细菌细胞内脂质、蛋白质等必需成分。鉴于此，磁性纳米颗粒有望应用于炎症治疗[75]。

②靶向药物递送　磁性纳米颗粒因其高比表面积和高效药物负载能力，可通过调控形貌、尺寸、磁场驱动靶向以及特异性配体修饰等方式实现对肿瘤的靶向递药。此外，利用对pH值、温度、磁/电场、光照等敏感的涂层或官能团进行表面修饰，可实现药物在特定环境中的响应性释放。已有研究报道利用磁性纳米颗粒负载抗癌药物（如阿霉素、顺铂等），以提高化疗和放疗的效率与安全性。例如，以氧化石墨烯包覆 Fe_3O_4、负载阿霉素并在表面修饰聚乙烯亚胺的磁性分子探针，可有效增强化疗效果并降低对健康组织的损害[76]。以壳聚糖包覆、负载阿霉素的超顺磁性纳米颗粒为载体构建的药物递送系统，可在磁热效应下实现药物的有效释放，有望用于乳腺癌治疗[77]。

③光动力学治疗和光热疗　鉴于磁性纳米材料的光热特性，在近红外光照射下，磁性分子探针可释放大量热能。利用该特性，可将能量聚焦于肿瘤部位以消融肿瘤细胞，此方法即为光热治疗[78]。此外，通过磁性纳米颗粒负载光敏剂，在光照条件下，光敏剂可释放具有毒性的羟基自由基，进而诱导肿瘤细胞死亡，该方法被称作光动力学治疗。比如，Nafiujjaman 等[79]使用一种荧光光敏剂修饰的超顺磁性氧化铁纳米颗粒，在 670 nm 激光源照射下实现了肿瘤的光动力治疗。Shu 等[80]成功制备了一种介孔聚多巴胺纳米结构结合超顺磁氧化铁纳米颗粒的磁性探针，并用唾液酸靶向分子修饰，与 Fe^{3+} 螯合的同时装载了阿霉素。这种探针不仅具有优良的 T_1-T_2 双模成像功能，同时能够介导化疗和光热治疗。

④化学动力学治疗　与磁性纳米颗粒的抗菌机制类似，磁性分子探针可在肿瘤微环境中触发芬顿反应，生成羟基自由基等具有毒性的活性氧。活性氧在生理及病理状态下的众多信号通路中发挥关键作用，调控其含量能够诱导癌细胞发生程序性死亡，进而应用于肿瘤治疗。比如，Sun 等[81]借助超小单晶铁纳米颗粒开展靶向铁死亡诱导的癌症治疗研究。所合成的纳米探针展现出高芬顿催化活性，进而诱导肿瘤细胞发生氧化应激与铁死亡。

⑤基因治疗　基因传递在肿瘤、病毒感染、脑血管疾病、糖尿病、心脏病及遗传缺陷等多种疾病的治疗中展现出潜在应用价值。研究显示，磁场能够提高基因传递效率。鉴于此，利用磁性分子探针携带特定基因对靶细胞进行基因转染，有望调控与肿瘤生长或转移相关的蛋白质的表达，进而实现肿瘤诊疗[82]。比如，Mahajan 等[83]将小分子干扰 RNA 与超顺磁性氧化铁纳米颗粒相结合，实现了高效的肿瘤识别和细胞内基因传递，成功下调了 Polo 样激酶1 的表达，进而抑制肿瘤生长。这种基于磁性分子探针的基因递送新方法，为肿瘤治疗开辟了新途径，同时有望应用于因基因表达异常或基因突变引发的疾病治疗。

⑥免疫治疗　在免疫疗法中，借助能够激活或抑制免疫系统的药物，可助力机体对抗肿瘤、感染等。磁性分子探针能够精准调控免疫调节药物在体内的输送时间与作用位置，进而降低副作用，提升治疗效能。比如，Chiang 等[84]采用岩藻多糖（一种具备抗肿瘤与免疫刺激特性的多糖）、抗程序性死亡配体 1 T 细胞刺激剂合成了基于氧化铁的磁性分子探针。该探针可增加形成长期免疫记忆所需的 T 细胞群的数量，有效减少了肿瘤细胞转移。

⑦ 磁热疗　磁热疗是将高频交变磁场作用于磁性纳米探针，通过磁滞损失、布朗弛豫和 Néel 弛豫三种不同的机制产生热能（图 8-6），从而在肿瘤部位实现足够大的能量聚焦，同时避免伤害周围健康组织。磁热疗不仅可以消除肿瘤细胞，还能和其他治疗手段联用，以增强其他治疗方法的效果。相比于光热疗，磁热疗具有更强的组织穿透能力，对皮肤等组织的损害小，是一种有前景的治疗方法。比如，Hayashi 等[85]采用叶酸修饰超顺磁性氧化铁纳米探针，可显著增强其靶向积累能力与磁弛豫率。在外部磁场作用下，该探针能在局部肿瘤组织产热，进而杀灭肿瘤细胞。

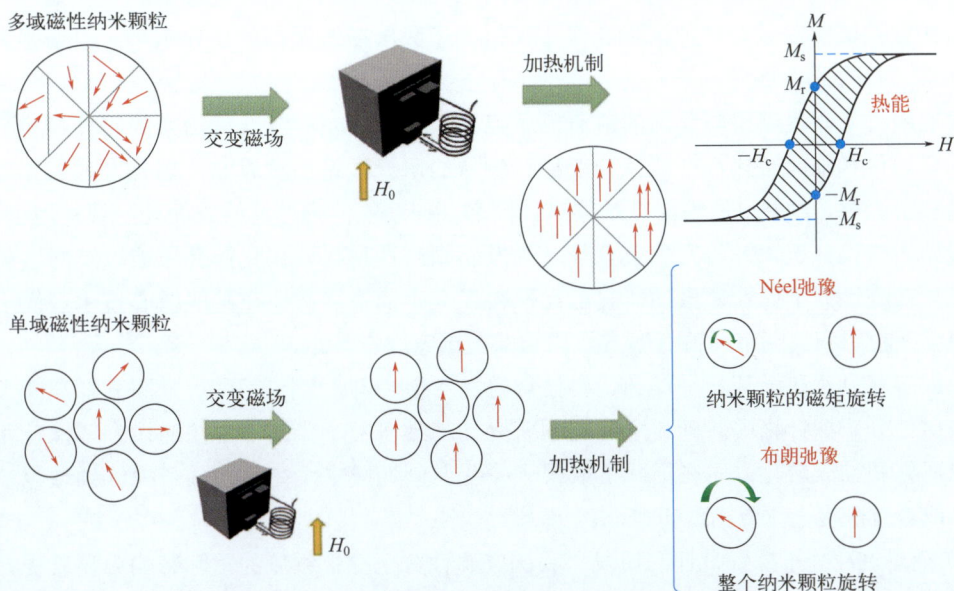

图 8-6　磁性纳米颗粒在交变磁场中的三种产热机制[20]

8.3　我国在磁性分子探针领域的学术地位及发展动态

发文量：欧美国家在磁性分子探针领域的研究起步较早。截至目前，欧美发达国家及行业内的顶尖公司在过去几十年内已在顶级期刊上发表了大量关于磁性分子探针的高质量研究论文，涵盖了从基础研究到临床应用的广泛内容。我国在生物医用材料方面的磁性分子探针的发展与欧美发达国家相比尚存在较大差距。近年来，中国在磁性分子探针领域的发文量显著增加，特别是在诊断和治疗方面的应用研究。

优秀科研团队涌现：国内许多高校和科研机构组建了实力雄厚的科研团队，专注于磁性分子探针领域的研究。这些团队拥有先进的实验设备和丰富的研究经验，在国际科研舞台上逐渐崭露头角，具备了一定的影响力。例如，中国科学院化学研究所、北京大学、清华大学、复旦大学等单位的科研团队在磁性分子探针的基础研究和应用开发方面取得了一系列重要成果。

① 人才培养与国际交流　我国在磁性分子探针领域注重人才培养，培养了一大批优秀的

科研人才。这些人才不仅在国内积极投身科研工作，还积极参与国际学术交流与合作，与国际同行进行深入的学术探讨和合作研究。通过国际交流，我国的科研人员能够及时了解国际前沿研究动态，提升自己的科研水平，同时也向国际学术界展示了我国在该领域的研究实力。

② 参与国际学术会议　我国学者在国际磁性分子探针领域的学术会议上扮演着越来越重要的角色。他们积极参与会议的组织、报告和讨论，与国际同行分享自己的研究成果和经验。一些学者还担任国际学术会议的主席或分会主席，展示了我国在该领域的学术影响力。

③ 国际合作与交流频繁　我国科研机构与国际知名科研团队开展了广泛且深入的合作与交流。通过合作研究，双方可以充分发挥各自的优势，共同攻克科研难题，有力地推动了磁性分子探针领域的发展。这种国际合作不仅提高了我国在该领域的研究水平，也增强了我国在国际学术界的影响力。

发展趋势：欧美国家与我国的科研侧重点呈现出明显差异。欧美国家的研究趋势更注重技术的成熟化和临床转化，在磁性分子探针领域的研究体系已然成熟，拥有世界领先的稀土矿资源和精炼技术，并以高性能钕铁硼磁体闻名，在功能性磁性材料方面处于领先地位。

我国的磁性分子探针研究主要聚焦于开发新型磁性材料、优化探针性能以及探索新的应用场景，在磁性分子探针领域的研究已经取得了一定的进展。但在某些核心技术层面上以及大规模临床应用和高端市场占有率方面仍与欧美国家存在差距。

我国国家自然科学基金委员会、科技部等在"十二五""十三五""十四五"期间大力支持医用磁性分子探针相关基础科学问题的研究和产品研发。我国学者在磁性分子探针相关基础理论研究和临床转化方面在国际上取得了一些原创性成果，在磁性分子探针领域也多次首创技术或者首次提出重要的科研概念。

① 新型磁性分子探针设计和研发　我国在磁性分子探针领域的国际影响力显著提升，我国学者在磁性分子探针领域的研究成果频繁发表在顶级学术期刊上。这些成果不仅展示了我国在该领域的研究实力，也提升了我国在国际学术界的影响力。如顾宁院士科研团队长期从事纳米医学材料研究，在医用高性能铁基纳米材料和磷脂材料制备、表征与生物效应等创新研究中作出了系统性且卓越的贡献[86]；在国际上率先提出以铁基纳米材料和磷脂分子为两大基础材料，构建以磁性微泡为代表的诊疗一体化材料体系[87]。中国科学技术大学的研究团队开发的微米分辨率的肿瘤组织磁成像技术，极大地提高了肿瘤检测的精准度[88]。2012 年，侯仰龙教授课题组在碳化铁（Fe_5C_2）的可控制备及其费托合成催化性能研究方面取得了重要突破，其首次在相对温和的条件下（623K，0.1MPa），液相制备出了形貌可控的 Fe_5C_2 纳米颗粒。碳化铁纳米材料已在磁靶向、磁共振成像[89]、磁热疗[90]和光热疗[91]等与肿瘤相关的生物医学领域得到广泛探索。探针通过精确控制尺寸、形貌和物相，实现了对肿瘤细胞的特异性靶向和高效治疗[92-93]。上海交通大学凌代舜教授团队与浙江大学李方园教授团队合作，共同开发出一种新型"磁转换"纳米探针，用于可激活型高场磁共振成像，显著提高了肿瘤 T_1 加权信号增强能力[94]。

② 磁性分子探针性能交叉优化　我国在磁性分子探针性能优化的研究方面高度重视多学科交叉合作，如化学、物理、医学等领域的协同创新，推动了磁性分子探针技术的迅猛发展。侯仰龙教授研究团队聚焦于"分子影像诊疗探针"这一新兴的医工交叉领域，成功研发出了

一系列磁性分子探针，取得重要研究进展。2014 年，侯仰龙教授团队率先在国际上提出碳化铁纳米颗粒体系，充分利用其磁、光、声、热等方面的独特性质，构建了第一个基于 Fe_5C_2 纳米颗粒的靶向卵巢癌的新型磁性纳米诊疗探针 Fe_5C_2-$Z_{HER2:342}$。该磁性分子探针具有高饱和磁化强度，可以作为优异的磁共振成像造影剂[90]。湖南大学宋国胜课题组开展"化学 - 材料 - 医学影像"交叉融合的精准成像前沿研究，研究了可逆型氧化还原响应性 MRI 纳米探针，实现对肝部活性氧 / 谷胱甘肽（Reative Oxygen Species/Glutathione，ROS/GSH）含量变化的实时监控[95]，设计了磁化率依赖的比值型 MRI 探针，在活体中进行实时分子成像[96]，构建了高灵敏度 NO 探针，为各类生理和病理过程的研究提供了新的手段[97]。苏州大学高明远教授和苗庆庆教授等首次对外报道了二氢卟吩纳米粒子（Ch-NP）发射的余晖发光峰值为 680nm，半衰期长达 1.5h，比其他报道的有机余辉探针长近 1 个数量级[98]。中国科学院长春应用化学研究所林君教授团队长期致力于纳 - 微米结构发光材料的控制合成、形态结构和性能调控及其在显示照明及生物医学领域的应用的基础研究，在各种稀土发光材料的形貌控制合成、发光薄膜及其图案化技术、FED 及 LED 发光材料、多功能稀土转换发光材料在生物成像和药物控制传递与释放等方面做出了具有原始创新和国际影响的研究工作[99]。

③ 在临床医学应用方面　我国研究团队在磁性分子探针的开发和应用方面取得了一系列重要进展。西北大学樊海明教授团队在国际上首创高效的涡旋磁热疗剂，自主研发了精准匹配的磁热疗新设备，发现了磁热抗肿瘤免疫新机制，建立了高效涡旋磁热治疗新体系[100-101]，并在国内首次实现了磁热神经刺激对活体大鼠行为的调控[102]，发展了神经纳米磁调控新技术。上海交通大学王中领课题组首次发现依靠距离精准调控实现 T_1&T_2 双激活，并创新性地提出"双对比增强减影技术"（DESI）这一全新概念，显著提高肿瘤 - 正常组织信噪比近 10 倍，敏感探测颅内 0.8mm 及肝内小于 0.5mm 的超微肿瘤，为超早期肿瘤敏感诊断提供了重要依据[103]。阎锡蕴教授团队在纳米酶领域取得了突破性发现，2007 年在国际上首次提出磁纳米粒子具有酶的特性。截至 2018 年 2 月，原始论文的单篇他引次数超过 1400 次，实验结果也在全球多个实验室得到验证。随后其研究团队又发展了多项基于纳米酶的"新技术"，并将其应用在疾病诊断治疗、环境监测、农药监控、污水治理等多个领域；部分发明专利已在欧洲、美国、日本生效[104]。曲晓刚教授课题组提出并证实手性识别是实现调控端粒 DNA 构象及功能的重要方式[105]、阿尔茨海默病（AD）的手性药物设计合成及作用机制[106]，成功地获得了一些比天然酶（过氧化物酶）活性高的手性纳米酶，提出了设计和发展纳米酶的新思路，首次实现了体内靶向合成手性药物。魏辉教授团队也是较早进入纳米酶研究领域的研究团队，他们开发了基于纳米酶测定重要生物分子的方法，引起了研究者的极大兴趣。研究组目前在深入开展纳米酶相关研究。国家纳米中心施剑林教授和复旦大学步文博教授合作于 2016 年首次提出并发展的"化学动力学疗法"，入选科睿唯安与中国科学院联合发布的《2021 研究前沿》中的"重点热点前沿"[107]。

④ 产业化发展和技术转化　随着磁性分子探针技术的不断成熟，越来越多的企业开始关注并参与到该领域的产业化发展中。一些企业与科研机构合作，加速磁性分子探针的技术转化和产品开发，推动了其在临床诊断、药物研发等领域的应用。如西北大学樊海明教授团队研发了一种新型肝细胞特异性的准顺磁超小锰铁氧体纳米对比剂"珩立显"，入选 2024 年全

第 8 章

国医工结合科技创新十大进展。作为新一代的新型肝细胞特异性纳米对比剂，用于提高肝癌的早期诊断率[108]并已实现临床技术转化。

总体而言，近年来随着我国经济的快速发展，我国学者在磁性分子探针领域中的发展动态十分活跃。国内众多的高校科研院所相继在磁性分子探针领域开展了大量基础的材料设计及医学成像和治疗应用研究。磁性分子探针的基础研究不断深入，应用领域不断拓展，产业化进程也在逐步推进，未来我国有望在该领域取得更多的创新成果和突破。

8.4 作者团队在磁性分子探针领域的学术思想和主要研究成果

作者以磁性纳米材料为核心研究对象，开展了全方位、系统性的深入探究，取得了一系列突破性进展。创新性地提出卤素稳定效应理论，基于此成功制备出碳化铁等多个系列的新型磁性纳米材料及其异质结构复合体。研究发现，这些材料展现出显著的光热效应，并能与MRI和PAI高效协同。在此基础上，提出了新型分子诊疗探针的构建策略，为精准医疗与生物医学检测领域的发展提供了新动力。

8.4.1 磁性分子探针的合成

磁性分子探针在推动纳米技术在生物医学领域应用中扮演了关键角色。虽然传统的磁性分子探针如基于Fe_3O_4的纳米探针已广泛应用于生物传感、药物递送、疾病诊疗等领域，但开发更高性能的新型磁性分子探针仍是当前研究的核心挑战。

在此，作者利用经典的高温油相法，以长链有机胺（十八胺和油胺）为碳源，合成了一系列分散性良好、形貌可控的碳化铁纳米颗粒，包括Fe_2C、Fe_5C_2和Fe_3C等。更重要的是，作者首次指出，选择性吸附卤素离子对碳化铁纳米探针的合成调控意义重大：它能削弱碳、铁原子间键能，进而促进低碳含量碳化铁纳米结构（如Fe_5C_2、Fe_3C）的生成，为高性能磁性分子探针的制备提供了新理论支撑，助力其后续应用拓展（图8-7）[109-110]。

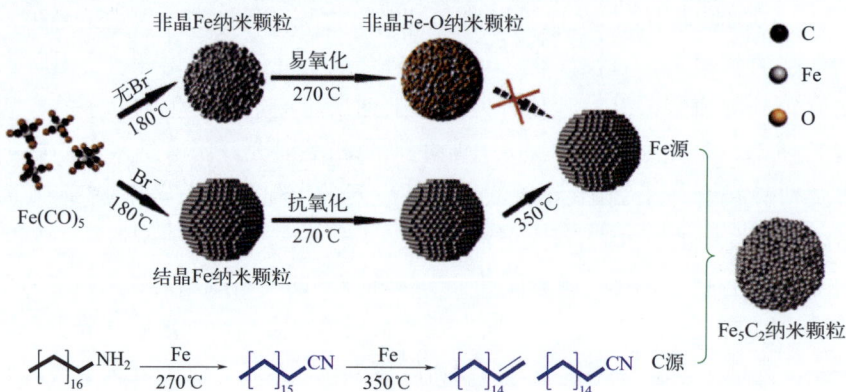

图8-7 碳化铁纳米颗粒的合成机理[109]

在应用于生物医学领域之前，表面改性工艺对于有机相合成的碳化铁纳米颗粒尤为关键[111]。纳米颗粒表面所覆盖的长链碳氢化合物层，显著限制了其在水溶液中的溶解性能。针对这一问题，作者系统性地提出了一系列表面修饰策略。具体而言，采用 1, 2- 二硬脂酰 -sn- 甘油 -3- 磷酸乙醇胺 -n-[氨基（聚乙二醇）-2000]（DSPE-PEG-NH$_2$）作为稳定剂，能够高效地对碳化铁纳米颗粒表面进行修饰，从而赋予其水溶性。另外，利用多巴胺的多功能特性，仅需将其与纳米颗粒进行简单混合，即可有效增强纳米颗粒的生物相容性。经多巴胺包被处理后的纳米颗粒，还可进一步通过牛血清白蛋白进行修饰，从而兼顾优异的水溶性和生物相容性。在此基础上，作者巧妙地运用上述两种修饰策略，在纳米颗粒表面修饰上亲和蛋白（Z$_{HER2:342}$）和 iRGD 肽，显著提高了纳米颗粒在肿瘤部位的富集程度，为相关领域的应用提供了更有效的解决方案[112, 113]。

8.4.2 / 磁性分子探针用于疾病的诊断

众所周知，MRI 因其无创、非离子辐射、穿透深度强、相对高的时空分辨率等优点在临床中被广泛使用，使用造影剂可以显著提高 MRI 的诊断准确性。超顺磁性 Fe$_3$O$_4$ 纳米颗粒是一种应用广泛的 T$_2$ MRI 造影剂。然而，它相对温和的磁化强度（约 70 ~ 80 emu/G）和低 R$_2$ 弛豫率［约 200mM^{-1}·S^{-1}］往往会影响它们的对比性能。碳化铁纳米颗粒如 Fe$_5$C$_2$，具有约 140 emu/G 的磁矩，是 Fe$_3$O$_4$ 的 2 倍。因此，碳化铁纳米颗粒是潜在优良的 MRI 造影剂。与 T$_2$ 造影剂提供的阴性信号不同，T$_1$ 造影剂可提供阳性对比度。而同时具有 T$_1$ 和 T$_2$ MRI 造影功能的造影剂则可以更好地诊断肿瘤。基于此，作者合成了一种由 Fe$_5$C$_2$ 核与 Fe$_3$O$_4$ 壳构成的 pH 敏感型 MRI 探针。该 Fe$_5$C$_2$@ Fe$_3$O$_4$ 探针注入体内后，可作为 T$_2$ 造影剂发挥作用。在肿瘤微环境的弱酸条件下，无定形 Fe$_3$O$_4$ 壳层中的铁离子会释放出来。此过程中，能够同时观测到 T$_2$ 信号降低与 T$_1$ 信号升高的现象，可为肿瘤的精准诊断以及治疗进程的动态可视化呈现提供高价值的影像学信息[114]。

除了其优异的 MRI 造影能力外，碳化铁纳米颗粒作为疾病诊断造影剂的另一大优势在于其多模态成像的功能。碳化铁纳米颗粒中的碳原子赋予其基于碳纳米材料的近红外光响应特性。在近红外光激发下，该颗粒可将吸收的光能转化为热能，引发热弹性膨胀并产生声信号，此声信号可由 PAI 设备检测到。因此，由铁和碳原子组成的碳化铁纳米结构是 MRI/PAI 的潜在造影候选者。基于此，作者利用 Fe$_5$C$_2$ 纳米颗粒的 MRI/PAI 多模态成像功能，成功实现了对病灶边界更为清晰的探测，对发展新型成像技术具有重要的指导意义[90]。同时，针对精准医疗的迫切需求，作者进一步拓展了碳化铁的多功能性，精心设计并成功合成了具有近红外二区荧光成像和 MRI 双模态成像功能的磁性分子探针 Ag$_2$S@Fe$_2$C。相较于其他探针，该探针可以同时实现深层肿瘤成像的高时间分辨率和高空间分辨率，为肿瘤的早期诊断和精准治疗提供了高灵敏度的可视化诊疗技术[112]。

8.4.3 / 磁性分子探针用于疾病的治疗

除了生物成像，碳化铁纳米颗粒还可以在外加磁场和近红外光的激发下，分别用于磁热治疗和光热治疗。此外，利用独特的肿瘤微环境，包括过量生成的酸和过氧化氢，通过铁离子介导的芬顿反应，能够产生丰富的高毒性羟基自由基（·OH），以此用于肿瘤化学动力学治疗。因此，作者基于碳化铁纳米颗粒丰富的理化性能，提出了多种治疗策略。

光热疗法因其无创、副作用小、良好的时空可控性等优点被认为是一种很有吸引力的肿瘤治疗方法。这种方法的光热剂用近红外光照射后，将吸收的光能转化为热，引起肿瘤细胞凋亡。由于碳纳米材料具有良好的近红外光响应能力，碳化铁纳米结构的碳层有助于提高其光热性能。碳化铁纳米结构的光热转换效率高，可归因于铁与碳的结合。为了证明这一点，作者合成了基于 Fe_5C_2 纳米颗粒的诊疗平台，并研究了它们在肿瘤光热治疗中的应用。在 808nm 激光照射下，Fe_5C_2 纳米颗粒的温度显著升高，高于 Au 纳米棒和临床使用的 Resovist。此外，Fe_5C_2 纳米颗粒具有优异的光热稳定性，在激光照射后仍能保持其形态和结构。在激光照射下，它们可以在体外有效地杀死肿瘤细胞。当静脉注射到肿瘤小鼠体内后，激光照射下肿瘤区域温度明显升高。与对照组相比，Fe_5C_2 纳米颗粒在体内的光热性能得到了证明。3 天内肿瘤体积明显减小，45 天内未见复发现象，这充分彰显了碳化铁纳米颗粒在肿瘤光热消融治疗方面的巨大潜力（图 8-8）[90]。光热剂的光热转换效率是影响光热治疗效果的关键因素。为了提高碳化铁基磁性纳米探针的光热转换效率，作者构建了一种新型的 $Au-Fe_2C$ "双面神"纳米探针。Au 和 Fe_2C 的光热转换效率分别为 12.39% 和 12.28%。令人惊讶的是，$Au-Fe_2C$ "双面神"纳米探针的光热转换效率则高达 30.2%，这表明通过将纳米探针的结构设计为"双面神"结构可显著提高其光热转换效率。"双面神"纳米探针中的 Au 组分表现出优异的光学性能，其倾向于与 Fe_2C 组分相互作用以提高近红外光响应能力。体内实验进一步证明了 $Au-Fe_2C$ "双面神"纳米探针在近红外激光的照射下可以更加高效地消融肿瘤[113]。

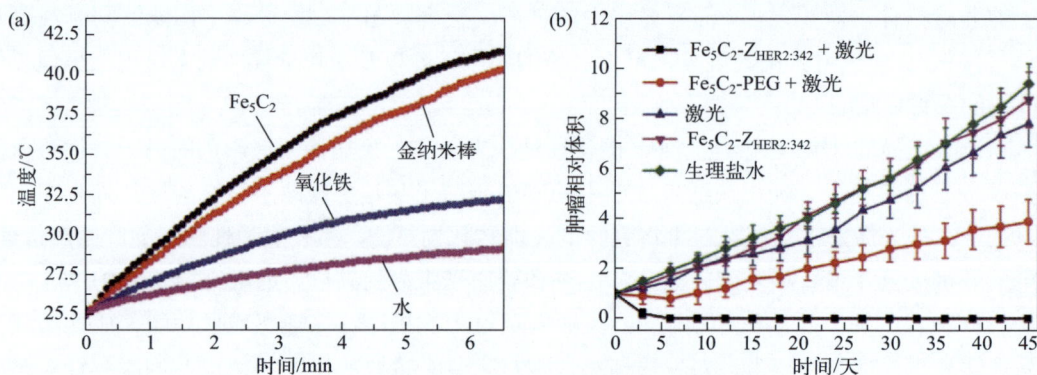

图 8-8　Fe_5C_2 纳米颗粒的光热消融治疗性能评价[90]

化学动力学治疗是一种新兴的肿瘤治疗方式，借助芬顿或类芬顿药物，推动肿瘤内过氧化氢向高毒性·OH 转化。由于铁基芬顿药物对 pH 条件的依赖性，化学动力治疗表现出较高的肿瘤特异性和最小的侵入性。肿瘤微环境独特的生物学特性限制了肿瘤区域的·OH 生成，使治疗过程具有较高的时空可控性。因此，作者基于碳化铁的催化活性，设计并构建了一种具有免疫激活和高效催化能力的多功能磁性分子探针 $Cu@Fe_2C@mSiO_2$-PEG/LA-R848-ICG-AS1411。它不仅可以利用碳化铁纳米颗粒在肿瘤微环境中产生的·OH 杀伤肿瘤细胞，同时还利用了该纳米酶的免疫原性，通过激活树突状细胞和增强 CD8[+]T 细胞功能，从而有效地提高免疫应答效率，进一步有效地抑制肿瘤的生长[115]。此外，作者还设计并合成了一种基于碳酸酐酶抑制剂（Carbonic Anhydrase Inhibitor，CAI）修饰的硫化亚铁磁性纳米探针。该探针除具备卓越的光热性能外，还展现出优异的酸响应降解特性，在酸性环境中能够释放如碳酸酐酶抑制剂、Fe^{2+} 和 H_2S 等功能组分。释放的 Fe^{2+} 可介导芬顿反应，生成·OH，引发 ROS 生成，进而诱导肿瘤细胞凋亡。与此同时，所产生的 CAI 和 H_2S 气体能够破坏细胞内代谢共生，诱发酸中毒，加速肿瘤细胞死亡。动物实验结果进一步证实，光热治疗、化学动力学治疗与气体治疗的联合模式具备协同增效作用[116]。

8.5 磁性分子探针近期研究发展重点

（1）多模态诊疗剂的多功能设计

开发先进的磁性分子探针可同时整合多种成像模式，通过提供高分辨率成像从而实现精确诊断。此外，利用磁性分子探针纳米酶的特性，也可以实现有针对性的抗肿瘤和抗炎治疗，实现不同成像模态之间的协同效应。未来发展趋势需要进一步提高探针与目标生物标志物的亲和力、抗干扰性和特异性识别能力。通过对识别元件优化设计，增强探针的信号放大机制，实现信号的有效转换和关联，使其能够更精准地结合到特定疾病靶标并实现对低丰度生物标志物的灵敏检测。这样可以充分发挥不同成像技术的优势，提供更全面、准确的诊断信息。

（2）最佳材料尺寸的精密工程设计

理想的磁性分子探针不仅应该显示出更高的弛豫率，而且还应该有足够的成像窗口以及能够在体内快速代谢而不会积聚。磁性分子探针的大小是影响其生物分布、细胞摄取和清除以及弛豫速率的关键参数。未来的研究将侧重于优化各种因素之间的权衡。通过对原子结构的精确把控，提高磁性分子探针的生物相容性，开发出各类具有高纵向弛豫速率和高对比度并表现出低细胞毒性的磁性分子探针，将可能是下一代具有发展潜力的候选磁性分子探针。

（3）人工智能驱动的磁性分子探针设计

人工智能（artificial intelligence, AI）与筛选和设计过程的整合可以改变 MRI 纳米探针的开发。依据智能化的设计理念，磁性分子探针能够根据病变组织的微环境和治疗需求自动调节其功能，AI 可以智能化通过筛选目标小分子与 MRI 纳米探针耦合来促进靶向探针设计。因此，在 AI 驱动下进一步设计和开发新型智能化的磁性分子探针，能够对功能化效果进行定量评估，也最大限度地减少了对大量实验迭代的需求，从而加快了发现和开发的步伐。

（4）应用和产业化发展方向

磁性分子探针的临床应用和产业化发展方向。应用趋势主要是走向临床诊治，包括对疾病的早期诊断与防治，发病过程中对病灶和病理的高精度诊断、定位与信息获取，以及治疗预后疗效的评估与反馈。建立监测与反馈具体疾病的诊疗一体化的实时成像监测磁性分子探针体系，能够在治疗过程中实现实时地观察探针在体内的分布、聚集情况，定量评估以及评估治疗效果。

第 8 章

8.6 磁性分子探针的展望与未来

我国对磁性分子探针领域高度重视，并且积极布局相关研究。首先，在科研经费上，通过各类科研项目基金大力支持磁性分子探针相关基础研究与应用开发。其次，在学科建设上，众多高校开设相关专业课程与研究方向，培养从基础研究到临床应用的多层次专业人才。此外，我国还着力打造先进的科研基础设施与创新平台，为磁性分子探针的研发提供优良的硬件条件与交流合作环境，促进跨学科、跨领域的协同创新。

① 材料创新 （AI 辅助高性能材料的筛查与设计）研发新型高性能磁性材料，如具有更高磁响应性、更低毒性的纳米磁性材料。探索新型复合材料体系，将磁性材料与其他功能材料有机结合，赋予探针更多独特性能，以满足复杂的生物医学应用需求。发展更加精准、高效的分子探针设计与合成策略。利用计算机辅助设计和 AI 技术，模拟分子结构与性能之间的关系，快速筛选和优化探针设计方案。

② 疾病早期诊断与精准诊疗 磁性分子探针将在疾病早期诊断中发挥更大作用，通过提高检测灵敏度和特异性，实现对癌症、神经系统疾病、心血管疾病等重大疾病的早期筛查和精准诊断。在精准诊疗方面，结合多模态成像技术，为个性化治疗方案的制定提供更全面、更准确的信息，实现治疗过程的实时监测与反馈调整，提高治疗效果和患者生存率。

③ 新治疗模式 除了传统的磁热疗，基于磁性分子探针的新型治疗模式将不断涌现。例如，磁动力治疗利用磁场驱动探针产生的机械力来破坏病变细胞；磁基因治疗通过磁性载体高效递送基因药物，实现对特定基因的调控，为基因治疗提供新的手段。

④ 产品标准化与产业化 随着技术的逐渐成熟，磁性分子探针相关产品将走向标准化和规模化生产。企业将加大投入，建立完善的生产质量管理体系，提高产品质量稳定性和一致性。

总体而言，我国在磁性分子探针领域的战略布局为其未来发展奠定了坚实基础。尽管面临一些挑战，但随着技术的不断创新、临床应用的拓展以及产业的协同发展，磁性分子探针有望在生物医学领域取得重大突破，为人类健康事业做出重要贡献。

参考文献

作者简介

侯仰龙，中山大学讲席教授、材料学院院长，磁电功能材料与器件北京市重点实验室主任，英国皇家化学会会士（FRSC）和中国化学会会士（FCCS）。长期从事多功能磁性材料与新能源材料的可控合成及其在纳米生物医学、能源领域的应用研究，发表论文 280 余篇，总引超 3 万次，H 指数 95，获授权发明专利 16 项。2019 年以第一完成人获国家自然科学二等奖，曾获全国创新争先奖、茅以升青年科技奖、中国化学会 – 英国皇家化学会青年化学奖。入选国家杰青、长江学者特聘教授、国家"万人计划"领军人才，连续 6 年（2018—2023 年）入选科睿唯安高被引科学家。现主持国家重点研发计划、国家自然科学基金重大科研仪器研制项目等。担任 *MedMat* 执行主编、*Rare Metals* 副主编及多个国际期刊编委，兼任中国化学会理事、副秘书长。

王静静，博士，中山大学逸仙博士后，隶属侯仰龙教授团队。主要研究方向是铁基磁性纳米颗粒的可控制备及其肿瘤诊疗研究。截至目前，以第一作者身份在 *Adv. Mater.*、*J. Am. Chem. Soc.*、*Biomaterials*、*Chen. Eng. J*、*Small Methods*、*Appl. Mater. Today* 等国际顶级或权威期刊上发表学术论文 10 余篇，已授权专利 3 项。主持中国博士后科学基金项目等。

王术人，博士，北京大学助理研究员，隶属侯仰龙教授团队。在侯仰龙教授的指导下，从事纳米生物医学的研究，系统开展生物影像磁性纳米探针的构建与性能评价的基础科学研究，致力于为肿瘤早期诊断与诊疗一体化提供新材料和新方法。发表国际 SCI 论文近 20 篇。主持国家自然科学基金项目 1 项。

汪志义，博士，中山大学材料学院副教授，隶属侯仰龙教授研究团队。主要研究方向包括磁性药物递送系统、磁性微纳机器人、自旋催化医学。以第一作者或通讯作者在 *Nat. Commun.*、*Sci. Adv.*、*CCS Chem.* 等国际期刊上发表学术论文 30 余篇，已授权专利 2 项。主持国家自然科学基金项目 2 项、中央军委科学技术委员会项目 1 项等，参加国家重点研发计划 1 项。担任中国材料研究学会青委会理事，中国医药生物技术协会生物医学成像技术分会委员，*Rare Metals*、*MedMat* 期刊青年编委等。

第
8
章

第9章

生物化学晶体管

魏大程　王学军　赵俊虹

9.1 / 生物化学晶体管研究背景

9.1.1 / 原理简介

场效应晶体管（field effect transistor, FET）作为集成电路中的基本元件之一，其主要功能是利用电场效应控制电流的开关[1-5]。典型的晶体管是一种三端器件，包括源极、漏极、栅极、源/漏极之间的半导体沟道以及沟道和栅极之间的介电层[6-8]［图9-1（a）］。当施加一定的栅极电压（V_{gs}）时，介电层电场对半导体沟道产生掺杂作用[9]，从而调控半导体载流子浓度，改变沟道的导电性，使得沟道电流（I_{ds}）处于"开"或"关"状态。

半导体沟道电学性能的可调控性使得晶体管还具备作为传感器件的潜力。由于生物样本通常为液态，生物化学晶体管传感器主要采用液栅结构，即使用液体作为栅极施加栅极电压。半导体沟道处的固液界面会形成双电层（electrical double layer, EDL），使得栅极电压对半导体沟道导电性的调控成为可能［图9-1（b）］[10]。晶体管传感器件通常在半导体沟道表面修饰

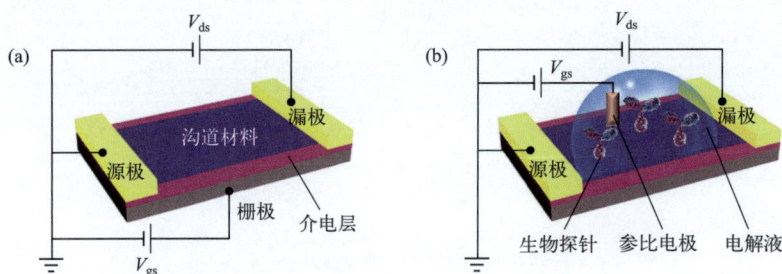

图 9-1　传统晶体管器件与液栅型晶体管传感器件

可特异性识别标志物的生物探针。其传感过程包括生物分子识别与信号转换两个阶段。首先，溶液中的标志物与生物探针发生特异性反应；其后，化学掺杂效应会引起晶体管表面电荷分布变化，改变半导体沟道的载流子浓度，从而产生电流（I_{ds}）响应信号。由于半导体能带的掺杂效应具备信号转换和放大特性，使得界面处发生的微小化学变化也能高效转换成电信号，从而实现高灵敏的标志物检测。

9.1.2 / 性能优势

不同于其他检测技术，晶体管传感器利用化学物质对半导体能带的掺杂效应实现信号转换和放大，应用中具备如下优势。

① 响应快　晶体管的信号转换机制使得其能实时将化学信号转化成电信号，适用于"即测即走"的快速检测场景。

② 高灵敏　检测限最低可达到阿托摩尔（aM，10^{-18}mol）量级，远低于传统检测方法。

③ 易操作与无标记　操作简单便捷，无需复杂的标记过程，可极大简化测试流程，降低了对专业设备和技术人员的依赖。

④ 易集成　晶体管传感器通过半导体工艺加工制造，尺寸小，直接输出电信号，易与电子系统集成，可实现便携式生物化学传感。

⑤ 高通量　通过传感器件的阵列化设计，能检测多个样本以及不同标志物，提高检测效率，可适用于传染病筛查等应用场景。

⑥ 低功耗　检测生物样本时，工作电压往往低于 1V，能耗低。

⑦ 低成本　晶体管传感器直接将生物探针集成到纳 / 微米尺度的器件界面，有利于减小试剂用量，降低检测成本。

9.1.3 / 应用领域

（1）疾病诊断

尽管现有疾病诊断技术准确性较高，然而往往需要复杂的样本预处理或扩增过程以及昂贵的仪器设备。晶体管传感器兼顾高灵敏度和检测即时性，使其在医学诊断应用中优势显著。现有研究探索了其在癌症、传染病、遗传病等疾病标志物检测方面的应用前景，展现出精准、高效的检测性能[11]，在疾病早期诊断、病情监测、即时医疗干预等领域具有重要应用价值[12]。

（2）可穿戴电子设备

通过半导体沟道表面的探针修饰，晶体管传感器将不同化学信号转换成电信号，有利于实现信息融合；结合人工智能的算法，可实现数据的智能分析，用于综合健康监测。此外，晶体管传感器体积小、易集成的特点使其可有效集成于如智能手表、智能眼镜等电子设备中，为穿戴电子学的应用提供了关键的传感元件[13-14]。

（3）食品安全与环境监测

晶体管传感器能够检测极低浓度的环境污染物、农药残留、食品添加剂等并提供实时监测数据，在食品安全、环境污染事件的快速响应与处理中具有重要作用。

综上所述，凭借高灵敏度、快速响应、易集成等特性，晶体管传感器有望颠覆传统生物化学检测技术，为智能电子、精准医疗等领域提供新的解决方案。

9.2 生物化学晶体管的研究进展与前沿动态

分子识别探针与信号转换材料是构筑晶体管传感器的重要原材料。在追求高精度、高效率检测的技术背景下，对分子识别及信号转换过程进行精确设计成为满足多样化应用场景需求的关键所在。

9.2.1 分子识别材料

（1）分子探针设计

晶体管传感器需要通过修饰生物化学探针以实现其功能。针对不同的待测标志物，通过筛选不同生物探针如核酸、抗体、酶等，并将其修饰于半导体沟道上，可实现特异性检测。需要指出的是，这一过程往往要求晶体管表面具备可供修饰的位点。对于自身不具备修饰位点的晶体管材料，研究者们开发了多种间接修饰策略，如利用金纳米颗粒、量子点等纳米材料作为连接中介，连接半导体沟道与生物分子探针，不仅可以完成探针修饰，还可通过纳米材料独特的物理化学性质实现传感性能的增强。

（2）框架结构修饰

传统晶体管传感器的分子探针界面修饰不可控，难以满足传感界面抗污染、高反应效率等需求。为此，科学家们探索利用框架结构材料来精准构筑传感界面。这些框架结构材料的结构和功能具有在纳米尺度的可控性，如框架核酸利用核酸杂交的高特异性和可编程性自组装而成，可在纳米尺度上精确控制位点分布，从而构建出复杂的生物化学反应体系，提升了界面反应效率、抗污染性、特异性等。

（3）传感功能薄膜

通过在晶体管传感界面沉积聚合物、无机物等材料，可构建一层具有生化响应功能的薄膜。分子印迹聚合物（molecular imprinted polymer, MIP）作为一种具有高选择性和特异性的材料，在晶体管传感领域具有较高的应用潜力。印迹分子层具有与模板分子高度匹配的空腔结构，通过分子印迹聚合物的"门"效应实现对目标分子的精准识别。该聚合物膜还具有耐高温、酸、碱和有机溶剂等特性，不易被生物降解破坏。这使得传感器在恶劣环境中仍然能够保持稳定的性能，可以延长晶体管传感器的使用寿命。此外，金属有机框架（metal organic framework, MOF）作为一类典型的多孔材料，由金属离子或金属簇与有机配体通过自组装形成晶态多孔结构。共价有机框架（covalent organic framework, COF）是一种具有晶体结构和强共价键连接的多孔聚合物。MOF与COF材料均具有高比表面积、高孔隙率和丰富的活性中心，使其成为构建抗污层以及提供丰富修饰位点的理想材料。通过精确调控材料的组成和结构，可以实现对传感过程的精细调控。

9.2.2 / 信号转换材料

生物化学信号与电信号之间的转换过程发生在晶体管沟道界面。界面化学过程的掺杂作用会调控半导体沟道的导电性，从而产生电信号响应。因此，信号转换材料，即半导体沟道材料，是晶体管传感器不可或缺的关键材料，主要包括无机半导体、有机半导体等。

（1）无机半导体

无机半导体通过共价键形成长程有序的晶体结构，具有优异的力学性能、较高的载流子迁移率、稳定的化学结构等优势[13,15-19]。无机半导体按维度可分为零维、一维、二维及三维材料。传统场效应晶体管是在单晶硅、砷化镓等三维半导体晶圆上制造的[20]，载流子传输主要发生在半导体与绝缘层界面处。表面发生的生物化学反应难以有效调节材料内部的载流子输运，导致信号传导效率较低[21-22]。因此，低维材料正成为研究热点。一维半导体材料如纳米线、纳米管、纳米棒以及二维半导体材料如纳米薄膜、石墨烯、过渡族金属二硫化物等，具有高载流子迁移率、大表面积、独特的电学特性等优势。纳米尺度效应使得导电通道直接暴露在环境中，具有超高信号转换效率。此外，该类材料通常具有良好的化学稳定性，使其能够在复杂的生物环境中保持稳定的传感性能[23-24]。

（2）有机半导体

1977 年，Heeger、MacDiarmid、Shirakawa 等报道了其开创性工作——掺杂聚乙炔的高导电性[25]。不同于无机半导体，有机半导体的电荷传输取决于电荷载流子从一个分子传递到另一个分子的能力，而这种能力与 π 键轨道和量子力学波函数重叠密切相关，即最高占据分子轨道（highest occupied molecular orbital, HOMO）能级、最低未占据分子轨道（lowest unoccupied molecular orbital, LUMO）能级以及 HOMO 和 LUMO 能级之间的带隙。有机半导体具有位点可设计性，其分子结构能够通过合成方法调整和优化，从而与探针分子实现特定方式的连接。此外，有机半导体在溶液加工法以及生物相容性等方面的优势，促进了其在生物化学标志物检测、生物电子学等领域的广泛应用[26]。

9.2.3 / 材料界面设计

（1）灵敏度

场效应晶体管具有信号放大功能，具备高灵敏度生物化学分析的潜力，其灵敏度与材料界面的化学反应过程、信号转换物理过程相关。在化学过程调控方面，樊春海团队设计出了一种基于"DNA 纳米镊"的石墨烯场效应晶体管。DNA 镊子在与靶标相互作用后打开并实现不同长度的链切换，由 DNA 几何形状变化触发电阻变化而产生的电信号被记录，可以实现单核苷酸多态性检测[27]。在物理过程调控方面，Rashid 等使用具有变形单层石墨烯沟道的晶体管器件进行核酸检测，石墨烯的纳米级形变可显著增加有效德拜长度，进而有效削弱电荷屏蔽效应。该传感器可在目标物质浓度低至 20aM 的人血清样本中实现超高灵敏度检测[28]。

（2）特异性

生物标志物如核酸、蛋白质、代谢物及激素等的存在、缺失或浓度变化往往与疾病的发展紧密相关，如何特异性识别与区分这些生物标志物对于疾病的精准监测至关重要[29]。通过在晶体管界面修饰探针可以实现对标志物的特异性检测。康华等通过将 SARS-CoV-2 刺突蛋白的抗体修饰在石墨烯上对 SARS-CoV-2 临床样本进行了高灵敏度检测[30]。然而，鉴于真实样本中生物分子的复杂多样性，如何进一步提升检测特异性成为关键问题。这要求研究者在探针设计等方面进行深入研究。在探针设计方面，Aran 等结合规律间隔成簇短回文重复序列（clustered regularly interspaced short palindromic repeats, CRISPR）技术，设计了一种无标记核酸检测生物传感界面，利用 CRISPR 系统的靶向能力实现单碱基精度的核酸识别，无须扩增即可在 15min 内检测到 DNA 的相关突变[31]。庆睿等构建了一种基于膜蛋白的新型模块化体外生物晶体管传感器用于识别人体内重要的细胞因子。所设计的受体双分子层探针安装在石墨烯场效应晶体管阵列芯片上，可产生更显著的电信号[32]。

（3）抗污染性

具有抗污染性的晶体管传感界面能阻止背景分子的非特异性吸附，是确保复杂生物样本中标志物精准检测的关键。例如，使用牛血清白蛋白（BSA）修饰晶体管传感界面可以避免器件测试过程中的表面污染，提高器件的抗污染性能。另外，利用 COF 具有纳米级孔径的特点，将其构筑于晶体管表面，能够在有效识别小分子的同时阻隔非特异性背景分子吸附，从而屏蔽背景信号干扰[33]。抗污染层修饰后不可避免使生物标志物远离晶体管表面，导致信号转换效率降低。为此，魏大程等提出了基于 DNA 四面体框架的界面修饰策略。通过四面体刚性底座的密集修饰，避免了晶体管表面的非特异性吸附；四面体上的柔性适配体探针能够自由运动，保持较高活性，使其兼顾抗污染性能和检测灵敏度[34]。

9.3 我国在先进生物化学晶体管传感材料领域的学术地位及发展动态

近年来，我国在该领域取得了一系列科研进展。从 2014 年到 2024 年期间，在 web of science 数据库中检索到生物化学晶体管传感相关的学术论文 16565 篇。从发文趋势可以看出，全球总体保持稳定的增长趋势。其间，中国在该领域共发表 4175 篇论文，论文数量从 2014 年的 114 篇逐年增加，2022 年突破 200 篇（图 9-2）。

对上述学术论文的产出国家分布情况进行分析，发文数量位于前十位的国家分别是中国、美国、韩国、印度、英国、日本、德国、意大利、法国和加拿大。这 10 个国家的发文数量占总论文量的 86.28%，其中中国占比高达 25.2%（图 9-3）。

9.3.1 晶体管传感材料及器件的代表性工作

北京大学彭练矛、张志勇团队是碳基传感材料和器件领域的领军团队之一。该团队基于碳纳米管晶体管器件并结合高效的脉动阵列架构设计，制造了 3000 个碳基晶体管的集成电路，是世界首个碳纳米管基张量处理器芯片[35]。团队也发展了碳纳米管基的晶体管生物传感

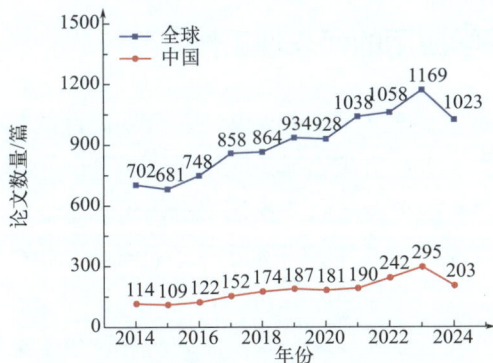

图 9-2　生物化学晶体管传感材料领域全球以及中国发文态势（数据检索自 web of science）

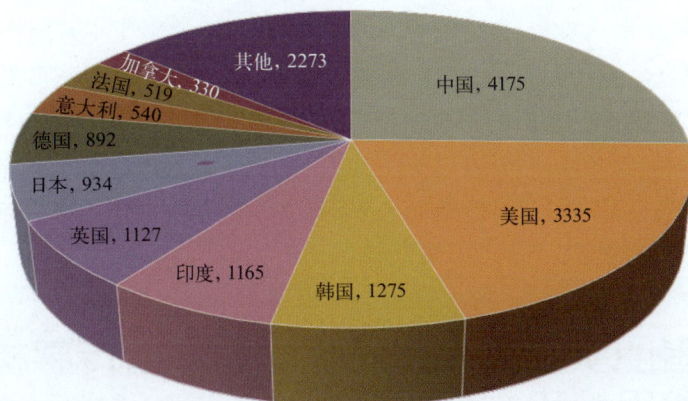

图 9-3　生物化学晶体管传感材料领域发文量前十位国家分布（数据检索自 web of science）

器，研发了器件加工、封装的标准工艺流程，并设计了生物标志物便携分析设备，可实现传感芯片的即插即用，操作界面友好[36]。

北京大学郭雪峰团队致力于研究新型功能分子材料和器件等，设计了基于硅纳米线场效应晶体管的单分子生物传感器，实现了对天然无序蛋白的单分子构象动力学监测。这项研究成果为理解天然无序蛋白的特性及其与其他分子间相互作用的动态过程提供了新的分析工具[37]。

同济大学黄佳团队长期致力于有机半导体材料与柔性电子器件研究。该研究小组设计并构建了一种肩并肩有机二极管结构的晶体管传感器，展现出对微量固态化学物质的高度敏感检测能力。该传感器能够精确检测到浓度远低于国家食品安全标准的三聚氰胺，体现了其优异的检测性能和应用潜力[38]。

中国地质大学（武汉）夏帆团队从事生物传感器、纳米孔道技术及生物分子检测等领域的研究，报道了基于晶体管的端粒酶生物传感器，揭示了探针分子与氧化铟沟道的相互作用对检测性能的影响，并利用栅极电压调控策略实现了端粒酶的高灵敏检测[39]。

武汉大学袁荃团队研究主要集中在 DNA 功能化纳米材料的设计制备与应用、生物化学传感器的研发等，在电化学和晶体管传感领域也有较好的研究基础。该团队通过调控晶体管传感界面识别分子的取向和结构来缩短识别分子在电极表面的长度，增强电极与特异性靶标蛋白之间的相互作用，提高了传感器的灵敏度[40]。

第9章

9.3.2 / 晶体管生物医学应用的代表性工作

在疾病诊断领域，天津大学胡文平团队尤其注重开发高性能有机场效应晶体管技术，并将其与生物医学结合，取得了重要突破。该团队使用含羧基的柱状芳烃作为信号放大器开发了一种基于有机场效应晶体管的单分子水平检测平台，用于超低丰度癌症生物标志物的高灵敏度检测，解决了部分有机场效应晶体管灵敏度不足的问题，并在早期癌症诊断中展现出重要潜力[41]。

在健康监测领域，哈尔滨工业大学胡平安团队的研究聚焦于柔性可穿戴电子器件等。该团队开发了一种基于纳米阵列二硫化钼的具有自动汗液输送、杂质隔离和可重复使用功能的高灵敏度柔性晶体管监测系统，集成了具有可润湿性表面的纳米阵列和适配体修饰的场效应晶体管，可检测汗液中的 TNF-α 蛋白浓度，有望应用于临床蛋白水平监测[42]。

在脑机接口领域，复旦大学宋恩名团队研制出一种微米级可生物降解的神经接口，拥有100 个记录通道，适用于脑皮层电活动的短期监测。该接口采用多种生物降解材料和先进的微纳加工技术，实现了细胞级别的脑活动映射，并达到了有机电化学晶体管阵列的最高通道记录性能。其低杨氏模量与超薄特性确保了与大脑皮层的紧密贴合，有效降低了界面阻抗和运动伪影，实现了实时神经信号的高保真映射[43]。

9.4 / 作者团队在先进生物化学晶体管传感材料领域的学术思想和主要研究成果

在晶体管传感材料领域，作者团队聚焦分子识别探针及低维信号转换材料研发，发展了传感界面精准设计与调控策略，解决了晶体管传感器在复杂环境中特异性、反应效率、灵敏度瓶颈的关键科学技术问题。同时，研发了基于晶体管传感器的便携系统，并开展了多场景临床验证。通过材料、生物、化学、微电子、信息等跨学科交叉研究，推动了晶体管生物化学传感器在医学诊断领域的应用。

9.4.1 / 晶体管材料研究

晶体管材料（半导体沟道材料）可以实现生物化学信号与电信号之间的转换，是构建晶体管生物化学传感器的关键。作者团队的研究主要聚焦在能够实现高灵敏检测的二维材料和具有良好生物相容性的有机半导体材料。

二维材料具有原子级厚度，其对表面电荷分布变化具有更高灵敏度，在生物化学传感领域具有重要应用前景。尽管化学气相沉积（chemical vapor deposition, CVD）法可实现一些二维敏感材料如石墨烯的大面积制备，但器件加工过程中需要复杂的转移过程，造成缺陷和界面污染，影响电荷注入及电荷输运等过程，降低器件稳定性与可靠性[44]。为此，团队发展了等离子体增强化学气相沉积（plasma-enhanced chemical vapor deposition, PECVD）技术，实现低温下（400℃）介电衬底上直接生长单晶石墨烯[45]。一个完整的晶体管器件包含半导体沟道材料与介电层，介电层用于栅极电压对晶体管沟道材料的电学调控并隔绝电流，因此，高质量介电层以及介电层 / 半导体沟道界面对制备高性能晶体管器件十分重要。为此，团队开发了与半导体工艺兼容的"准平衡 PECVD 修饰技术"，在介电衬底表面低温生长共形六方氮化硼（h-BN）[图 9-4（a）]，继而实现了在 h-BN 表面二维半导体材料的高质量生长[46]。相较于传统的介电材料，共形 h-BN 具有洁净、无悬键的范德华表面，能有效提升迁移率，减小电流回滞。过渡金属二硫族化合物（transition-metal dichalcogenide, TMD）具有大的表面体积比，可调电子和光学性能，低毒性，独特的范德华分层结构以及可工程化的表面结构，使二维 TMD 材料在下一代生物传感应用具有较大前景。传统 CVD 生长方式高扩散性的气态源往往会导致随机形核及晶体随机生长，使得所得晶体在电子阵列器件的应用中受到限制。团队提出了基于熔盐辅助的"自锚定生长"策略[图 9-4（b）][47]。通过设计表面能差异化衬底并借助高温原位可视设备，观察到了高温源液滴在衬底表面的自组装和自锚定过程，实现了阵列 TMD 晶体的可控生长。

有机薄膜晶体管易于制备、生物相容性好、固有的信号放大功能等优势，可实现对目标分析物快速免标记的高灵敏度检测。传统有机半导体的器件主要通过溶液法加工，其集成度不高，难以与现有光刻工艺兼容。现有光交联有机半导体主要通过交联侧链与导电骨架形成

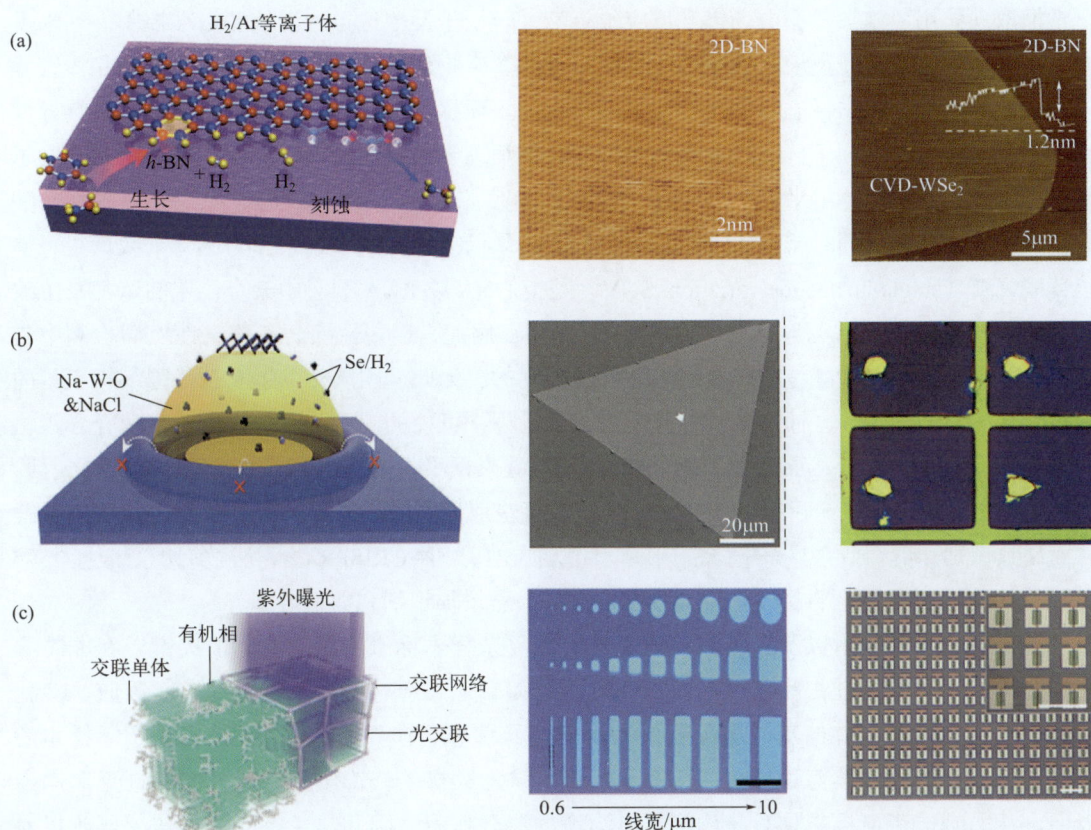

图 9-4　晶体管传感材料制备[45-50]

的内穿结构实现光图案化，然而该方法会影响分子有序堆积，不利于载流子输运，对性能的稳定性和一致性造成影响。为此，团队提出了"半导体性光刻胶"概念，实现有机半导体光刻高分辨图案化［图9-4（c）］[48-49]。该半导体性光刻胶由半导体相、交联相、光引发剂组成，在紫外光曝光后会形成纳米互穿结构，不仅实现了亚微米（0.6μm）图案分辨率，而且有利于实现紧密π-π堆叠，使材料具有更高的工艺稳定性，并在显影剂和剥离溶剂中具有长期稳定性。此外，针对由于n型半导体材料固有的空气稳定性差、载流子迁移率低等问题，利用溶剂驱动力，诱导半导体性光刻胶形成独特的梯度自封装薄膜结构，在实现高精度光刻加工的同时实现了n型半导体材料的环境稳定性[50]。

9.4.2 传感界面调控和器件构筑研究

晶体管传感过程包含分子识别和信号转换效率过程。真实样本中背景分子复杂，离子浓度高，因而存在探针和待测物的反应效应低、特异性不足、非特异性吸附以及德拜屏蔽效应等瓶颈，阻碍了生物化学晶体管传感器的实际应用。针对上述瓶颈，团队开展了一系列传感界面调控的研究。鉴于反应位点、过程不可控导致界面反应效率低的瓶颈，提出了DNA纳米反应系统构筑策略［图9-5（a）］[51]。利用DNA杂化的高度可编程性，通过框架核酸构筑纳米反应器，控制反应位点之间的距离，构建了纳米尺度的物质传输通道；同时，利用晶体管固液界面电/化学栅双向作用，施加界面电场提升反应位点活性。由于反应位点与活性的精准控制，纳米反应器的反应效率较传统反应器增强约343倍。晶体管生物化学分子检测是通过修饰在晶体管导电沟道上的生物探针与标志物的特异性识别实现的，而探针与标志物的结合力影响检测特异性和信号转化效率。不同于传统筛选高亲和力探针需烦琐复杂的生物化学反应过程，团队开发了基于框架核酸的"抗体纳米镊"［图9-5（b）］[52]和Y形探针［图9-5（c）］[53]用于蛋白和核酸的检测。此类探针可同时靶向标志物的两个位点，从而提升有效结合亲和力达一个数量级。单核苷酸突变（single-nucleotide variation, SNV）是指DNA或RNA分子中某个位置的碱基发生改变，是遗传变异的最常见形式之一，而SNV检测在癌症、遗传性疾病和传染性疾病检测中具有重要意义，其识别性能是传统核酸探针难以实现的。为此，团队开发了基于基因编辑工具的晶体管传感界面的设计。针对探针和靶标物结合过程不可控的问题，团队提出核酸酶介导策略［图9-5（d）］，利用Argonaute蛋白提供的纳米通道来预组织DNA探针，从而防止探针失活，加速靶标结合，并在纳米尺度上调节结合过程，可快速识别SNV[54]。此外，针对目标序列折叠从而导致识别和剪切效率显著下降的问题，团队提出了一种CRISPR/Cas协同剪切系统［图9-5（e）］[55]。通过同时识别目标序列中的不同位点，显著增加识别和剪切效率。

解决非特异性吸附以及克服德拜屏蔽是实现复杂样本标志物精准检测的关键。在非特异性吸附方面，尽管通过在晶体管界面修饰抗污层如聚乙二醇、牛血清白蛋白、水凝胶、多孔材料等具有抗污染特性的功能层可有效阻止非特异性分子在界面的吸附，然而，实际样本的离子浓度往往较高，其德拜长度往往小于1nm，抗污染层的修饰不可避免使得探针远离沟道表面，从而减弱带电标志物对晶体管导电沟道的掺杂作用。因此，现有晶体管传感器难以兼顾高灵敏度和界面的抗污染性。针对这一长期存在的瓶颈问题，团队提出了"分子机电系统"

的界面设计策略［图9-5（f）］[34]，该分子微机电系统由刚性的DNA四面体和柔性的探针组成。一方面，修饰在晶体管沟道上的DNA四面体刚性结构作为抗污染层阻挡样本中复杂背景生物分子在晶体管界面处的非特异性吸附。另一方面，由于DNA是带有大量负电荷且DNA四面体底座具有一定的刚性，通过施加负栅极电压驱动柔性探针分子向晶体管表面运动，突破德拜长度的限制，从而实现了复杂样本中痕量核酸、蛋白、小分子、离子等标志物的高灵敏检测，检出限达10^{-20}mol/L。因此，该"分子机电系统"修饰策略兼顾了晶体管传感界面的超灵敏性和抗污染性。

提高晶体管传感器的特异性响应和信噪比有助于提升检测准确性。传统晶体管传感器的检测机理是通过带电标志物对半导体沟道材料的掺杂，其掺杂效率有限。为此，团队发展了基于栅极修饰的电化学晶体管生化传感器［图9-5（a）］。通过改变栅极表面电势进而改变施加在晶体管沟道等效表面电势，显著提升了传感器的电学响应，并通过电学模型的分析揭示了其信号放大倍数与栅极电极与沟道面积之比有关。此外，通过栅极电场富集策略，进一步提升了标志物的识别和信号转换效率，从而提升了痕量标志物检测的信噪比[56-57]。

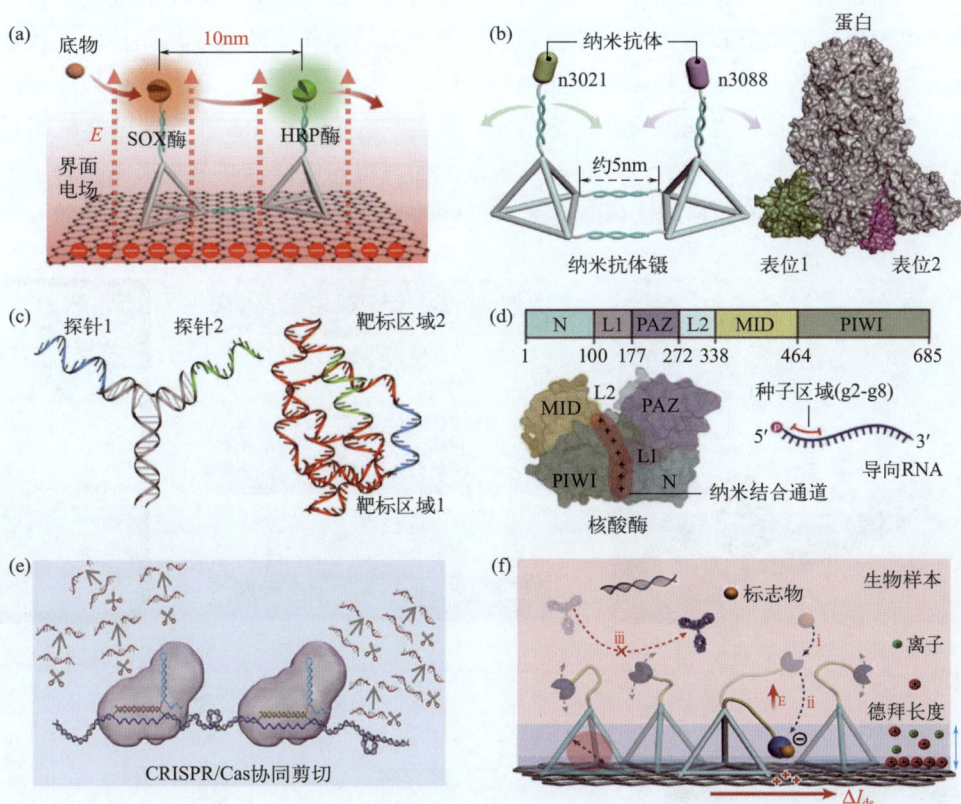

图9-5　晶体管传感界面调控 [34,51-55]

9.4.3　晶体管型检测设备与应用研究

鉴于晶体管传感器兼具快速响应和高灵敏的优点，很好满足了体外诊断的需求。团队开发了基于晶体管传感器的便携式检测系统。该系统包括控制器、数/模转换器（DAC）、检测模块、时钟、信号处理模块、信号输出模块，并通过手机蓝牙互联实时读取信号［图9-6（a）］。为验证该便携式检测系统的临床检测性能，团队针对不同病原体如甲流、鼻病毒、新冠、结核杆菌等以及其他疾病如肝癌、前列腺癌、糖尿病，开展了大于2000例包括咽拭子、血清等临床样本检测。其中，核酸检出限小于20copies/mL，抗原检测限小于10fg/mL，检出时间约5min，整体临床检测符合率约为90%。

相较于单生物标志物检测，多联检是一种综合性诊断技术，能有效提高疾病的早期诊断、监测和治疗效果。其中，miRNA作为重要癌症生物标志物，多miRNA联检有助于提高诊断准确性。针对目前miRNA检测方法存在操作复杂、成本高昂，并且依赖于专业设备的问题，团队计了一种基于DNA分子计算的晶体管"一站式"诊断平台［图9-6（b）］。该平台集成了传感/与计算功能，实现了单个晶体管芯片上对多个miRNA标志物的同时检测与逻辑分析。将该平台用于肝癌临床血清样本miRNA标志物的检测，肝癌诊断准确性从传统临床诊断方法的88.2%提升至98.4%[58]。

在复杂临床条件下，传统的即时检测技术往往需要在结果准确性和检测速度之间进行妥协。基于单一信号的检测技术会受到非特异性吸附、人为操作、随机干扰和传感器等诸多因素的影响，产生偶然不准确性和错误响应信号。因此，团队开发了一种基于场效应晶体管电学传感单元与微流控技术电化学发光传感单元的光电联合多分类诊断平台［图9-6（c）］，通过机器学习算法对采集信号进行处理得到三维决策面。将光电联合多分类诊断平台用于鼻病毒临床血清和咽拭子样本的检测，诊断准确率约99%[59]。

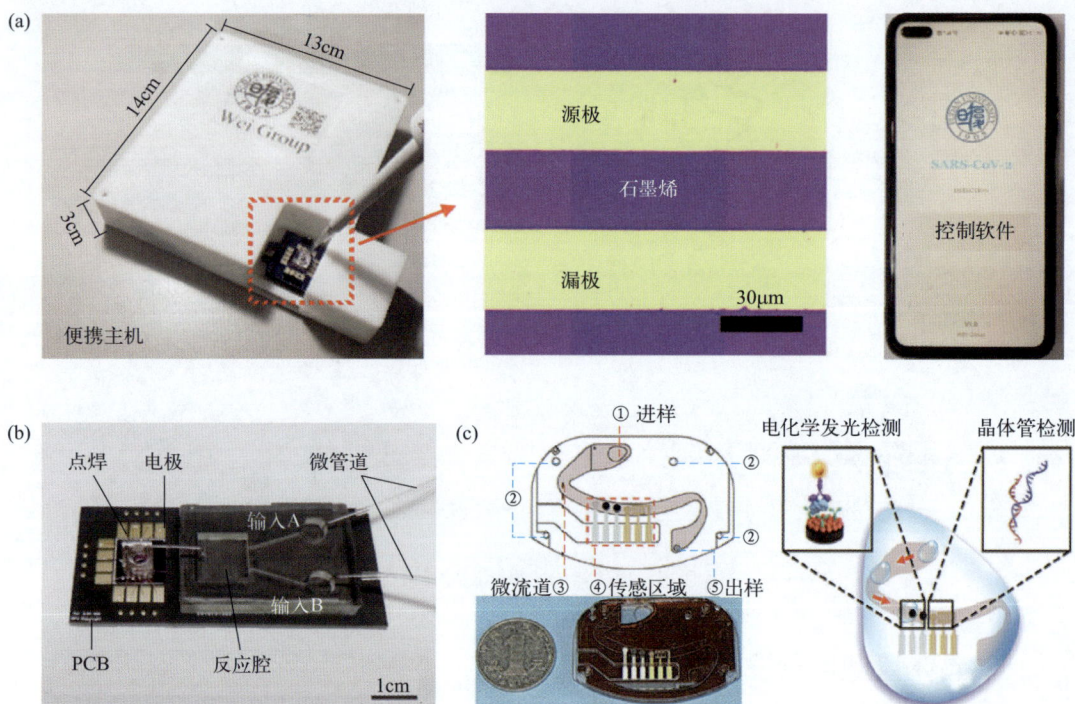

图9-6　晶体管型检测设备[34,58-59]

9.5 / 先进生物化学晶体管传感材料发展重点

近年来，生物化学晶体管传感器取得了较为丰富的成果，然而在规模化应用中仍面临诸多挑战，亟需在分子识别探针以及信号转换材料方面进行创新。

9.5.1 / 分子识别探针筛选和设计

分子识别探针的特异性能够精准区分目标标志物与非目标标志物，减少背景干扰，确保生物化学晶体管传感器检测的准确性。尽管现有筛选方法能够获取高亲和力的分子探针，但由于其筛选环境难以代替复杂样本的检测环境，实际应用中难免会出现交叉反应。此外，分子识别探针和标志物的结合动力学决定了晶体管传感器件的可重复性使用。由于分子识别探针的亲和力与探针/标志物复合物解离效率成反比，高亲和力识别探针意味着探针与标志物之间的结合往复性差，因而难以实现晶体管传感器的可重复使用。生物化学晶体管传感器的检测机制是带电标志物对半导体导电沟道的电学掺杂，其检测性能很大程度上依赖于标志物的带电特性。因此，对于中性分子、低电量的待测分子，其检测性能往往受限。尽管可通过复杂的探针设计及界面调控手段在一定程度上实现中性分子及低电量分子的灵敏检测，但其检测机制较为复杂。生物化学晶体管在实际应用中，由于待检测环境的差异较大，修饰于晶体管表面的探针如核酸、抗体、酶、框架结构等，其探针的特性往往会受到如温度、离子浓度、pH 值的影响，检测性能会受到检测环境的影响，从而降低检测准确性。由上可知，现有分子识别探针在实际应用中仍面临众多瓶颈问题，如何进行筛选方法优化以及探针结构设计，是未来生物化学晶体管传感器分子识别探针发展的重点。

9.5.2 / 晶体管传感材料的功能化

由于实际检测环境往往背景分子复杂，离子浓度高，存在背景分子非特异性和强电场屏蔽的瓶颈；晶体管材料固液界面双电层处电荷聚集，不利于待测标志物向界面处的扩散，分子识别的效率受限，影响最终的检测性能。现有解决方案往往需在晶体管材料表面构筑复杂的传感界面，然而其界面设计方法往往较为复杂，不利于规模化应用。需要指出的是，上述瓶颈问题主要归因于传统晶体管材料功能的不可设计性，难以根据实际应用场景的需求进行晶体管传感材料的功能化设计。因此，如何开发出功能化的晶体管生物化学传感材料，高效、可靠地完成表面改性与探针负载，从材料本身实现溶液环境中的稳定性、抗污染能力、晶体管传感器固液界面高效电荷传输以及其他功能特性，也是先进生物化学晶体管传感材料发展的重点之一。

传统生化晶体管传感器主要用于体外诊断。随着可穿戴生物电子学的发展，晶体管基生物化学电子器件高灵敏与实时响应的特点使其在该领域有重要的应用前景。不同于体外诊断的应用场景，可穿戴电子器件通常需要与生物组织相互作用，因此需满足柔性、高组织黏附性、生物安全性等特性，而现有的晶体管电子材料还难以同时满足上述的特征要求。此外，除生物化学信号外，由于可穿戴生物电子器件检测对象往往含生理电信号，其主要是通过离子的运动来执行的，而现有大多数晶体管材料检测电子器件携带的电流。因此，亟需开发新型用于可穿戴生物电子器件的晶体管材料体系，在满足上述技术特征的同时，实现性能的提升。

晶体管材料的规模化制备对制备高均一性晶体管传感器件至关重要，能显著降低材料的单价及生化传感器的制造成本。尽管在晶体管材料晶圆级制备方面取得了较大的进展，其均一性还有待提升。此外，晶体管生物化学传感器的制备包含晶体管材料的转移、微纳加工、生物化学探针修饰以完成其功能化，所涉及物理化学过程往往会引入污染，降低传感器件电学性能以及均一性。因此，无须转移的晶圆级、高均一性晶体管材料制备以及标准化生物化学修饰是亟需解决的瓶颈问题。

9.6　先进生物化学晶体管传感材料的展望与未来

先进生物化学晶体管传感材料是新材料科学与生物技术交叉结合的前沿领域。随着全球对生物传感技术需求的不断增加以及我国在此领域的战略布局逐步明确，先进生物化学晶体管传感材料具有广阔的发展前景。通过研判当前生物化学晶体管传感材料的发展现状和面临的问题，对该领域研究和未来发展作出如下展望。

（1）面向传感界面功能化需求，发展分子识别探针筛选和设计新策略

分子识别探针的筛选环境和策略影响其识别特异性，而传统筛选环境较为简单且路线较为单一。一方面，将复杂待测样本作为分子识别探针环境并引入与标志物结构相似的干扰物以及检测环境中背景干扰物，提升分子识别探针的特异性。另一方面，采用多组学整合策略，结合基因组学、蛋白质组学数据，利用基于已知探针 - 标志物数据的人工智能训练模型，预测高特异性候选探针。高特异性的探针筛选能保证生物化学晶体管传感器的检测准确性，其探针的工程化设计影响其在晶体管传感界面的功能和信号转换效率。针对高特异性探针与标志物结合可逆性差导致传感器重复使用性差的瓶颈，可在探针修饰有刺激响应基团，通过外场作用，实现分子识别探针和标志物的充分解离。类似地，由于生物化学晶体管传感器依靠带电标志对导电沟道的掺杂，通过在探针端修饰有电荷转移基团，利用分子探针与标志物作用时构型变化，增强中性及低电量标志物的信号转换效率。此外，通过开发响应性探针，使其在环境变化（如 pH 值、离子浓度）时具有自我调节功能，进一步提高检测灵敏度和准确性。

（2）面向晶体管传感材料功能化需求，发展有机电化学晶体管材料

有机半导体材料因其分子可设计性、本征柔性、生物兼容性，有望成为理想的生物化学晶体管传感材料。不同于传统有机场晶体管材料的电子 / 空穴输运原理，有机混合离子 - 电子导体（organic mixed ionic-electronic conductor, OMIEC）是一类能够同时传输离子和电子的共轭分子材料，通过驱动离子进入沟道层进而调节沟道层材料的氧化还原状态和电导率，具有高跨导、低工作电压、快速响应速度、高灵敏度。基于 OMIEC 材料的有机电化学晶体管

（organic electrochemical transistor, OECT）在新一代生物电子学领域具有重要的应用前景。

一方面，OECT 器件中的液态电解液可适配各种化学离子和生物分子，结合特异性探针修饰，能够实现对常见代谢物和生物标志物等的特异性检测和实时监测。此外，OECT 器件结构和离 - 电传输特性与生物体的神经元突触结构和工作过程十分相似，且其极低的功耗和优异的离 - 电转换效率，使得 OECT 技术在神经系统传感领域具有较大的应用潜力。与此同时，复杂的生物电子器件往往需要同时结合 p 型和 n 型材料以便实现信息的处理与逻辑运算，如开关、整流、运算、放大等。然而，相比于 p 型材料，n 型材料在种类和性能两方面均远远落后，主要的原因为 n 型材料容易受到环境中的水、氧等物质的掺杂，影响了所制备器件的电学性能和稳定性。因此，各类高性能 OECT 材料的研发仍是未来先进生物化学晶体管传感材料发展的重要领域。

另一方面，OECT 晶体管材料的功能化与器件规模化制备是 OECT 传感器在生物化学传感领域应用的关键。传统晶体管材料的功能化主要通过化学键的方式在晶体管材料上修饰生物化学探针。有机半导体可通过侧链工程修饰功能基团来修饰探针分子，但该策略往往会影响有机半导体的聚集态结构，不利于载流子传输。在规模化器件制备方面，传统溶液法有机半导体材料加工方法精度与效率不足，而兼容光刻工艺的有机半导体材料加工被认为是实现大规模有机电子学的重要途径。因此，通过 OECT 晶体管材料和功能交联分子共混策略，兼顾信号转换材料的功能化和规模化器件制备的可光刻有机半导体材料未来能极大推动 OCET 生物化学传感器的发展。

（3）面向可穿戴生物电子学发展，发展半导体性水凝胶及传感器件

生物化学晶体管传感材料与生物组织的作用界面常存在于可穿戴生物电子器件中，影响传感器件的生物安全性及检测性能。水凝胶具有和生物组织相似的力学性能，以及含水量高和离子通透性好等特性，在生物传感、组织工程等领域具有广泛的应用。水凝胶与导电材料复合后，可以实现电子导电，展现出优异的生物组织 - 电子器件界面特性，已经实现了多种检测、诊断和治疗功能。但和硅基电子器件相比，水凝胶电子器件因为缺少半导体性，尚无法实现丰富的集成电路功能。因此，新型半导体水凝胶晶体管材料兼具有机半导体优异的电学特性以及水凝胶独特的机械和生物界面特性，有望扩展有机半导体和水凝胶材料的应用范围，并有望利用半导体水凝胶构筑丰富的逻辑电路，为高效的生物化学信号采集提供新的思路。目前，半导体水凝胶的相关研究已经取得了初步进展，未来不同功能型半导体性水凝胶的发展具有广阔的空间。

（4）围绕新型晶体管传感材料，建立基于人工智能的筛选体系

功能型晶体管材料的创新是解决传统晶体管生物化学传感器在应用中所面临瓶颈问题的核心。而传统晶体管材料研发耗时长、效率低，因此，人工智能在新型晶体管生物化学传感材料的开发方面将扮演着越来越重要的角色。这一新兴领域结合了材料科学与计算智能技术。利用机器学习等算法预测不同材料组合及其电学性能，研究人员可在材料开发的早期阶段筛选出最具潜力的候选材料。这种预测能力能显著减少实验时间和成本，提高研发效率。未来，从功能需求出发，发展出基于人工智能的生物化学晶体管传感材料逆向设计策略，将极大推动新型先进生物化学晶体管传感材料的研发。

参考文献

作者简介

魏大程，复旦大学高分子科学系聚合物分子工程全国重点实验室研究员、博士生导师，主要研究新型晶体管材料、器件设计和制造以及在生物医学传感领域的应用。作为通讯作者（含共同）在 *Nat. Biomed. Eng.*、*Nat. Nanotechnol.*、*Nat. Protoc.*、*Sci. Adv.*、*Nat. Commun.*、*J. Am. Chem. Soc.* 等期刊发表论文 100 余篇。获得国家自然科学奖二等奖、中国化工学会科学技术奖一等奖、上海市自然科学奖二等奖等荣誉，主持国家重点研发计划、国家杰出青年科学基金项目等，入选上海市优秀学术带头人。

王学军，华东理工大学 / 哥伦比亚大学联合培养博士，复旦大学高分子科学系聚合物分子工程全国重点实验室博士后，主要研究方向为晶体管生物电子学。以第一作者或通讯作者（含共同）在 *Nature Biomedical Engineering*、*Nature Protocols*、*Science Advances* 等期刊发表论文 12 篇。入选人力资源社会保障部博士后创新人才支持计划、上海市科技启明星计划、上海市"超级博士后"激励计划。主持国家自然科学基金青年基金项目、中国博士后面上项目。获上海职工优秀创新成果奖优秀创新奖。

赵俊虹，复旦大学高分子科学系博士研究生。主要研究方向为半导体生物化学传感器的界面设计及功能应用。以第一作者 / 共同第一作者在 *Angewandte Chemie International Edition*、*ACS Sustainable Chemistry & Engineering* 等期刊发表 SCI 学术论文 6 篇，申请国家发明专利一项。入选 2024 年度中国科协"青年人才托举工程"博士生专项计划。以第一负责人完成国家级大学生创新训练计划项目。获研究生国家奖学金、挑战杯国赛铜奖（省赛金奖）等。

第10章

团簇组装低维材料

郭　宇　刘志锋　周　思　赵纪军

近年来，随着纳米科技的飞速发展，团簇组装低维体系逐渐成为研究热点。团簇，这一介于微观原子、分子与宏观凝聚态物质之间的新兴物质结构层次，凭借其明确的原子数目及高度可调的几何与电子构型，引起材料科学、化学、物理学等诸多学科领域的高度关注，并展现出了非凡的应用前景。通过精确操控原子团簇的空间排列，团簇组装技术为构筑新型一维（如纳米线、纳米链）和二维（如超薄薄膜、纳米片）材料开辟了前所未有的路径。本章全面综述了团簇作为构建基元在低维体系（涵盖一维链状与二维薄膜结构）中的组装策略、结构调控机理、独特物性表征以及功能化应用的最新研究成果。同时，本章也探讨了该领域当前面临的挑战，并展望了未来的发展趋势，旨在为团簇组装低维体系的研究与应用提供新的思路与可能的方向。

10.1 / 团簇组装低维材料的研究背景

随着纳米科技的迅猛发展，低维材料凭借量子限域效应、高比表面积和优异电学性能等独特性质，成为能源、电子、光子和生物医学等领域的研究热点[1-5]。一维材料如碳纳米管、硅纳米线，二维材料如石墨烯、过渡金属硫族化合物，均展现出巨大的应用潜力。然而，传统以原子作为组装基元的低维材料，其结构和性质受限于有限的 82 种稳定且非放射性元素的原子[6]，结构相对简单，难以满足多样化功能需求。

与此同时，传统自上而下的制备方法在维度控制精度和结构自由度方面存在局限，难以实现对材料性能的精准"裁剪"。在此背景下，以稳定团簇作为构建基元制备低维材料的方法应运而生[7-9]。团簇是由几个乃至上千个原子构成的相对稳定微观聚集体，其原子组成明确，结构和性质会随原子、电子数目显著变化，为寻找新型的原子尺度构建单元提供了无限可能。此外，团簇组装材料具有分级结构，不同层级结构间的相互作用耦合主导着集体演生效应，使得材料性质调控更具灵活多样性，为设计特殊功能材料和发现新的演生现象提供了新的契机。

从结构上看，迄今为止几乎所有的低维材料都是普通的原子晶体——以原子作为组装基元。通常在这些材料中，每个原子都有其自身的内在特性，这些特性决定了它是否可以与其他原子结合以及它们将要形成怎样的晶体结构。然而，原子本身并不能再被改变，因此，原子晶体材料的结构相对简单。在此背景下，设计具有复杂层级结构或可调结构的低维材料越来越受人们关注[10-12]。事实上，传统自上而下的制备方法在维度控制精度和结构自由度方面存在局限，以稳定团簇（几个乃至上千个原子构成的相对稳定的微观聚集体），而不是原子作为构建基元，通过原子级基元的可控堆砌，实现了从零维团簇到一维、二维材料的精准构筑，成为人们获得具有特定"裁剪"性能理想材料的最具前景的途径之一，其核心原因在于以下两个方面。

① 在传统周期表中，仅有 82 种稳定且非放射性的原子构建基元可用于组装晶体材料。相比之下，潜在的稳定团簇基元的数量是无限的。众所周知，团簇可看成一种极限尺寸的纳米颗粒[7]，其原子组成是明确的，且主要受量子限域效应所左右，因为电子波长与粒子尺寸相当。因此，团簇的结构和性质会随原子甚至电子数目的变化而变化，且往往很显著。此外，团簇中的电子能级比单个原子更复杂，不仅受团簇的大小、组成和电荷状态的影响，还受其结构对称性的控制。这些事实为寻找团簇各种结构和独特性质的新型构建单元提供了无限的可能。

② 团簇组装材料在两个层面上具有分级结构：在相对较小的长度尺度上，团簇内部结构由原子相互作用决定；在更大的长度尺度上，周期性晶格排布由团簇间相互作用形成。与原子晶体不同的是，这些不同层级结构间的相互作用耦合，还将主导团簇组装材料的集体演生效应。由此看来，与原子晶体相比，团簇组装材料在性质的调控上具有更多的灵活性，并且有更多的机会设计新的特种功能材料和发现新的演生现象。

C_{60} 固体的成功合成[13-14] 以及"团簇组装晶体"概念的提出[15-16]，激发了人们不断地围绕着团簇组装材料的结构、稳定性、物理化学性质、实验合成以及可能的应用开展基础探索。截至目前，尽管一些优秀的文章已经讨论了团簇组装材料的各种方面，但大多数集中在组装三维材料上[6-7, 9, 17-22]。与之相比，团簇组装一维、二维材料的研究仍处于起步阶段，缺乏一个涵盖大部分已报道工作的总体概述。为此，本章将集中讨论已有的团簇组装一维和二维材料。需要说明的是，我们目前很难总结出团簇组装的基本原则、团簇间相互作用的理论模型以及调节它们性质的规律。本章的目标是回顾当前团簇组装低维材料在实验和理论上的最新进展，并突出其特殊的演生性质，希望能为研究人员进入这一领域提供有用的参考，为进一步深度研究提供依据。

10.2 团簇组装一维材料的研究进展与前沿动态

在纳米科学研究领域，团簇组装一维材料作为前沿热点方向，凭借其独特的结构特性与优异性能备受关注。与传统宏观材料不同，团簇组装材料以原子或分子团簇作为基础构筑单元，通过精准调控排列组合方式，成功制备出在一维尺度呈现特殊物理化学性质的新型材料体系。自然界中，从 DNA 的双螺旋结构到蛋白质的复杂折叠，无不展示着自然界对一维结构的精妙设计。团簇组装一维材料的研究，正是受到这些自然现象的启发，试图在人工条件下模拟并超越自然的创造力。

团簇组装一维材料，关键在于精确控制团簇的大小、形状、表面性质以及它们之间的相互作用。科学家们利用自组装、模板导向、化学气相沉积等多种技术手段，在纳米尺度下精确构筑出丰富多样的一维结构体系。这些结构不仅美观，更重要的是，它们往往拥有传统材料所不具备的特殊性质。

10.2.1 ／ 富勒烯组装一维材料

1985 年，在激光照射石墨汽化过程中产生了一种非常稳定的团簇 C_{60}（巴克敏斯特富勒烯）[23]，它具有截角二十面体结构，包含 12 个五边形和 20 个六边形。由于具有理想的球形空心结构和二十面体对称性，C_{60} 表现出一系列类似原子的未占据分子轨道，即通过长程极化相互作用形成的超原子分子轨道或"超原子态"，这一点已经通过低温扫描隧道显微镜实验结合密度泛函理论（DFT）计算得到证实 [24-25]。此外，C_{60} 的显著稳定性使其可以作为各种富勒烯衍生物 [26] 的类原子构建单元，应用于不同领域，如分子电子学、有机光伏、化妆品和医疗保健。

实验上，以 C_{60} 单晶薄膜为原料，通过电子束辐照在超高真空（UHV）条件下引发聚合，通过广义斯通-威尔士变换形成拓扑缺陷，促使 C_{60} 分子间通过共价键连接，最终形成一维花生形（peanut-shaped）C_{60} 聚合物 [27] ［图 10-1（a）］。一维花生形 C_{60} 聚合物表现出 Tomonaga-Luttinger 液体（TLL）态 [28]，光电子能谱显示其态密度符合幂律关系。一维花生形 C_{60} 聚合物具有耐高温性，可在 723K 下保持结构稳定 [29]，优于多数有机高分子材料（如聚酰亚胺：耐温可达 400℃）[30-31]。一维花生状 C_{60} 聚合物拥有多样的物理性质，表现出 Peierls 转变 [32]、电荷密度波声子异常 [32] 等。其电子结构受到几何曲率的影响，导致 TLL 态的指数 α 值显著增加 [33-34]。此外，通过控制聚合条件，可以调节聚合物的导电性和光学性质。N 掺杂花生形 C_{60} 聚合物会显著降低 CO_2 还原过电位（约 0.52V），选择性生成 CH_3OH [35] ［图 10-1（b）］。值得注意的是，通过光聚合调控 C_{60} 薄膜的导电性（σ）与塞贝克系数（S），功率因子（$PF=S^2\sigma$）可提升一个量级，潜力超越 Bi_2Te_3 [36]。通过组装，还可以形成豌豆荚形的 C_{60} 一维体系，它是将 C_{60} 分子封装在碳纳米管内部，通过范德华力相互作用，形成的一维复合材料 [37-39]。这种结构不仅保留了 C_{60} 和碳纳米管的各自特性，还通过相互作用，表现出增强的电子传输性能和场发射效率。此外，通过控制封装比例和碳纳米管的直径，可以调节材料的热导率和电学性质。

实验上，除了 C_{60} 之外还合成出了多种空心的和金属内嵌碳富勒烯，这些稳定的笼状团簇不仅具有相当的稳定性，而且展现出更加丰富多样的性质。理论上，人们设计出了内嵌富勒烯组装的一维体系。目前实验上已成功制备出 $U_2C@Ih(7)-C_{80}$ 团簇，因其中的铀原子的高自旋基态和大各向异性，赵纪军课题组设计了一系列 3d/4d 金属桥连 $U_2C@Ih(7)-C_{80}$ 的一维链（图 10-2）[40]。计算结果显示 $U_2C@C_{80}$-M（M = Cr, Mn, Mo 和 Ru）一维链具有优异的铁电性质：由于笼内 U_2C 基团存在高度极化的 U—C 相互作用，导致一维链的自发极化值是基元团簇 $U_2C@Ih(7)-C_{80}$ 的 3 倍；键角 U—C—U 在 120°～180°，有利于通过分子振动实现极化

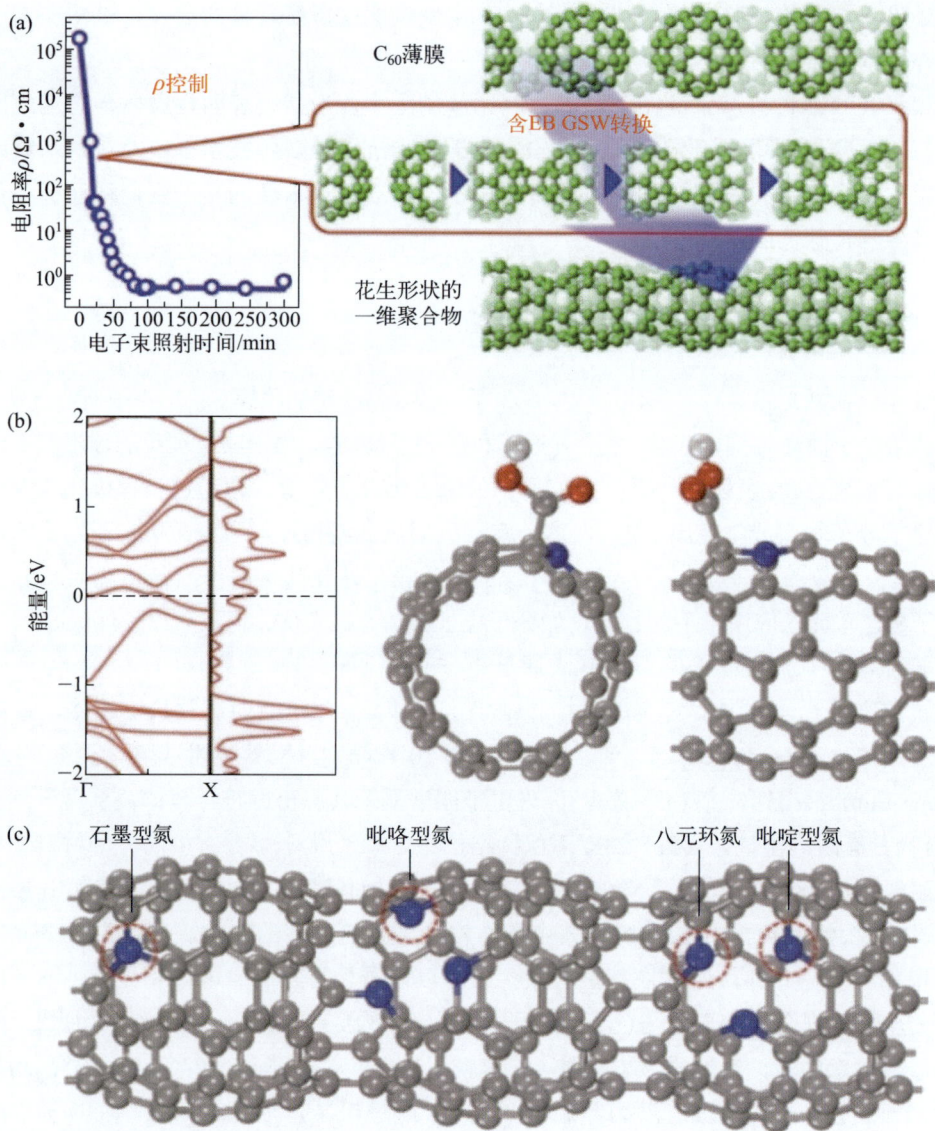

图 10-1 聚合物电子束辐照一维花生形（peanut-shaped）C_{60} 电阻率的变化[27]（a）; N 掺杂 C_{60} 一维结构及其电子结构，·COOH 在 N 掺杂结构上的吸附结构[35]（b）

态（铁电相）和非极化态（顺电相）的相互转换，使其具有较低的铁电转变能垒。此外，还发现了 $U_2C@C_{80}$-Cr 和 $U_2C@C_{80}$-Mo 一维链是具有较大 MAE 的铁磁性半导体，而 $U_2C@C_{80}$-Mn 和 $U_2C@C_{80}$-Ru 链是反铁磁半导体，且 $U_2C@C_{80}$-Mn 的居里温度高达 362K。更有趣的是，通过连接不同的过渡金属，可以实现磁序和电极化的独立调控[40]。

10.2.2 硅 / 锗团簇组装一维材料

硅纳米线是一种新型的一维半导体纳米材料，线体直径一般在 10nm 左右，内晶核是单晶硅，外层有一 SiO_2 包覆层。由于自身所特有的光学、电学性质如量子限制效应及库仑阻塞

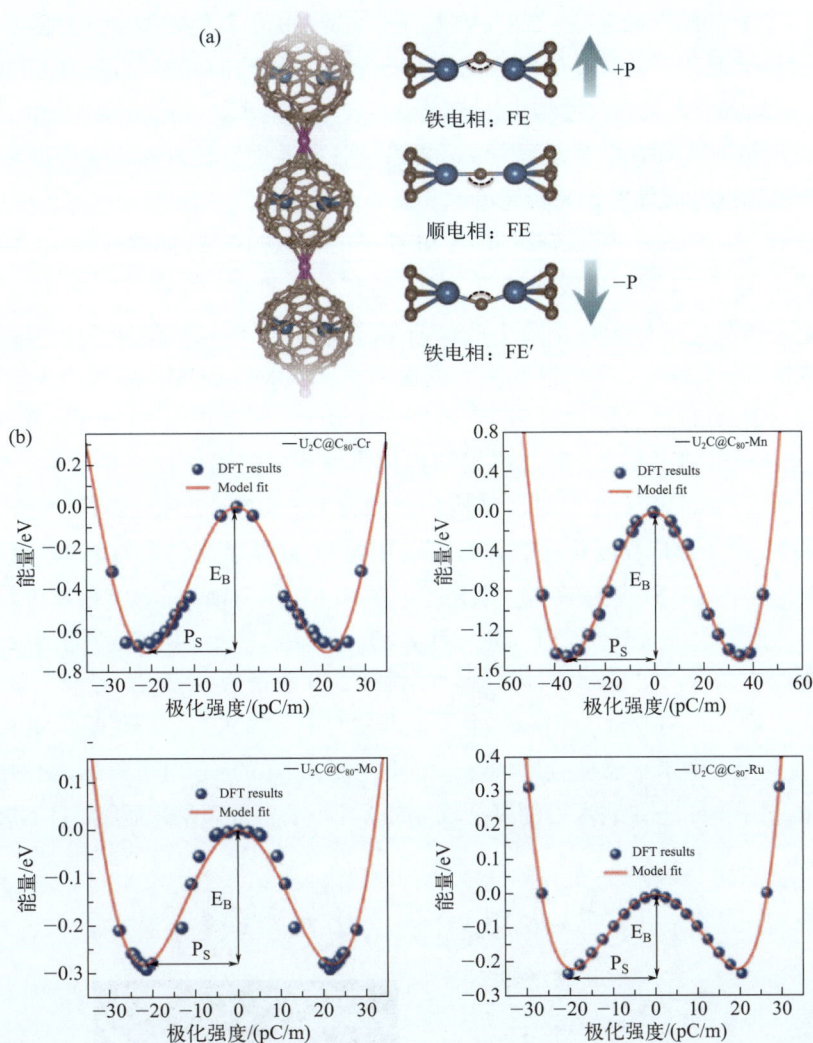

图 10-2 U$_2$C@C$_{80}$-*M* (*M*=Cr，Mn，Fe，Mo，Ru) 一维链结构，两个畸变简并极性结构（FE 和 FE′）和高对称非极性相（PE）图[40]（a）；U$_2$C@C$_{80}$-*M* 一维链的极化函数双阱势图，E$_B$ 和 P$_S$ 分别是势垒和自发极化[40]（b）

效应，引起了科技界的广泛关注，在微电子电路中的逻辑门和计数器、场发射器件等纳米电子器件、纳米传感器及辅助合成其他纳米材料的模板中的应用研究已取得了一定的进展。

Marsen 和 Sattler[41] 通过磁控溅射法在超高真空（UHV）中将硅蒸气沉积到石墨基底上，形成了直径 3 ～ 7nm、长度超过 100nm 的硅纳米线[41]。利用扫描隧道显微镜（STM）观测到纳米线倾向于成束排列，每束包含 20 ～ 30 根直径均匀的线材。为解释这一现象，作者构建了四种可能的硅纳米线核心结构模型 [图 10-3（a）]：模型 a（Si$_{12}$ 笼聚合物，C$_{5v}$ 对称性）由五边形和六边形混合组成，单位细胞含 12 个原子；模型 b（Si$_{15}$ 笼聚合物，C$_{5v}$ 对称性）含五边形和六边形，单位细胞含 10 个原子；模型 c（Si$_{20}$ 笼聚合物，C$_{5v}$ 对称性）是由 12 个五边形组成的十二面体，单位细胞含 30 个原子；模型 d（Si$_{24}$ 笼聚合物，C$_{6v}$ 对称性）含 12 个五边形和 2 个六边形（位于轴线两端），单位细胞含 36 个原子。通过自洽场分子轨道计算，发现模型 d（Si$_{24}$ 笼）的结合能最高（3.87eV/ 原子），显著优于其他模型，并且随着线材长度的增加，结合能趋于饱和。模型 d 的能量始终高于金刚石结构的同类片段，HOMO-LUMO 带隙最大（1.8 ~ 3.2eV），且随尺寸增大迅速减小，表明其电子特性适合纳米器件应用。Si$_{24}$ 笼的表面由五边形和轴线两端的六边形构成，提供了各向异性生长方向。六边形环的电荷分布更均匀，利于沿轴线方向优先堆叠新笼单元 [41]。

通过理论计算，Menon 等 [42] 研究了由 Ni 原子的内嵌封装 Si 团簇 ［图 10-3（b）］。最小的稳定结构是由 12 个 Si 原子形成的笼状结构（近似二十面体）内嵌单个 Ni 原子，优化后的结构具有 C$_{5v}$ 对称性，Ni 原子位于笼中心，与 12 个 Si 原子配位（平均 Ni—Si 键长 2.63Å）。该结构的形成能为 −5.39eV，表明其具有高度稳定性，HOMO-LUMO 带隙为 1.22eV，Ni 的 d 轨道电子填充 HOMO 能级。更大的 Si 笼（17 个 Si 原子）封装单个 Ni 原子，优化后呈现 D$_{5h}$ 对称性，平均 Ni—Si 键长为 2.94Å，虽然结构偏离球形，但仍保持高稳定性。Si 笼封装 Ni 二聚体（Ni$_2$）或三原子链（Ni$_3$）时，结构仍能保持 D$_{5h}$ 或 C$_{5v}$ 对称性。每个 Ni 原子与周围 Si 原子及相邻 Ni 原子形成高配位（例如 Ni$_2$Si$_{17}$ 中每个 Ni 原子配位数为 12）。当 Si 笼尺寸进一步增大（如 Si$_{24}$、Si$_{30}$、Si$_{36}$）封装 Ni$_3$（三角形）或 Ni$_5$（三角双锥）时，结构发生显著扭曲（对称性降至 C$_{2v}$），但仍保持高配位特性。进一步，通过周期性单元（4 个 Ni 原子和 20 个 Si 原子）构建的准一维结构显示，Ni 原子沿纳米管轴线排列，Si 原子形成管状封装层。该结构在弛豫后保持稳定，平均 Ni—Si 键长与团簇结果一致。态密度（DOS）分析表明，Ni$_3$Si$_{22}$、Ni$_7$Si$_{42}$、Ni$_{15}$Si$_{82}$ 等团簇及无限纳米管表现金属特性。导电主要由 Ni 的 s/p 电子贡献，d 轨道电子位于费米能级以下。由于 Ni—Si 纳米管的直径仅 4.53Å（小于多数碳纳米管），且 Ni/Si 原子比为

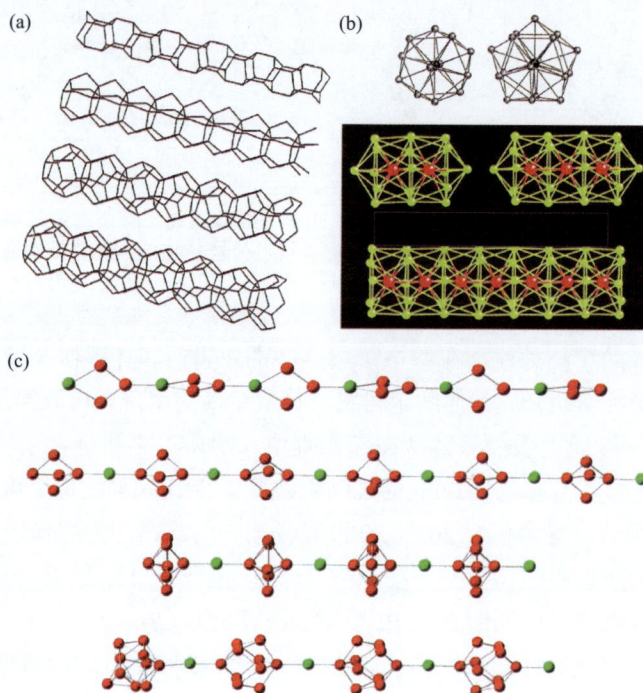

图 10-3　富勒烯结构的硅纳米线 [41]（a）；Ni 内嵌的 Si 团簇组装的纳米线 [42]（b）；Si$_n$Mg$_m$ 团簇组装的纳米线 [43]（c）

1∶5，使其成为高效的小尺寸金属导线候选材料[42]。

Tam 和 Nguyen 从理论上探索了掺杂硅团簇（Si_nMg_m）及其阳离子（$Si_nMg_m^+$）的结构特性，以了解镁作为链接剂在硅纳米线形成中的作用[43]［图 10-3（c）］。通过理论计算研究了镁掺杂硅簇（Si_nMg_m，$n=1\sim10$，$m=1,2$）的结构及其在纳米线形成中的潜力。研究发现，Mg 作为掺杂剂，能够通过其较大的电子转移能力，形成带正电的 Mg^{6+}，并与带负电的 Si_6^{6-} 单元结合，形成稳定的线性或环状结构。这些结构可以作为硅纳米线的起始"砖块"。通过将硅簇（如 Si_3、Si_5、Si_7、Si_8 和 Si_{10}）与 Mg 离子连接，形成线性纳米线，每个 Mg 离子作为连接器，将两个硅簇单元连接在一起。在某些情况下，硅簇单元通过 Mg 离子形成环状结构，$Si_{10}Mg_2$ 的环状结构比其笼状结构更稳定[43]。

Liu 等利用 $V_1@Si_{12}$ 团簇作为构建单元，通过两种组装模式沿 Si_{12} 鼓的径向方向连接，构建了一维纳米线 $V_1@Si_{12}$-NW-rI ［图 10-4（a）］，其在热力学、动力学方面具有较好的稳定性，对 H_2、H_2O、N_2 和 O_2 分子的吸附研究表明，$V_1@Si_{12}$-NW-rI 对这些分子不活跃，表明其化学稳定性优异[44]。通过计算发现，$V_1@Si_{12}$-NW-rI 是一种金属，其费米能级附近的态主要由 Si-p 态贡献，在压缩应变下，$V_1@Si_{12}$-NW-rI 的金属特性可以转变为直接带隙半导体，带隙为 0.20eV。$V_1@Si_{12}$-NW-rI 表现出反铁磁性，且这种磁性在外部应变下保持稳健［图 10-4（b）］[44]。

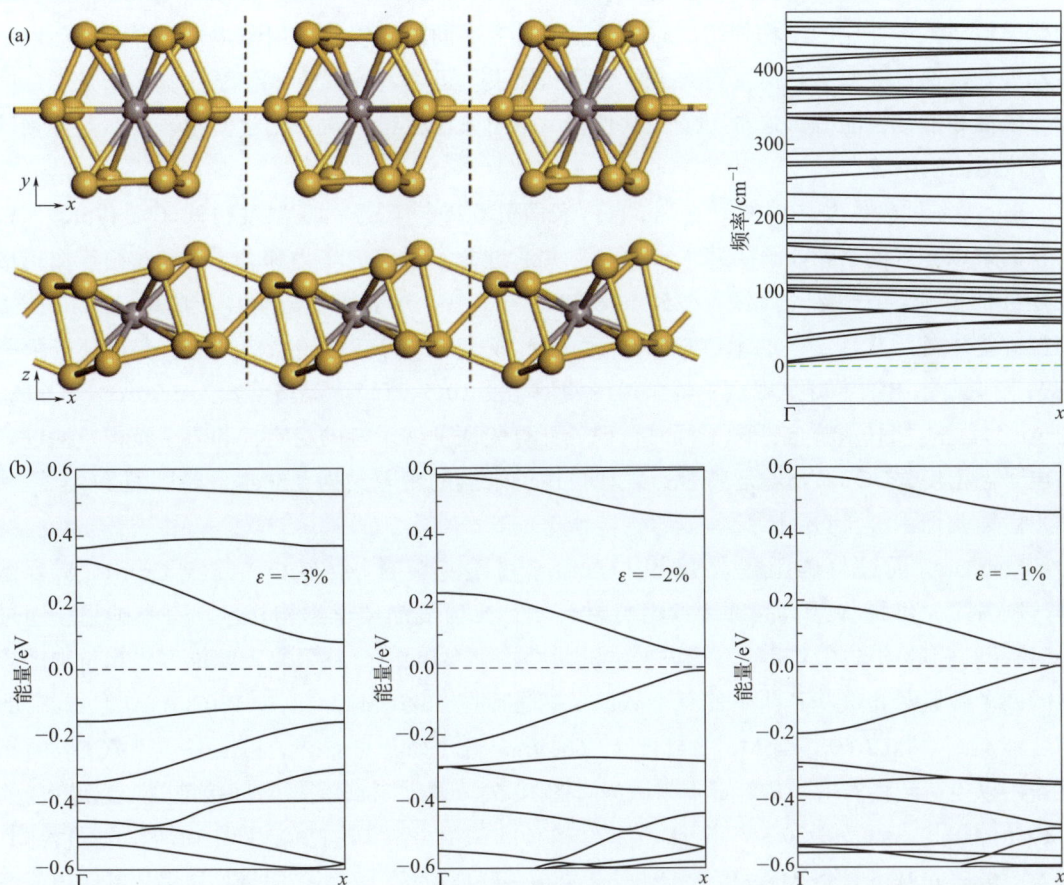

图 10-4

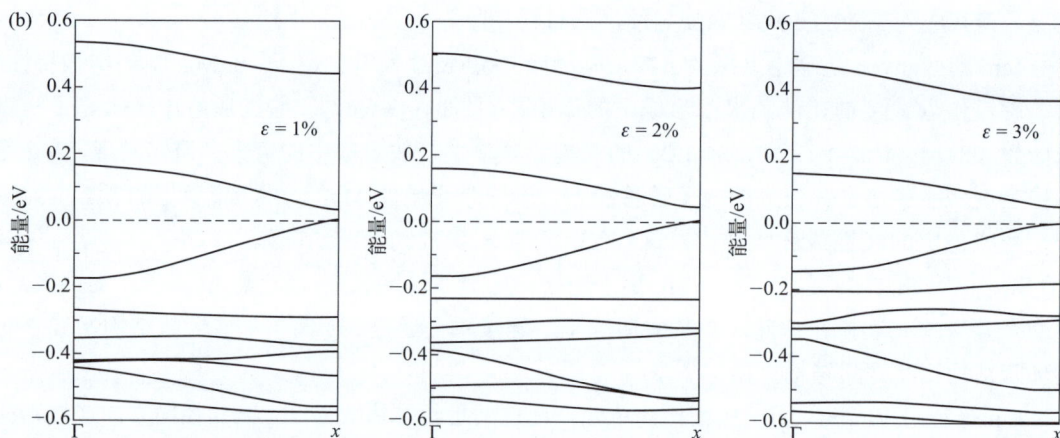

图 10-4 $V_1@Si_{12}$ 团簇作为构建单元组装的 $V_1@Si_{12}$-NW-rI 纳米线结构及其声子谱[44]（a）；压缩应变下，$V_1@Si_{12}$-NW-rI 的能带结构[44]（b）

10.2.3 / As$_n$ 团簇组装一维体系

As$_n$ 团簇可形成多种稳定构型（如线性、环状、四面体等），这些结构决定了它们的物理和化学性质。多样化的结构使得 As$_n$ 团簇能够适应不同的环境和应用需求，展现出灵活性和多功能性。通过改变 As$_n$ 团簇的大小、形状和组成，可以调控其物理化学性质，如光学、电学、磁性和催化性能等。这种可调控性使得 As$_n$ 团簇在材料科学、化学催化、传感器等领域具有广泛的应用潜力。

Liu 等通过热蒸发块体灰砷在 Au(111) 表面沉积砷[45]，当衬底温度较低（≤ 175K）时，沉积的砷以零维的 As$_4$ 分子团簇形式存在，并通过分子间范德华力和分子 - 衬底相互作用形成连续的薄膜。在较高的温度（250 ~ 600K）下，As$_4$ 分子团簇分解，形成了一维的扶手椅型砷纳米链，并且这些纳米链在 Au 表面上形成了（2×3）的超晶格结构。通过高分辨率 STM 图像显示出纳米链呈现扶手椅型边缘构型［图 10-5（a）］，晶格常数为 5.70Å × 8.60Å，与 Au(111) 的［110］方向匹配。同时，理论计算验证了纳米链的稳定性和电子结构，通过分析电子态密度（DOS）与输运特性，发现自由纳米链的带隙约为 0.50eV，带隙源于 As 的 s、p 轨道贡献［图 10-5（b）］。

Mandal 等通过将砷团簇 $[As_7]^{3-}$ 与过渡金属羰基配合物 $M(CO)_3$（M = Cr, Mo, W）结合，制备了一维链状结构的砷团簇组装材料[46]。X 射线晶体学结构显示，每个砷团簇通过 Cs^+ 离子与相邻的砷团簇相连，形成一维链状结构。金属原子 M 采用七配位方式，与砷团簇中的四个砷原子和羰基基团中的三个碳原子配位［图 10-5（c）］。其中 $W(CO)_3$ 与 $[As_7]^{3-}$ 的结合能最高（4.62eV），与 Mo 的最低（3.66eV），分子轨道图显示，$[As_7]^{3-}$ 与 $M(CO)_3$ 的相互作用以电荷转移为主，共价键贡献微弱（图 10-5）。通过 Tauc 图拟合间接带隙，测得 0D 的 $[As_7Cr(CO)_3]^{3-}$ 带隙为 1.80eV，其 1D 链状结构（1a）带隙略增至 1.90eV。电荷转移量（$[As_7]^{3-}$ → M）顺序为 W > Cr > Mo，但带隙能量未直接关联电荷量，表明带隙调控更多依赖轨道能级匹配而非电荷转移强度。

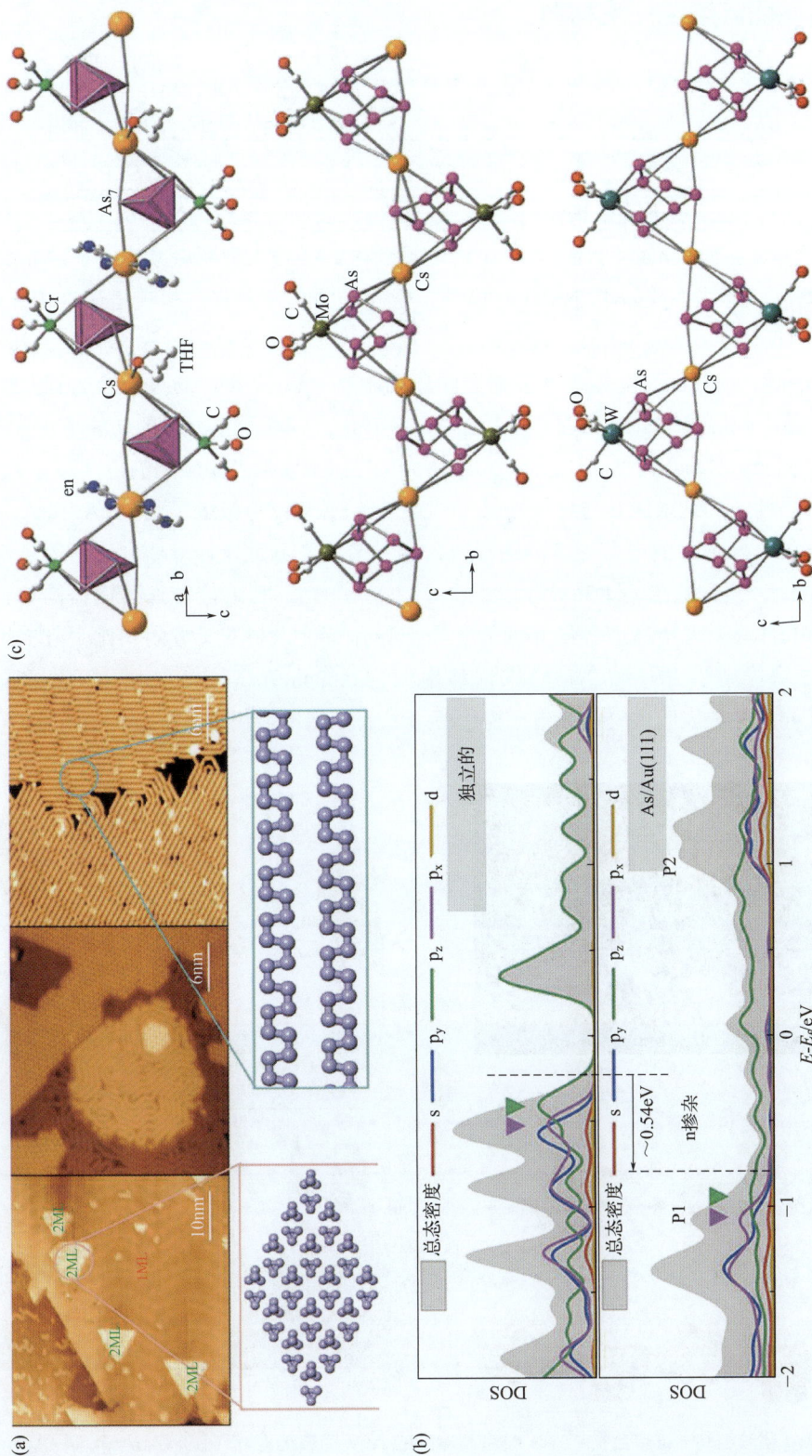

图10-5 在175K以下、175～250K、250～600K 时由 As₄ 分子组装的结构的扫描隧道显微镜图像[46]（a）；理论计算的 As₄ 分子组装的一维链的态密度（b）；As₇ 团簇通过配体形成的一维结构[46]（c）

金属团簇组装一维材料

2014 年，Maran 团队以丁硫醇（S-Bu）为配体，通过还原 Au(I)-S-Bu 前驱体并氧化得到中性 $[Au_{25}S\text{-}Bu)_{18}]^0$ 纳米团簇，进一步通过单晶 X 射线衍射证实其形成了一维链状结构[47] [图 10-6（a）]。相邻团簇间通过 Au—Au 键（键长 3.15Å）连接，这一距离介于亲金作用范围（2.9～3.5Å），显著短于范德华作用距离（3.80Å），表明一维结构的形成依赖于配体间的"扭转 - 锁定"（twist-and-lock）机制[47]。通过电子顺磁共振技术分析证实了一维链的团簇间的反铁磁性耦合，通过 Bonner-Fisher-Hall 模型拟合实验数据，得到了与理论计算相一致的 J 值（28meV），证明了 $[Au_{25}S\text{-}Bu)_{18}]^0$ 团簇自组装成线性 $S=1/2$ 反铁磁性聚合物链。2017 年，该团队采用戊硫醇（S-Pen）配体进一步缩短团簇间距[48]；2019 年，通过替换 Au 原子为 Hg 或 Cd 原子，制备了 $[Au_{24}Hg(S\text{-}Bu)_{18}]^0$ 和 $[Au_{24}Cd(S\text{-}Bu)_{18}]^0$，拓展了材料的功能多样性[49][图 10-6（b）]。在 $[Au_{25}S\text{-}Bu)_{18}]^0$ 一维链中，Au—Au 键的存在增强了团簇间的电子波函数交叠，导致类金属导电性，为纳米级互连导线提供了理想候选。Zhang 等报道了由 $(AuAg)_{34}(A\text{-}Adm)_{20}$ 合金组成的一维共轭体系的电荷密度波的形成，通过密度泛函理论计算研究了所得一维共轭体系的电子结构，其带隙约为 1.3eV[50] [图 10-6（c）、（d）]。利用该一维共轭结构制备的场效应晶体管（FET）表现出高度各向异性的 p 型半导体特性。与交叉方向相比，FET 沿聚合物方向的电导率提高了约 1800 倍，空穴迁移率约为 $0.02cm^2/（V·s）$，并且开关比高达约 4000。这些优异的性能表明该材料在电子器件领域具有广阔的应用前景。

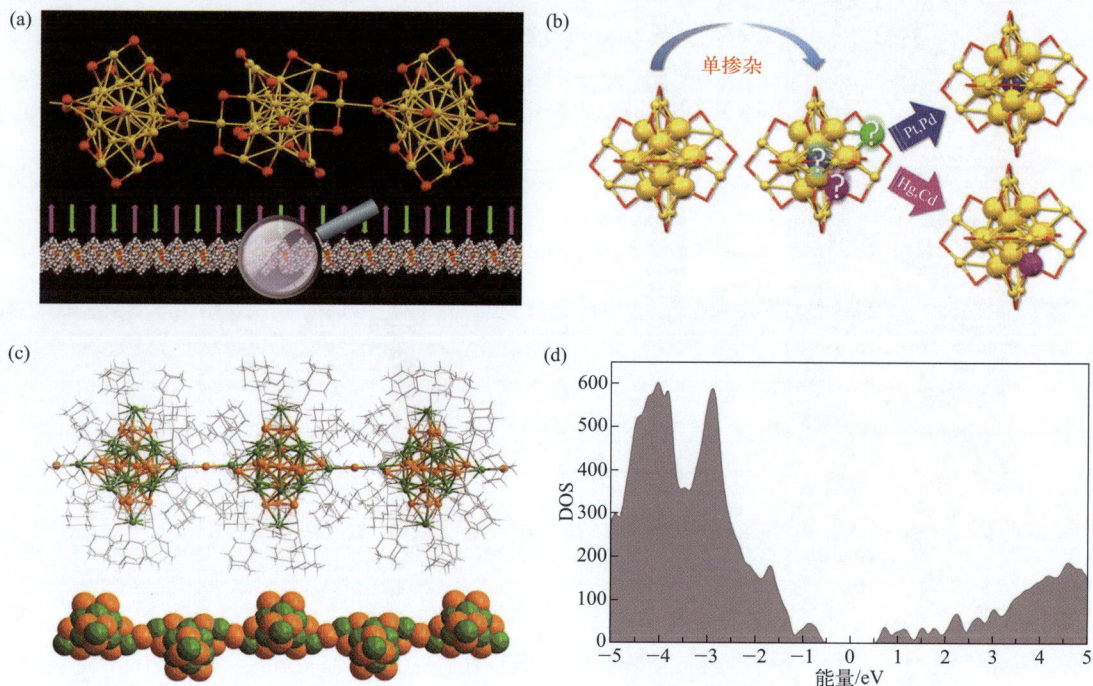

图 10-6　Au_{25} 团簇组装一维聚合物[47]（a）；金属掺杂的 Au_{25} 团簇结构[49]（b）；$(AuAg)_{34}(A\text{-}Adm)_{20}$ 团簇的原子结构（c）和电子态密度[50]（d）

通过自下而上化学合成法、模板限域合成法、外场驱动组装，可将银团簇组装为高度有序、间距可控（<10nm）的纳米线阵列。科研人员将 Cu 原子成功引入到 [Ag₄(S-Adm)₄]ₙ纳米线中，并对二者导电性进行了研究，并通过计算确定 Ag-Cu 合金纳米线的电阻率约为 107Ω·m，而结构相同的纯 Ag 纳米线却显示了绝缘体的特征[51]［图 10-7（a）、（b）］。理论计算表明，随着铜原子掺杂数量的增加，纳米线的能带间隙逐渐减小。该一维合金纳米线表现出良好的稳定性[51]。另外，硫离子因其亲金属性在合成团簇过程中扮演着重要角色，它可通过硫醇碳—硫键、硫—氢键的断裂形成，并作为联结剂即时联结生成团簇，形成组装体[52]。科研人员已成功组装出硫离子联结两个 Ag₇₇Cu₂₂ 团簇的线性结构，该结构展现出独特的磁性特性。这种线性结构具有磁各向同性，且在解组后顺磁性会逐渐消失[52]。具体而言，团簇组装后，磁矩会从团簇转移到硫，形成顺磁性的硫游离基。由于硫的自旋轨道耦合常数较小，且硫-硫间距较大，导致无磁矩相互作用，因此该结构表现出磁各向同性。当线性结构解组后，磁矩又会从硫转移回团簇，硫游离基变回硫离子，此时在溶液中顺磁性会慢慢减弱甚至消失。实验发现，磁矩的这种转移与耦合现象与团簇间的距离密切相关。在电镜观察中，发现了团簇的两两成对现象，且随时间延长而增加。进一步研究表明，磁矩耦合的发生取决于团簇表面配体的柔性、长短等因素。当配体柔性大、长度小时，团簇能更容易地靠近至一定距离，从而发生磁矩耦合；反之，则两个团簇难以靠近，不能发生磁矩耦合现象［图 10-7（c）、（d）］。

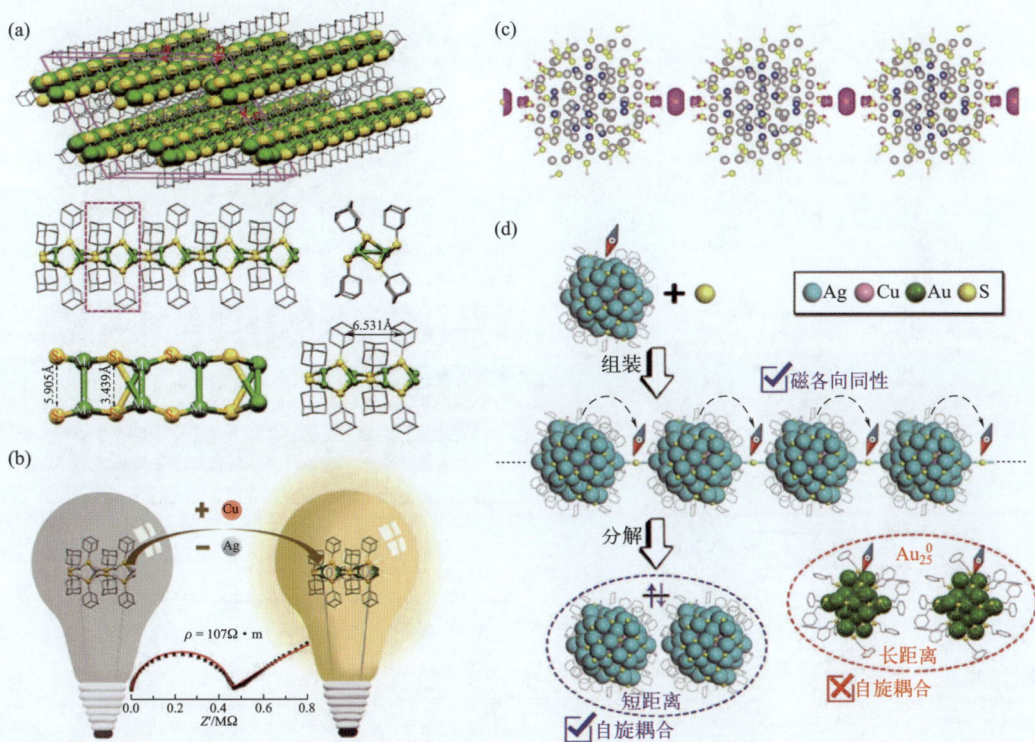

图 10-7　[Ag₂.₅Cu₁.₅(S-Adm)₄]ₙ 纳米线的晶体结构[51]（a）；[Ag₄(S-Adm)₄]ₙ 和 [Ag₂.₅Cu₁.₅(S-Adm)₄]ₙ 纳米线的电导率对比示意图[51]（b）；Ag₇₇Cu₂₂ 团簇与硫形成的线性组装结构和磁矩分布[52]（c）；Ag₇₇Cu₂₂ 团簇的组装和解组后的磁性变化[52]（d）

其他理论预测的团簇组装一维体系

最近，赵纪军课题组利用超原子团簇 ReNX$_4$ (X = F, Cl, Br, I) 开展理论计算，设计了一系列一维自组装纳米铁电材料[53][图 10-8（a）]。实验上，以过富酸盐、叠氮化钠和盐酸气体为原料，简便地合成了具有接近理想 C$_{4v}$ 对称性的 ReNCl$_4$ 团簇。ReNX$_4$ 是具有 40 个电子的超原子，两个超原子团簇 N-ReX$_4$ 通过共享 N 原子自组装形成的一维体系比独立团簇的能量低 0.2～0.4eV，且具有动力学和热力学稳定性。更重要的是，这些一维体系具有优异的铁电性能：由于 Re 和 N 的轨道杂化，使得一维 ReNX$_4$ 呈现出自发电极化，极化强度可达到 5.2×10^{-9}C/m，并且具有较低的铁电转变势垒，由于二阶 Jahn-Teller 效应，这些组装的纳米线在居里温度高于 300K 时具有优异的铁电性。此外，课题组还提出了基于超原子概念组装金属硫代磷酸盐（MPS$_4$）一维链的设计策略[54]。[PS$_4$] 团簇与第三主族原子和过渡金属原子连接，从而具有封闭的电子壳层，组装的一维链具有很高的动力学和热力学稳定性，并且拥有多样而奇特的电子结构：受非点式对称性保护的自旋轨道狄拉克点和费米能级附近平带的共存，以及用于电控制自旋取向的双极磁性半导体。另外，这些类似乐高积木的一维链可以通过 vdW 相互作用或共价键进一步构建成更高阶的体系结构 [图 10-8（b）]。

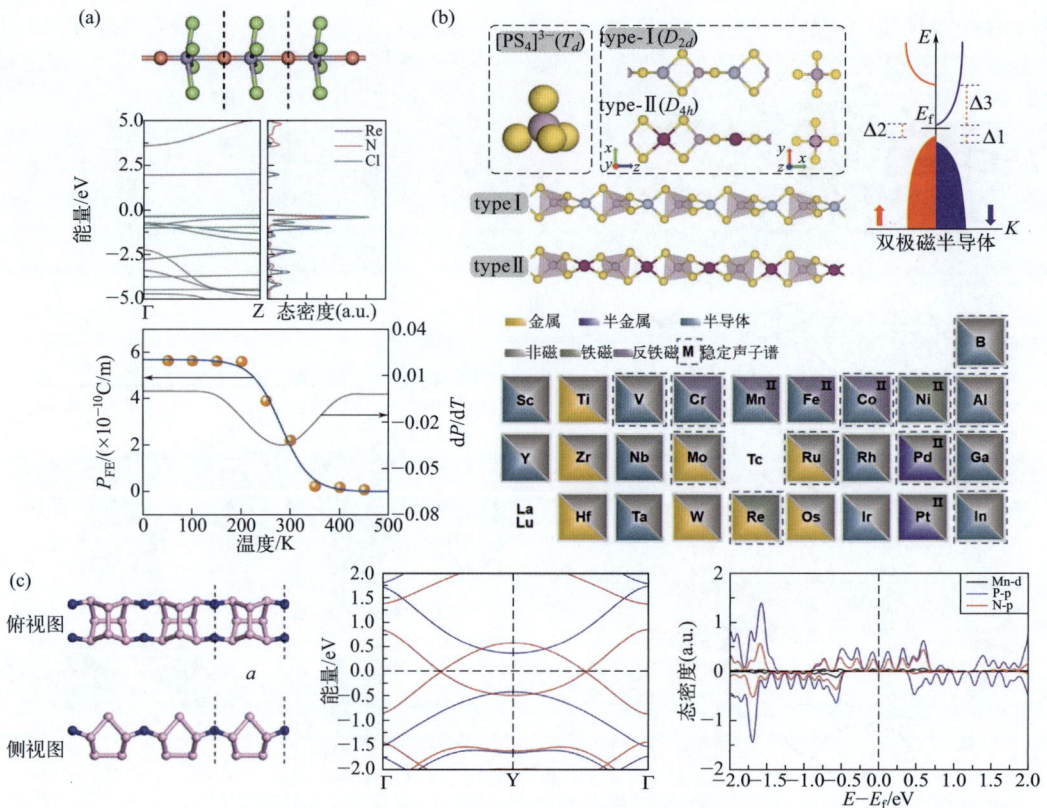

图 10-8 ReNX$_4$ 团簇自组装成的一维结构及其声子谱、电子结构和铁电性质[53]（a）；[PS$_4$] 团簇与第三主族原子和过渡金属原子连接组装的纳米线结构、电子结构和磁学性质[54]（b）；P$_8$ 和 N$_2$ 作为组装单元构建的一维纳米线（1D-P$_8$N$_2$NW）及掺杂 Mn 之后的电子结构[55]（c）

Dong 等 [55] 采用 P_8 和 N_2 作为组装单元，构建了一维纳米线 ［1D-P_8N_2NW，图 10-8（c）］。在 1D-P_8N_2NW 中，P_8 单元保持了其原始的笼状结构，而 N_2 键在几何弛豫后断裂，形成了桥接的 N 部分。通过计算发现组装体系具有较高的热力学性能、动力学性能和热稳定性。另外，1D-P_8N_2NW 是一种间接带隙半导体，带隙为 0.76eV。导带底（CBM）和价带顶（VBM）均位于 P 原子上，这种空间分布有利于减少电子 - 空穴复合的概率。通过 Mn 掺杂，1D-P_8N_2NW 可以转变为稀磁半导体，具有一个 Dirac 锥和较高的居里温度（估计为 521K）[55]。

10.3 / 团簇组装二维材料的研究进展与前沿动态

10.3.1 / C_{60} 组装单层

2001 年，Nakamura 等采用密度泛函理论计算方法，研究了自由 C_{60} 单层（ML-C_{60}）的结构和聚合成键特性 [56]。如图 10-9（a）所示，当 C_{60}-C_{60} 距离大于 13.0Å 时，C_{60} 之间的结合能趋于零，表明此时 ML-C_{60} 中的每个构建单元基本处于孤立状态，彼此之间的相互作用可以忽略。随着 C_{60}-C_{60} 距离的减小，可以看到内聚能曲线中存在两个极小值 ［图 10-9（a）中的 ii 和 V］，对应于 ML-C_{60} 的两个不同相：通过范德华（vdW）相互作用组装的单体相 ［图 10-9（b）］ 和通过共价键健合的聚合相 ［图 10-9（c）］，这也说明 ML-C_{60} 是一个双稳系统 [56]。

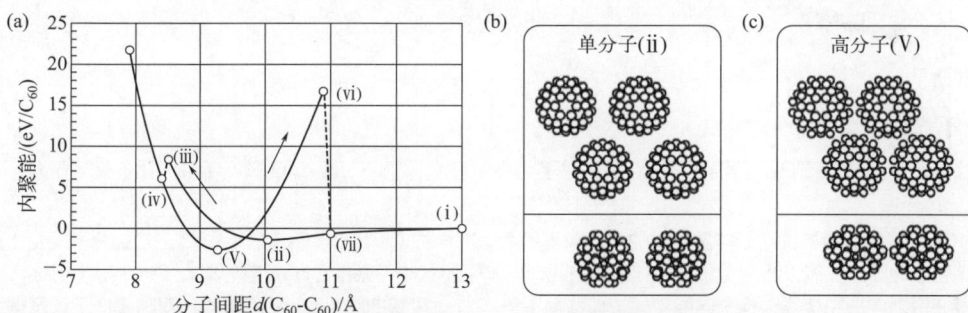

图 10-9　C_{60} 团簇间距离的函数—每个 C_{60} 的内聚能（箭头指示压缩 / 拉伸冲程的方向）(a)；单体相（b）和聚合相（c）对于多层 C_{60} 的优化原子排列 [56]

（1）自由范德华 C_{60} 单层

对于范德华单体相（ii），在 C_{60}-C_{60} 距离为 10.05Å 时能量极小值较小，计算得到的内聚能为 1.31eV [56]，略小于三维 fcc C_{60} 的 1.6eV [57]，但远小于典型的 C—C 共价键能（>3eV）。为了考察周期性自由范德华 C_{60} 单层是否稳定，Reddy 等 [58] 对六边形排列的 C_{60} 单层进行了分子动力学模拟，结果表明，范德华相互作用是足够强的，能够在 0K 下维持一个稳定的平面 C_{60} 单层结构，且所有 C_{60} 取向一致。随着温度升高，每个 C_{60} 团簇在六角晶格结构中 ［图 10-10（a）］ 经历平移和旋转自由度上的随机热振动。具体而言，在 600K 以下，C_{60} 团簇的平均面外位移大小随温度缓慢增加 ［图 10-10（b）］。此外，作者还研究了平均 C_{60}-C_{60} 距离随温度升高的变化，并由此计算得到了范德华 C_{60} 单层的热膨胀系数，约为 8×10^{-5} K^{-1} [58]。

图 10-10（c）、（d）显示了范德华 C_{60} 单层在锯齿形和直边方向上单轴应变下的应力 - 应变曲线。可以发现，拉伸应力在锯齿形和直边方向的最大值分别对应 90MPa（2.3%）和 155MPa（1.5%）。基于这些结果，弹性模量在锯齿形和直边方向的估算值分别为 55GPa 和 100GPa[58]。

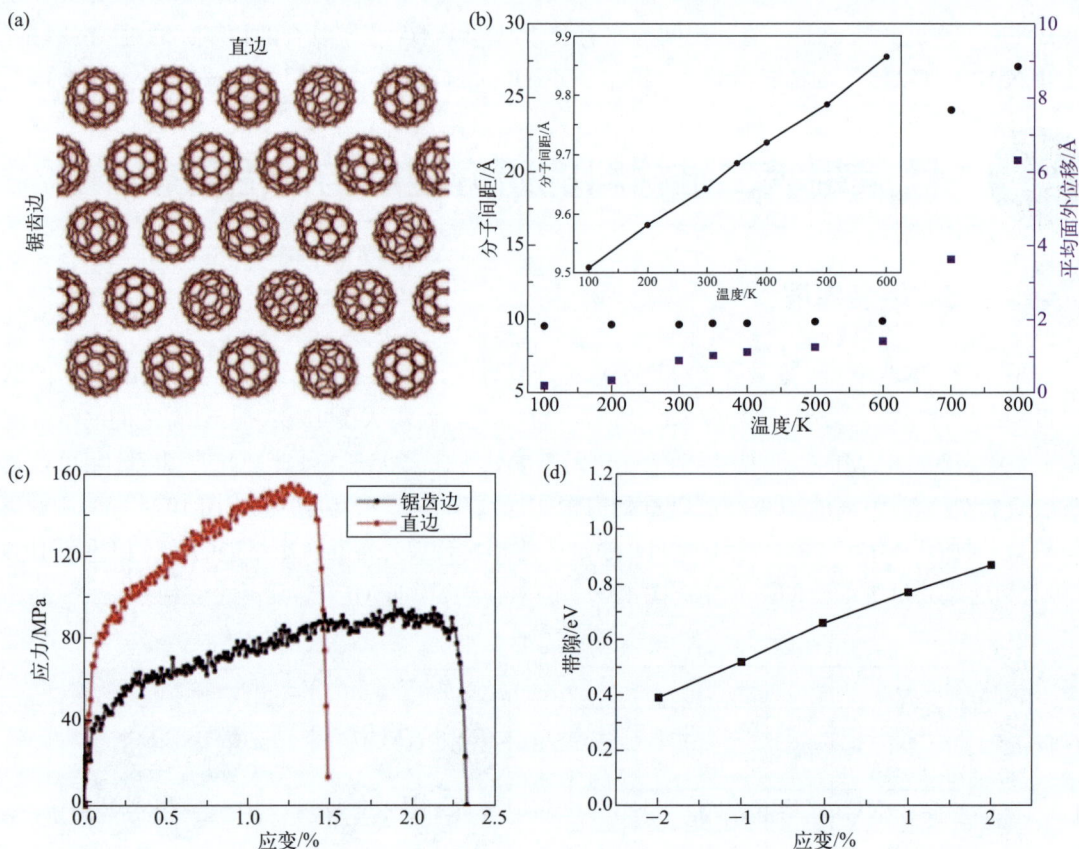

图 10-10 经过随机扰动后能量优化的 C_{60} 单层的六边形结构（a）；C_{60} 团簇的平均 C_{60}-C_{60} 分子间距（黑色）和平均面外位移（蓝色）随温度变化的曲线，以其平衡状态为基准（b）；范德华力（vdW）作用的 C_{60} 单层在沿之字形和直线边缘方向的单轴拉伸载荷下的应力 - 应变曲线（c）；C_{60} 单层在双轴应变下计算得到的带隙变化[58]（d）

由于孤立的 C_{60} 具有类似原子的弥散轨道，即超原子分子轨道（SAMOs）[24]，人们自然会想探索不同 C_{60} 组装材料的杂化态 SAMOs。实验上，研究人员利用共振角分辨双光子光电子能谱（AR-2PPE），在高定向热解石墨（HOPG）上的二维 C_{60} 单层中，识别了一系列离域 SAMOs——在最低未占据分子轨道（LUMO）以上的能量处，并观察到四个光谱峰，它们按照能量顺序标记为 SA1～SA4［图 10-11（a）］。为了解释通过 AR-2PPE 获得的这些 SAs，Shibuta 等[24] 对 C_{60}-C_{60} 距离设置为 10Å 的自由二维范德华 ML-C_{60} 的电子带结构进行了 DFT 计算［图 10-11（b）］。在 Γ 点，可以看到在大约 E_F + 6eV 处有几个宽色散的近自由电子（NFE）带（154、156 和 158），如图 10-11（c）～（e）所示，这些带的轨道分布在 C_{60} 空心内核之外，基本上处于 C_{60} 团簇之间。这表明强色散的 NFE 带是通过 C_{60} 弥散 SAMOs 之间的强团簇间的杂化形成的。此外，通过将这些带的负有效质量（表 10-1）与实验观察到的 SAs 进行比较，可以得出结论：SA1、SA2 和 SA3 应主要由计算得到的能带 154、能带 156 和能带 158 主导。

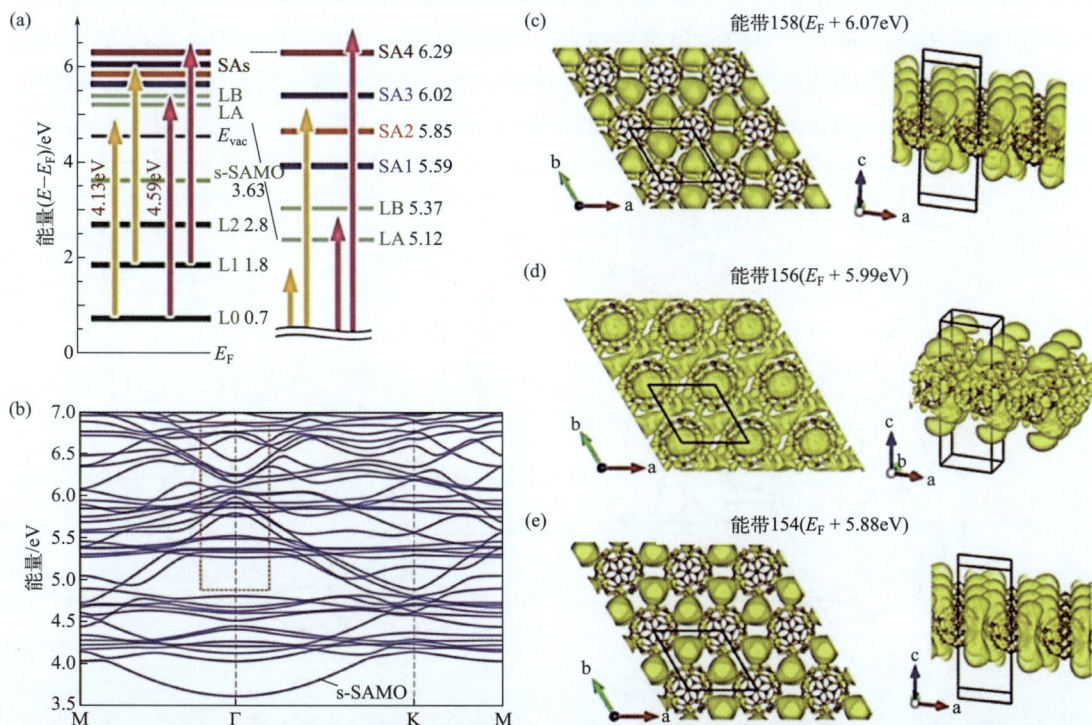

图 10-11　通过双光子光电子发射光谱（AR-2PPE）获得的二维多层 C_{60}（2D ML-C_{60}）的能量图（a），包括最低未占分子轨道 LUMO（L0）、LUMO+1（L1）、LUMO+2（L2）和表面吸附分子轨道（s-SAMO，E_F + 3.36eV）的能量。垂直箭头表示从 LUMO 和 LUMO+1 到表面吸附态（SAs）的共振激发。计算得到的二维范德华多层 C_{60}（2D vdW ML-C60）在 C_{60}- C_{60} 距离为 10Å 时的电子能带结构（b）。能量以 Γ 点处能带 135（s-SAMO）作为参考，即 E_F + 3.63eV。根据 AR-2PPE 实验观察到的结果，计算了二维范德华多层 C_{60} 中可能占主导地位的轨道分布——SA3：能带 158（c）；SA2：能带 156（d）；SA1：能带 154（e）[24]

表 10-1　二维范德华多层 C_{60}（2D ML-C_{60}）中未占据能带 SA1、SA2 和 SA3（或 154、156 和 158）在 Γ 点的实验能量（E0）和有效电子质量（m_{eff}）。同时也给出了独立存在的二维范德华多层 C_{60} 的相应密度泛函理论（DFT）计算结果（E_{0cal} 和 $m_{eff,cal}$）[24]

能带	E_0/eV	E_{0cal}/eV	m_{eff}（m_e）	$m_{eff,cal}$（m_e）
SA3	6.02	6.00（158）	−0.69	−0.06
SA2	5.85	5.92（156）	−0.17	−0.10
SA1	5.59	5.81（154）	−0.11	−0.14

（2）共价聚合 C_{60} 自由单层

　　基于实验合成的菱形 C_{60} 相[59]，Xu 等首次研究了二维菱形 ML-C_{60} 的结构、稳定性和导电性质。在这个二维层中，每个 C_{60} 通过 "66" 键（两个六边形共享的 2 个 C—C 键）与六个邻居连接，如图 10-12（a）所示。从紧束缚模型计算得出的 C_{60}- C_{60} 平衡距离为 9.17Å[59]，略大于 DFT 计算得出的距离 9.03Å[56]。相对于自由 C_{60} 团簇，六边形 ML-C_{60} 的结合能的估算值为 2.1eV/C_{60}（文献 [56] 中为 2.66eV/C_{60}），远大于前面提到的范德华 ML-C_{60} 的结合能（1.3eV/

C_{60}[56]），这是由于 C_{60} 富勒烯之间存在强的共价相互作用，C—C 键长为 1.64Å[61]。根据获得的弹性常数 C_{11}（2.1Mbar）和 C_{12}（0.2Mbar），六边形 ML-C_{60} 的弹性模量 $M = (C_{11} + C_{12})/2$ 的计算结果约为 1.1Mbar[60]，远大于范德华 fcc C_{60} 的体积模量（0.14Mbar[60]）。这一结果也与二维六边形层中 C_{60} 团簇之间形成的共价键一致。此外，类似的研究结论也可以在二维四方 ML-C_{60} 上得以验证［见图 10-12（b）和表 10-2］。

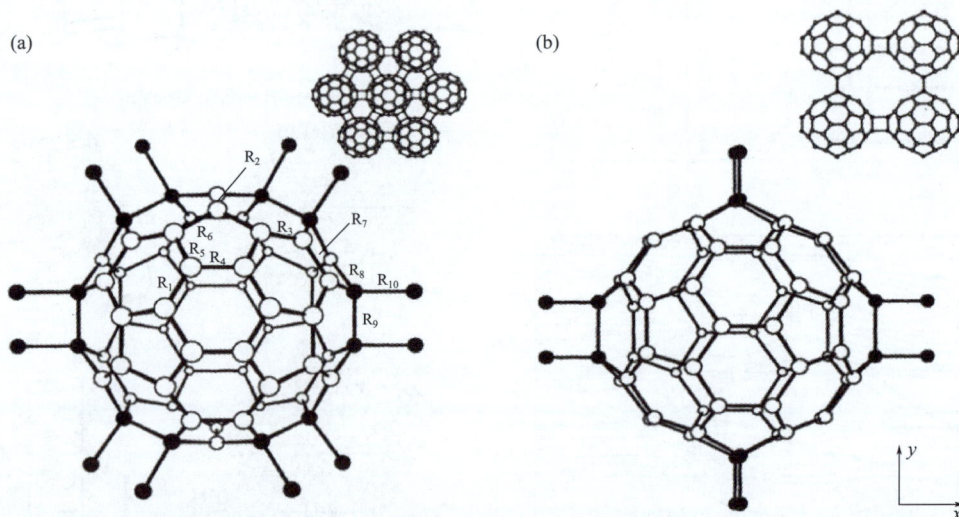

图 10-12　单个六边形 C_{60} 层中的构建单元 C_{60}（插图中展示了七个 C_{60} 富勒烯）（a）和四方 C_{60} 层中的构建单元 C_{60}（插图中展示了四个 C_{60} 富勒烯）（b）。深色原子表示参与团簇间键合的原子[60]

表 10-2　两种不同 C_{60} 层的结合能 E（相对于 C_{60}）、团簇间中心到中心的距离 d、[2+2] 环加成反应的分子间键长 R 以及电子带隙 E_g[60]

层	E/eV	d/Å	R/Å	E_g/eV
Hexagonal C_{60} layer	2.1	9.17, 9.03	1.64	1.0
Tetragonal C_{60} layer	0.9	9.06（x），9.13（y）	1.64（x），1.64（x）	1.2

电子性质分析表明，通过 66/66 连接的二维六边形 ML-C_{60} 是带隙为 1.0eV 的半导体[60]。然而，Okotrub 等[61] 揭示了 C_{60} 的旋转可以显著改变二维六边形 ML-C_{60} 的能带色散。通过不同的连接键，他们提出了三种聚合物结构，包括聚合物-Ⅰ（66/66）、Ⅱ（65/56）和Ⅲ（65/66），分别如图 10-13（a）、图 10-13（c）和图 10-13（e）所示。从聚合物-Ⅰ的能带结构［图 10-13（b）］可以看出，它是一个带隙为 0.81eV 的间接半导体[61]，与基于态密度计算的结果一致（1.0eV[60]）。当 C_{60} 团簇通过 65/56 键（由一个六边形和一个五边形共享）连接时，导带和价带在 K 点相遇，表明聚合物-Ⅱ具有金属性质［图 10-13（c）］。与聚合物-Ⅰ相比，聚合物-Ⅱ的电子带结构的特点是增加了最低导带的色散宽度，并将价带顶部移向更高能量。这是因为 π 型轨道的团簇间重叠增强导致的。在具有 65/66 键的聚合物-Ⅲ中，C_{60} 团簇保持了聚合物-Ⅰ和Ⅱ中的笼形取向［图 10-13（e）］。能带结构［图 10-13（f）］显示，它是一个直接半导体，带隙为 0.38eV，约为间接带隙聚合物-Ⅰ的一半。这些结果共同反映了 C_{60}-C_{60}

相互作用在六边形聚合物的电子性质中起到了主导作用，也为后续通过组装设计调控物性奠定了基础。赵纪军课题组在 C_{60} 组装的三层准六边形相（qHP）中首次预测了滑移铁电性。研究发现，通过层间非对称堆叠（如 AB′A′、AB′C′ 等），三层 qHP 可产生面外和面内电极化（约 $0.22 \sim 0.25$pC/m），其极化方向可通过低势垒（$3 \sim 7$meV/atom）的层间滑移实现可逆切换。这种铁电性源于 C_{60} 分子的几何非对称性，突破了传统元素晶体难以实现铁电性的限制。同时，不同堆叠模式的二次谐波响应差异显著，可作为铁电状态的灵敏检测工具[62]。

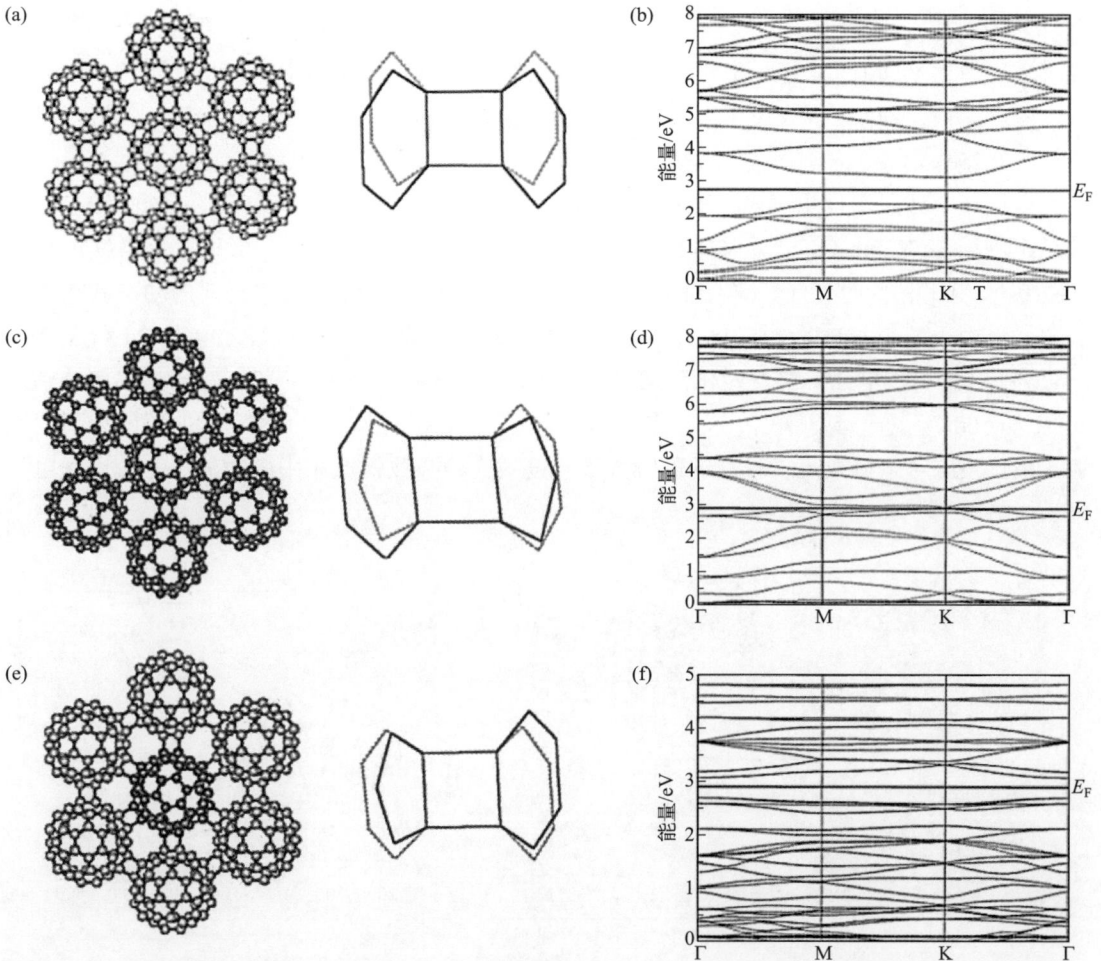

图 10-13　三种具有不同团簇间键合的二维 C_{60} 聚合物的结构模型：具有 66/66 键合的聚合物Ⅰ（a）；具有 65/56 键合的聚合物Ⅱ（c）；具有 65/66 键合的聚合物Ⅲ（e）。富勒烯取向的变化通过不同的阴影程度来表示。相应的电子结构为：聚合物Ⅰ（b）、聚合物Ⅱ（d），以及聚合物Ⅲ（f）[61]

10.3.2　C_n 组装单层

与 C_{60} 类似，其他类富勒烯也因其不同寻常的反应活性而受到广泛关注。在实验中，人们可以在烟尘中观察到各种尺寸的富勒烯，并通过适当的化学方法进行合成和分离[63-65]。有趣的是，这些小型富勒烯包含一个或多个融合的五边形，其键角接近 sp^3 C 原子的键角，这意味着这些 C 原子拥有悬挂键而不是传统的大 π 键。因此，类富勒烯本质上倾向于形成聚合或包合结构。由于类似于 C_{60} 组装材料，人们期望通过这些类富勒烯进行组装设计，从而获得具有不同于传统碳同素异形体的物理性质 [66-67]。基于第一性原理计算，人们预言了多种类富勒烯组装而成的新型二维材料，这些材料通过共享碳环或共价相互作用聚合在一起。

赵纪军课题组提出并验证了两种通过 [2+2] 环加成聚合形成的稳定二维单层相（α-C_{80}-2D 和 β-C_{80}-2D），并探索了其物理性质 [图 10-14（a）]。α-C_{80}-2D 具有中心矩形晶格结构，每个 C_{80} 笼通过六个相邻的 C_{80} 笼连接；β-C_{80}-2D 具有六边形多孔晶格结构，通过三个相邻富勒烯形成相似的平面 [2+2] 环加成键。这两个组装体系在能量和动力学上都是稳定的。通过第一性原理计算，α-C_{80}-2D 表现出间接带隙行为，带隙为 0.14eV，β-C_{80}-2D 为直接带隙半导体，带隙为 0.25eV，载流子迁移率可达 $5.57\times10^3 cm^2$/（V·s）。更重要的是，这些二维材料在可见光至近红外波段表现出强烈的光吸收能力，特别是在紫外区域具有高吸收系数 [68]。另外，课题组利用 $Sc_3N@Ih$-C_{80} 作为基本构建单元，通过与 Pd/Pt 原子组装，形成了二维铁电材料 [图 10-14（b）]。通过声子色散谱和从头算分子动力学模拟验证了这些材料的动态和热力学稳定性。由于 $Sc_3N@Ih$-C_{80} 与 Pd/Pt 原子之间的不对称分布，使得 $Sc_3N@Ih$-C_{80}-Pd 和 $Sc_3N@Ih$-C_{80}-Pt 产生了铁电性，自发极化分别为 $0.30\times10^{-10}C/m$ 和 $0.66\times10^{-10}C/m$，居里温度分别为 200K 和 500K。进一步研究发现，在铁电相中，由于极化效应，电子和空穴的空间分离度增加，极化效应对电荷载流子寿命的影响大于温度效应，导致铁电相中的载流子寿命比顺电相中长 3 倍以上 [69]。

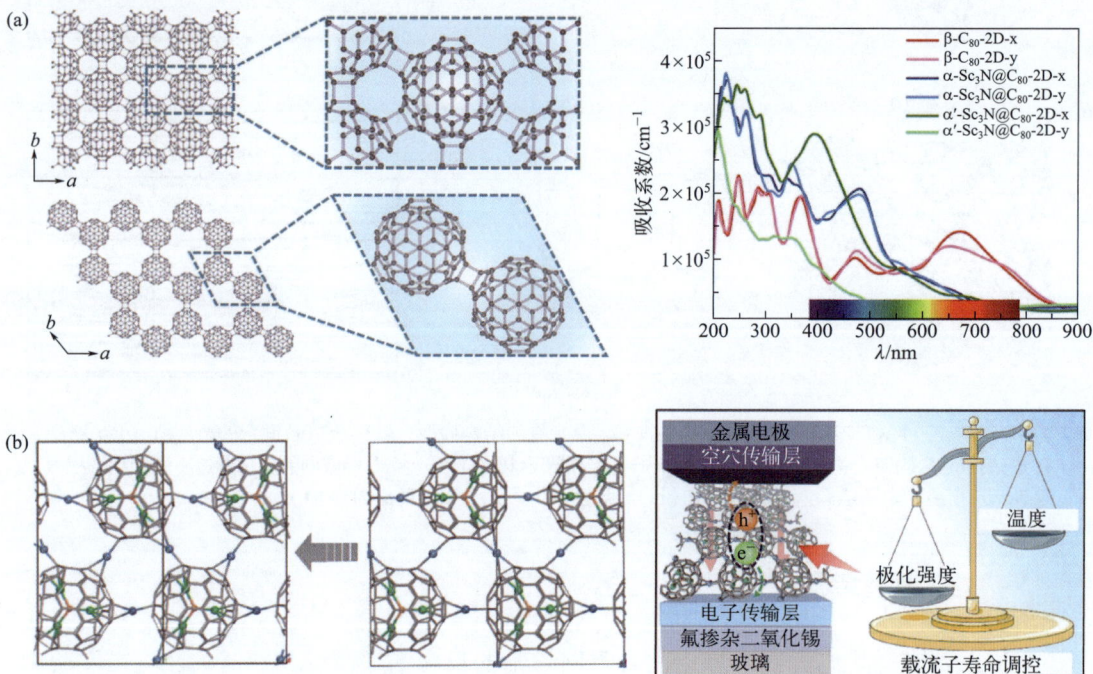

图 10-14　聚合 C_{80} 单层相的晶体结构（α-C_{80}-2D 和 β-C_{80}-2D）及光吸收谱 [69]（a）；$Sc_3N@Ih$-C_{80} 的铁电和顺电相及铁电和载流子寿命的调控性质 [69]（b）

10.3.3 ／硅团簇组装二维材料

纯硅团簇因为表面存在很多悬挂键，因而具有很强的化学活性，难以稳定存在，故不适合作为组装材料的构建基元。尽管硅与碳原子在同一主族，具有相同的价电子结构，但它们的团簇具有完全不同的几何结构。硅原子倾向于通过 sp^3 杂化形成 σ 键，因此很难像碳一样以大 π 键形成空心笼状富勒烯结构。尽管如此，人们尝试了各种方式，利用内嵌更小的幻数团簇、内核或过渡金属（TM）原子方式[70-74]，也得到了稳定的"硅笼"团簇。这些被修饰后的内嵌硅笼团簇由于闭壳层电子结构的特征往往可以稳定存在，且可以在实验中合成。Hiura 等[74]利用外部四极静态吸引离子阱方法报道了一系列含金属的氢化硅笼团簇 $TM@Si_n$（$TM =$ Hf，Ta，W，Re，Ir；n=14，13，12，11，9），并确认 TM 原子位于团簇内部且起到了稳定硅笼多面体的作用。受此实验启发，后续实验研究中获得越来越多的稳定 TM 内嵌硅笼团簇，如 $Mn@Si_n$（$n = 12 \sim 16$）[75]、$V@Si_{12}$[71] 和 $TM@Si_{16}$（$TM = $ Ti，Zr，Hf，Ta）[76]。选择这些稳定的 $TM@Si_n$ 笼状团簇为构建基元，可以设计一些有趣的新型组装材料[76-79]。本节重点关注由 $TM@Si_{12}$ 和 $TM@Si_{16}$ 团簇组装的二维纳米材料。

对于二维自旋电子材料，引入 TM 原子是诱导自旋极化和增强磁性相互作用的一种常见方法。然而，引入的 TM 原子由于强 d-d 或 f-f 相互作用而倾向于彼此团聚，导致 TM 原子分布不均匀或在宿主基质中形成交替的高浓度和低浓度 TM 阳离子区域。在此背景下，Liu 等[79]提出了一种方法，即以内嵌 TM 硅团簇作为组装基元，有可能解决这一长期存在的问题，因为外部硅笼可以提供一个合适的限域势阱来捕获外来的 TM 原子，从而阻碍 TM 原子的随机聚集。

幻数团簇 $V@Si_{12}$ 具有一个扭曲的六棱柱笼结构，中心有一个 V 原子，该结构已在理论和实验中得到表征[71]。基于 $V@Si_{12}$ 团簇的 C_6 对称性，研究者利用 $V@Si_{12}$ 团簇构建了两种团簇纳米层，即六角孔洞结构和类石墨烯蜂窝结构。不论哪种结构，V 原子都是规则排列的，如图 10-15（a）～（d）所示[79]。第一性原理计算表明，两种组装结构具有较高的能量和动力学稳定性。基于原子电荷密度差分分析，研究人员揭示了这种组装材料的稳定机制——内嵌 V 修饰的硅基 sp^3 杂化形成的团簇间共价相互作用使得团簇具有很好的稳定性，且并不破坏团簇本身。对不同磁态的能量进行计算表明 $V@Si_{12}$ 团簇的两种组装二维结构的磁基态均为铁磁态。可以看出，与蜂窝状结构比，六角孔洞结构具有更强的铁磁耦合作用。从自旋极化的能带结构［图 10-15（e）］看，六角孔洞结构的传输载流子主要由自旋向上的电子贡献——费米能级处的自旋极化率约为 18.25%。值得说明的是，$Zr@Si_{12}$ 团簇虽然与 $V@Si_{12}$ 有相似的内嵌笼状结构特性，但由于配对价电子的差异，其组装结构展现出非磁性的窄带隙（0.3eV）半导体特性，而非铁磁金属（见图 10-16）。由于内嵌 V 原子与 Si 原子之间共价作用的形成，孤立 $V@Si_{12}$ 团簇中的 V 原子的磁矩几乎被完全淬灭。相反，内嵌的 V 原子在两种组装二维材料中的磁矩都在一定程度上得到恢复（V 原子在六角孔洞结构和蜂窝结构中的磁矩分别为 $3.5\mu_B/V@Si_{12}$ 和 $3.8\mu_B/V@Si_{12}$）。这种变化可以理解为构建基元之间形成的 Si—Si 键削弱了 Si—V 之间的耦合作用，从而使 V 原子的磁矩得以恢复。显然，Si 原子在 V 原子间起到了间接的桥梁作用，第一性原理分子动力学模拟表明，六角孔洞结构的铁磁耦合可以在室温下稳定存在，其平均磁矩约为 $21\mu_B$（2×2 超胞），展现出很强的热学稳定性。

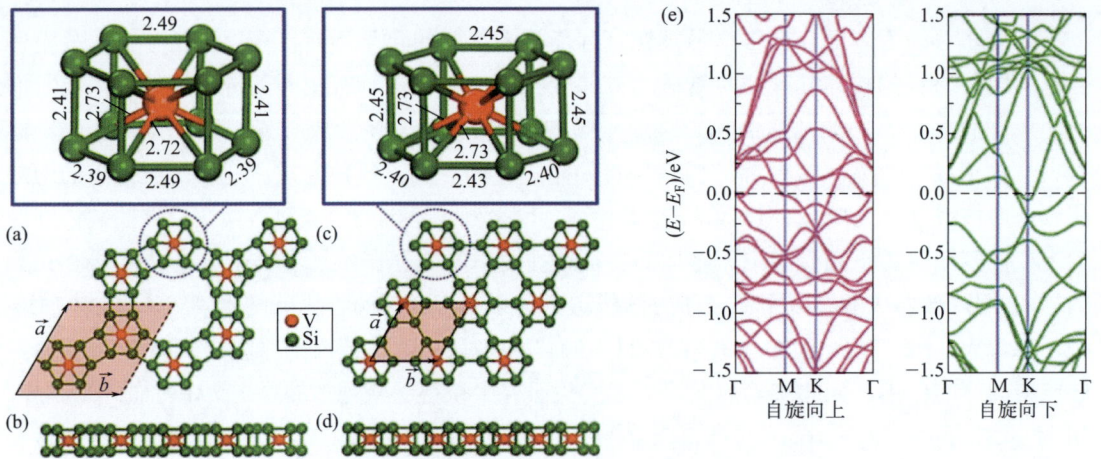

图 10-15 优化后的 V@Si$_{12}$ 组装片层的原子结构

（a）、（b）六角多孔片层（P6/mmm）的俯视图和侧视图；（c）、（d）蜂窝状片层（P6/mmm）的俯视图和侧视图；
（e）多孔片层铁磁态的自旋分辨能带结构[79]

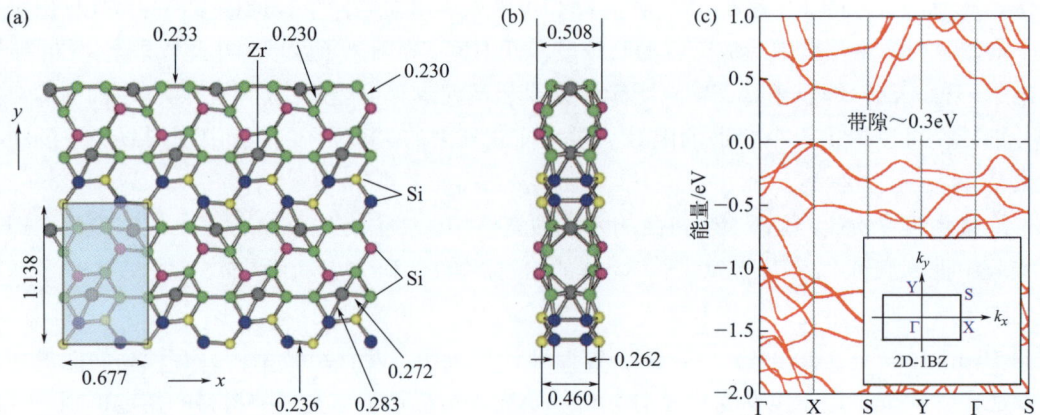

图 10-16 Zr@Si$_{12}$ 单层的优化结构的俯视图（a）和侧视图（b）；Zr@Si$_{12}$ 单层沿一些高对称点的能带结构（c）[80]

受 V@Si$_{12}$ 组装二维材料研究的启发，Nie 等[78]进一步研究了其他 3d 过渡金属（TM）内嵌 Si$_{12}$ 六角棱柱团簇组装材料的稳定性、电子结构以及磁性。对于每个 TM@Si$_{12}$ 团簇，研究人员构建了四种不同的二维晶体结构：类石墨烯六角蜂窝结构［图 10-17（a）］、六角孔洞结构［图 10-17（b）］、方形结构［图 10-17（c）］和中心矩形结构［图 10-17（d）］。在这些组装二维结构中，TM 原子都被隔离并规则分布在两层 Si 原子之间，形成类似三明治的层状结构。以 Cr@Si$_{12}$ 团簇为例，计算表明这四种结构的稳定性由高到低按以下顺序排列：六角蜂窝结构、六角孔洞结构、中心矩形结构、方形结构，它们的结合能分别为 3.73eV、2.65eV、2.06eV 和 1.22eV。此外，第一性原理分子动力学模拟表明，六角蜂窝结构和六角孔洞结构都可以在室温下保持稳定存在，而方形和中心矩形结构则不行。表 10-3 给出了所有 3d-TM@Si$_{12}$ 组装六角结构的优化晶格常数、结合能、几何参数、相对于磁基态的能量差以及磁矩。

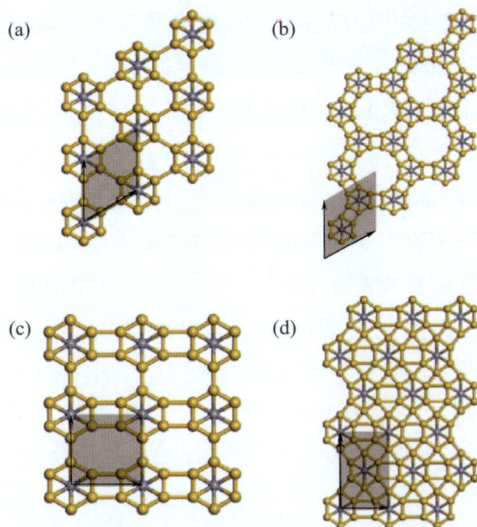

图 10-17 四种可能的 TMSi$_{12}$ 组装二维晶体的原子结构

（a）六角蜂窝结构；（b）六角孔洞结构；（c）方形结构；（d）中心矩形结构 [78]

表 10-3 TMSi$_{12}$ 组装的六角蜂窝结构和六角孔洞结构的优化晶格常数（a），结合能（E_b），几何参数（d_0—Cr—Si 键长，d_1—与二维平面平行的六边形底部边缘的 Si-Si 键长，d_2—与二维平面垂直的六边形底部边缘的 Si-Si 键长，d_3—相邻簇之间的 Si-Si 键长），铁磁（FM）态、反铁磁（AFM）态与基态之间的能量差，以及磁矩（MM）[78]

结构	TMSi$_{12}$	a/Å	E_b/eV	d_0/Å	d_1/Å	d_2/Å	d_3/Å	Δ/meV	MM（μ_B）
六角蜂窝结构	Sc	7.62	5.096	2.85	2.58	2.43	2.45～2.46	0	0
	Ti	7.53	3.432	2.80～2.81	2.52	2.46	2.49	413	10.1
	V	7.48	3.046	2.78	2.5	2.43～2.44	2.48	56	16.4
	Cr	7.47	3.733	2.78	2.5	2.43	2.48	12	20.9
	Mn	7.49	3.104	2.78	2.51	2.43	2.48	123	20.0
	Fe	7.51	2.664	2.76～2.77	2.48～2.49	2.42	2.54	104	12.9
	Co	7.51	2.68	2.71～2.81	2.48	2.41	2.55	54	8.1
	Ni	7.49	2.986	2.72～2.73	2.45	2.40～2.41	2.6	24	1.6
六角孔洞结构	Sc	11.84	4.499	2.82	2.51～2.59	2.42	2.44	0	0
	Ti	11.7	2.756	2.76～2.77	2.44～2.53	2.41～2.42	2.47～2.48	471	4.2
	V	11.64	2.193	2.73～2.75	2.42～2.50	2.41～2.42	2.47～2.48	244	7.4
	Cr	11.63	2.652	2.74	2.44～2.48	2.42	2.46～2.47	100	10.0
	Mn	11.62	2.279	2.74	2.44～2.48	2.41	2.46	168	10.0
	Fe	11.57	1.878	2.66～2.76	2.41～2.46	2.41	2.47～2.50	73	7.1
	Co	11.5	1.793	2.67～2.73	2.39～2.44	2.41～2.43	2.45～2.46	95	4.5
	Ni	11.52	2.418	—	—	—	—	0	0

除了 $TM@Si_{12}$ 团簇外，较大的 $TM@Si_{16}$ 团簇也被发现能形成稳定的笼状结构。Kumar 等[81] 基于赝势平面波方法的 DFT 计算，提出了两种稳定的 $TM@Si_{16}$ 异构体——类富勒烯（f）笼（具有 D_{4d} 点群对称性）和 Frank-Kasper（FK）四面体结构（具有 C_{3v} 点群对称性），这得到了后续实验的验证[82]。

Liu 等[77] 以实验合成的 $Ta@Si_{16}$ 为组装基元设计了可能的二维组装结构。图 10-18 给出了六种稳定（第一性原理分子动力学模拟证明在 300K 下结构都没有崩塌）的自组装二维六边形结构，它们主要稳定在两种类型的晶格：六角密排简单晶格 [图 10-18（a）] 和蜂窝复杂晶格 [图 10-18（b）]。几何优化表明，除了微小的键长变化外，这些组装二维晶体中的 $Ta@Si_{16}$ 团簇都能够很好地保持自身类富勒烯的本征结构特征（表 10-4）。与 $V@Si_{12}$ 单层类似[79]，六角密排简单晶格通常比蜂窝晶格具有更大的结合能 E_c（表 10-4）。在蜂窝结构中，Hex-a 由于边对边链接的强团簇 - 团簇相互作用，具有最大团簇结合能（E_c=2.39eV）。自旋极化的 DFT 计算表明，所有这些稳定的二维组装材料都是非磁性的（见表 10-4 中的 ΔE），这与 $TM@Si_{12}$ 单层的情况完全不同[78-79]。这是因为组装二维结构中的 Ta—Si 相互作用（Ta—Si 键为 2.63Å）比 $Ta@Si_{16}$ 单体中的更强（Ta—Si 键为 2.87Å）。态密度分析揭示，大多数组装 $Ta@Si_{16}$ 二维结构是金属性的，但 Hex-d 相表现出直接半导体行为，带隙宽度为 0.89eV（HSE06 计算结果）。如前所述，$Ta@Si_{16}$ 团簇是一种类碱金属超原子，这为获得复杂的组装材料提供了独特的选择性。例如，Cantera-López 等以卤素 F 原子作为桥接的中间体，采用 DFT 计算设计得到了一种亚稳定的 fcc 组装晶体 $Ta@Si_{16}F$[83]。我们知道 C_{60} 具有 2.68eV 的电子亲和力，这类似于 F 原子的亲电子特征。鉴于此，Nakaya 等以有序的 C_{60} 薄膜为衬底，通过超原子 - 衬底相互作用来稳定 $Ta@Si_{16}$ 团簇，形成二维团簇单层[84-85]。扫描隧道显微镜和光谱学证明，$Ta@Si_{16}$ 阳离子可以密集地固着在有序的可接受电子的 C_{60} 表面上[84]。实验表明，

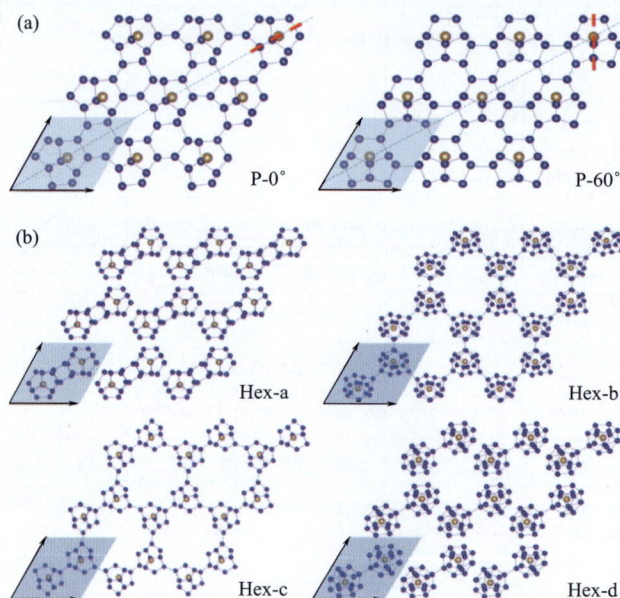

图 10-18　$Ta@Si_{16}$ 的自组装二维六角结构的优化

（a）紧凑型简单晶格：P-0° 和 P-60° 结构；（b）蜂窝状复杂晶格：Hex-a、Hex-b、Hex-c 和 Hex-d 结构

在组装单层中，Ta@Si$_{16}$ 团簇表现出很好的热稳定性，能够保持其笼子形状和正电状态[84]。为了更好地理解这一点，研究人员通过 X 射线和紫外光电子能谱（XPS 和 UPS）进一步研究了沉积在 C$_{60}$ 富勒烯膜上的 Ta@Si$_{16}$ 的化学性质[86]。从 XPS 结果来看，Ta@Si$_{16}$ 和单个 C$_{60}$ 团簇之间可以形成团簇电荷转移的复合物——（Ta@Si$_{16}$）$^+$C$_{60}^-$。此外，XPS 和 UPS 测量揭示了这种团簇复合物具有高热和化学稳定性：即使加热到 720K 或暴露于环境氧气中，笼状 Ta@Si$_{16}$ 仍保留其原始骨架特征。

表10-4　二维晶体组装中，单个 Ta@Si16 团簇的晶格常数（α）、Ta—Si 距离范围（d_{Ta-Si}）和 Si—Si 距离范围（d_{Si-Si}），Ta@Si16 团簇之间的 Si—Si 距离 [d_{Si-Si}（nearest）]，内聚能（E_c），以及不同磁态与基态之间的能量差（ΔE）[77]

2D		α/Å	d_{Ta-Si}/Å	d_{Si-Si}/Å	d_{Si-Si}（nearest）/Å	E_c/eV	ΔE/meV		
							FM	AFM	NM
P-0°		8.127	2.69～3.71	2.30～2.59	—	2.92	705.5	0.04	0
P-60°		8.126	2.69～3.72	2.30～2.59	—	2.92	718.8	0.02	0
Hex-a		13.04	2.68～3.62	2.31～2.51	2.37	2.39	316.7	0	0
Hex-b		14.67	2.63～3.80	2.28～2.63	2.37	1.77	274.7	0.05	0
Hex-c		14.74	2.69～3.49	2.29～2.46	2.38	1.76	531.3	0.08	0
Hex-d		12.98	2.68～4.10	2.31～2.61	2.46	1.88	568.2	0.02	0
on C$_{60}$	Dot-C$_{60}$	10	2.80～3.36	—	$d_\perp$/Å　2.01	1.24	24	0	167.2
	Line-C$_{60}$	10.02	2.71～3.30	—	1.9	1.31	0	110.7	195.7
	Face-C$_{60}$	9.98	2.90～3.00	—	3.52	1.3	0.3	0	197.4

10.3.4 Chevrel 团簇组装二维材料

自从在三元钼硫族化合物中发现 Chevrel 相以来，由于其复杂多变的晶体结构，这类材料家族变得越来越庞大[87]。在这些 Chevrel 化合物中存在一种稳定的构建基元——八面体硫族元素 M_6X_8 团簇，被称为 Chevrel 团簇。这里，X 阴离子表示硫族元素（S, Se 或 Te），也可以被卤素元素甚至氧取代；主要阳离子 M 是 Mo，可以被另一种过渡金属部分或完全替代，如 W、Re、Co、Nb、Ta 等[88]。从结构上看，Chevrel 相化合物属于团簇组装材料。最近，一类具有范德华层状结构的新型 Chevrel 材料引起了人们的研究兴趣[12, 89-93]，因为它们具有新奇的多功能特性和可调性，如重掺杂超导性[89]、强极化子效应[92] 以及强的面内各向异性[93]。更重要的是，它们提供了一种新的可能：通过类似原子晶体的力学剥离获得团簇组装二维材料。在本节中，我们重点讨论两种从层状 Chevrel 相中合成的团簇二维材料。

鉴于二维原子材料的结构特征及其复杂性的缺乏，Zhong 等[12] 报道了一种新型二维半导体。该材料可由 Chevrel 相的 Re$_6$Se$_8$Cl$_2$ 范德华层状材料（层内团簇间键合强，但层间相互作用弱）通过力学剥离获得。其中，Re$_6$Se$_8$ 团簇（孤立的 Re$_6$ 八面体封闭在 Se$_8$ 立方体内）通过共价键连接成层，并被末端 Cl 原子封装，见图 10-19（a）。实验上，采用胶带法已经成功制备出厚度约为 15nm 的二维矩形薄片[12]，如图 10-19（b）原子力显微镜图所示。基于实验测量和 DFT 计算，这些剥离的多层 $Re_6Se_8C_{12}$ 薄片的电子带隙、光学带隙和激子结合能分别为 1.58eV、1.48eV（间接）和 100meV，与块体材料的值非常接近。

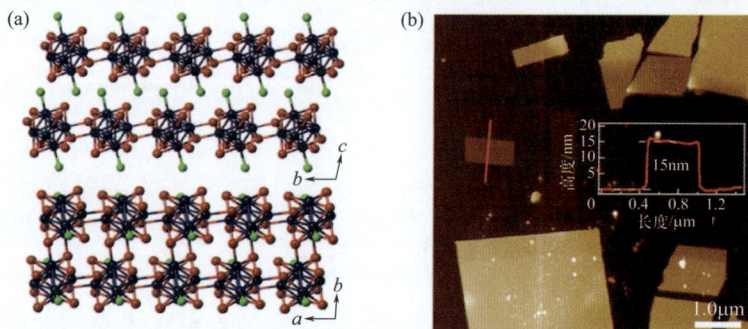

图 10-19　二维范德华固体 $Re_6Se_8Cl_2$ 的晶体结构和剥离

（a）ab 平面的侧视图（上）和单层的俯视图（下）。Re 为蓝色；Se 为红色；Cl 为绿色。（b）在 SiO_2/Si 上剥离的 $Re_6Se_8Cl_2$ 薄片。红色插入部分的高度曲线显示了约 15nm 的薄片厚度[12]

　　为了达到单层极限，进一步使用了一种新的技术（插入 Li^+ 并在 N- 甲基甲酰胺中进行液相剥离）来剥离层状 $Re_6Se_8Cl_2$[91]。当溶剂化的 $Re_6Se_8Cl_2$ 单层滴涂在蓝宝石衬底上且溶剂蒸发后，通过 AFM 图像验证了 $Re_6Se_8Cl_2$ 单层结构的存在。在图 10-20（a）中，可以看到在衬底上形成了高密度的板状微米级二维 $Re_6Se_8Cl_2$ 组装单层。通过更仔细地实验测量［图 10-20（b）］，发现 $Re_6Se_8Cl_2$ 单层的厚度约为 1.7nm。在高分辨率透射电子显微镜（HAADF）下，可以看到有序倾斜排列的各个 Re_6Se_8 团簇，它们在高分辨率高角环形暗场显微图中显示为白色点，如图 10-20（c）所示。借助第一性原理计算，表明 $Re_6Se_8Cl_2$ 组装单层为间接带隙的半导体［图 10-20（f）］，采用 HSE06 泛函加 SOC 效应修正后，计算得到的能隙为 1.72eV，比相应块体的带隙 1.49eV 略大。

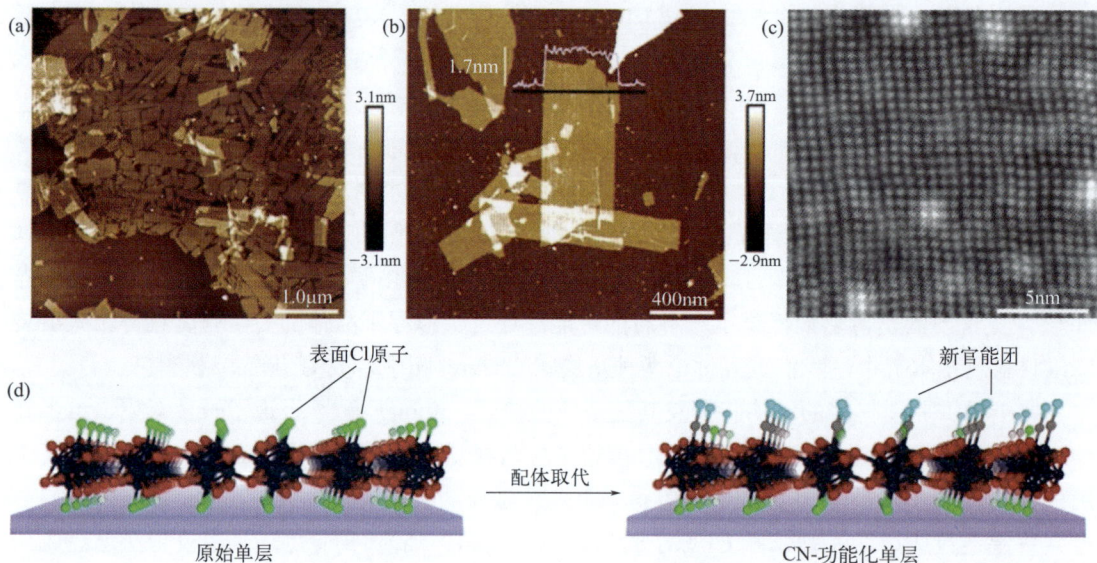

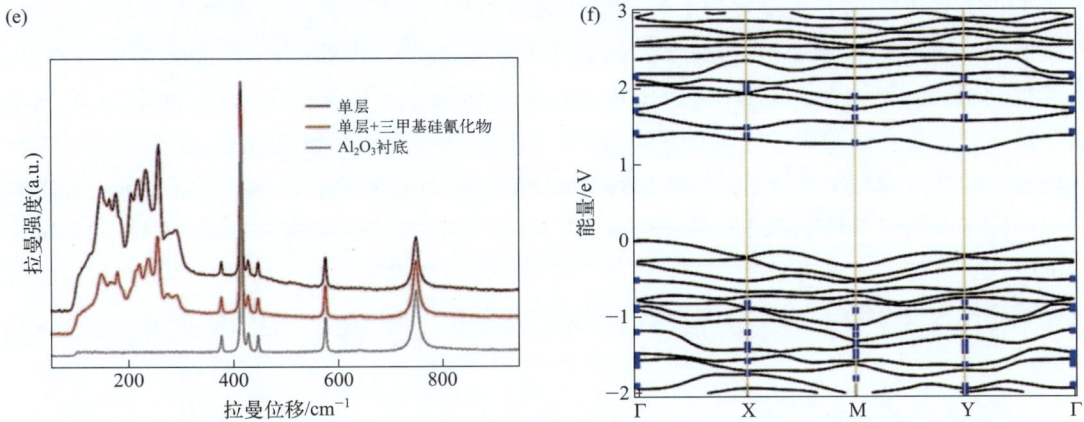

图 10-20　在蓝宝石基底上的单层 $Re_6Se_8Cl_2$ 的原子力显微镜（AFM）图像（a）；几层物质叠加的 AFM 图像以及沿黑线的高度曲线（b）；单层物质的高分辨率高角环形暗场透射电子显微镜（HAADF TEM）显微照片（c）；基底上支撑的单层物质表面功能化反应的示意图（d）；处理前后单层物质在 $100 \sim 400cm^{-1}$ 区域的拉曼光谱，其中处理使用的是 TMSCN（e）；使用 PBE-SOC（实黑线）和 HSE06-SOC（蓝点）计算的二维 $Re_6Se_8Cl_2$ 单层的密度泛函理论（DFT）能带结构[91]（f）

由于 Chevrel Re_6Se_8 团簇可以通过配体替换的方式来进行化学修饰，Bonnie Choi 等还对 $Re_6Se_8Cl_2$ 单层表面的官能化调控开展了实验研究[91]。研究中，他们拿蓝宝石衬底上的 $Re_6Se_8Cl_2$ 单层与三甲基硅氰化物（TMSCN）溶液进行反应，这样，不稳定的 Cl 原子被具有独特且易于识别的振动特征的氰基团取代［图 10-20（d）］。有趣的是，单层拉曼模式在 $100 \sim 400cm^{-1}$ 光谱区域的特点表明 Re_6Se_8 团簇的键合特征在官能团变化前后基本保持不变［图 10-20（e）］。也就是说，配体替代策略可以用来修饰二维 $Re_6Se_8Cl_2$ 单层的表面，但又同时保留了其内部团簇的结构特征，这为生成具有可调物理和化学性质的多功能二维材料建立了一条有前景的新途径。

与 Re_6Se_8 的情况类似，连接不同配体的 Co_6Se_8 团簇也可作为新材料的组装基元[93-95]，形成多种组装晶体材料[96-97]。最近，Champsaur 等[98] 合成了 $Co_6Se_8[PEt_2(4-C_6H_4COOH)]_6$ 金属有机配体团簇，并证明它可以聚集形成三维固体材料，其中羧酸在团簇间形成氢键。若将这种可逆氢键转换为 $Co_6Se_8[PEt_2(4-C_6H_4COOH)]_6$ 与 $Zn(NO_3)_2$ 之间的由溶剂热反应形成的锌羧酸盐键，则可进一步合成两种新型的团簇组装晶体：一种是三斜三维固体材料（Trig3D），另一种是四方准二维晶体材料（Tet2D）。从单晶 X 射线衍射（SCXRD）测量中可以发现 Trig3D 是通过锌羧酸盐键聚集在一起的团簇 3D 晶格。不同的是，Tet2D 是先形成二维团簇单层，然后通过非共价力堆叠成三维固体。具体来说，Tet2D 的每个二维团簇单层是由 Co_6Se_8 团簇方形排列形成的，四个膦配体位于二维平面内并与四叶锌羧酸盐进行配位，见图 10-21（a）。在二维组装单层的垂直方向上，轴向羧酸盐配体与一个额外的 Zn^{2+} 离子（位于团簇单层的上方或下方）配位［图 10-21（b）］。

由于层状结构，人们期望 Tet2D 晶体可以被力学剥离，从而获得相应的 2D 材料。当 Tet2D 浸入弱酸溶液（如苯甲酸）中时，Tet2D 的层将被化学解离。将这种溶液滴涂到硅基衬底（SiO_2）上，可以从光学显微镜和 AFM 中检测到厚度为 7.5nm 的薄片，见图 10-21（c）。

由于 Tet2D 中单个 2D 层的厚度为 1.5nm（即相邻层中堆积的单核 Zn 原子之间的距离），7.5nm 厚度的薄片应该对应于五个不同的 Co_6Se_8 团簇层。实验上，除了观测到 7.5nm 厚的薄片外，还观察到了台阶尺寸为 3.8nm 和 5.3nm 的其他较薄的薄片（分别对应于三层和四层）。为了探究这些剥离的 Co_6Se_8 薄片的氧化还原活性，它们被滴涂到玻璃碳电极上，然后测量其循环伏安图，如图 10-21（d）所示。与孤立 $Co_6Se_8[PEt_2(4-C_6H_4COOH)]_6$ 团簇的情况类似，在组装材料中也可以找到相对于 Fc/Fc^+ 的三个可逆氧化点。因此，基元团簇的氧化还原性质在组装二维薄片中得到了很好的保持。对于未来的应用，保留的氧化还原活性以及结构和孔隙超薄特征可能使这些团簇薄片在许多领域找到用途，例如用于纳米级电子筛、电池电极的催化改性等。

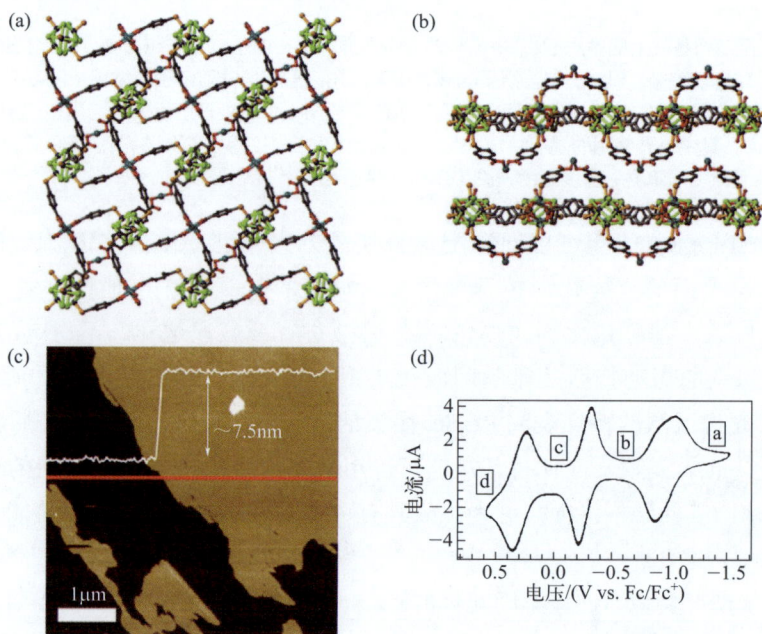

图 10-21　通过单晶 X 射线衍射（SCXRD）解析的 Tet2D 的结构：晶体状态中的方形片层

（a）沿 b 轴方向观察到的 Tet2D 单层物质的俯视图。（b）沿 c 轴方向观察到的 Tet2D 片层的侧视图。非共价力使片层在第三个维度上结合在一起。（c）剥离片层的原子力显微镜（AFM）形貌图像。保留下的片层厚度约为 7.5nm，且显现出明显的台阶尺寸。（d）剥离的 Tet2D 片层在 0.1M（TBAPF6）的四氢呋喃溶液中的固态循环伏安图，扫描速率为 50mV/s。剥离的片层溶液通过滴涂法沉积在玻璃碳电极上[98]

10.4　团簇组装低维材料的展望与未来

近年来，具有复杂分级结构特征的团簇组装低维材料越来越受到人们的关注，这主要得益于这些材料可能带来独特的物理化学性质和应用新功能。当前，新型团簇组装低维材料的理论设计和实验合成，以及对其结构和性质调控的研究，已成为团簇科学和材料科学的一个重要交叉研究领域。本章尽可能全面地回顾了该领域的最新进展，并重点关注了团簇组装低维材料的性质。对于大多数预测或合成的低维团簇组装材料，我们讨论了它们的几何结构、相对稳定性和电子性质。特别地，我们还讨论了一些已报道的组装材料的新奇物性和演生效应，包括超高热导率、线性 Dirac 能带色散、室温铁磁性、光催化性能以及全金属原子基半导体特性等。此外，我们也总结了一些团簇组装低维材料在衬底上的实验合成。

与迅速发展的原子材料研究相比，一维、二维团簇组装晶体的研究仍处于萌芽阶段。尽管已经有一些理论设计和实验报道，但要想取得长足发展，走向真正的应用，这一领域目前还面临着众多挑战。

首先，需要有合理的基元团簇。应满足以下标准：可以在实验中较容易地合成并分离出来，且生产成本低廉；在不同组装环境中不发生坍塌、团聚和重构，能够保持自身的完整性。在理论指导下，一些气相稳定幻数团簇已被实验合成，然而获得和分离它们的条件往往非常苛刻，如需要超高真空和超低温。因此，探寻合成宏量稳定基元团簇的易行方案便成为了当前的主要挑战之一，这也是获得新型优质团簇组装低维材料的前提条件之一。

其次，需要开发有效的策略将团簇组装成周期性延展结构。我们认为，从气相中的团簇出发并不是获得组装材料的理想方案。结合自下而上和自上而下的方法可能是一条有效的途径。例如，本章讨论的 Co_6Se_8 团簇单层的合成就是一个典型例子。通过配体诱导自组装，可以先以自下而上的方式合成出范德华层状团簇固体，然后再从层状块体中自上而下地剥离出二维单层团簇。然而，当前已合成的层状范德华超原子材料却非常少见，而且对液体或机械剥离二维材料的厚度难以控制，需要发展更先进的实验手段。

最后，团簇组装低维材料的研究目前还只处于初期摸索阶段，其组装分级结构到底能带来多大的不可替代的性能优势尚不明朗，也缺乏足够的实验验证和理论探索。鉴于越来越多的新型二维团簇组装材料被发现，我们需要投入更多的努力关注材料体系的独特物性以及它们与组装结构的深刻关联。另外，发现组装材料中完全不同于普通晶体材料的新奇物性和演生效应，或为本领域的发展提供根本动力，以催生其跨越式发展。

随着高性能计算机与人工智能算法的飞速发展，计算物质科学正蓬勃兴起，为团簇及团簇组装材料的基础研究注入了新的活力，也带来了新的发展机遇。在这一背景下，结合传统的 DFT 计算、基于人工智能的有效哈密顿量构建与计算、机器学习势函数模拟等，科研人员能够在超大尺度和超大规模上开展高通量计算，搜索和筛选稳定且优质的基元团簇及其二维组装材料。为了更有效地推进这一领域的研究，构建涵盖单质团簇、多元混合团簇及团簇多聚体的专业基础数据库，已成为当务之急，它不仅能为高通量组装设计低维材料奠定坚实的基础，更能为该领域的实验探索与实际应用提供了宝贵的数据资源与理论指导。

近年来，研究人员已经探索出多种策略，成功地将团簇组装成有序的低维晶体结构。这些策略主要依赖于团簇间的电荷转移、配体的桥接作用，以及层状团簇固体的剥离技术。然而，要实现真正的精准组装设计，就必须深入探究配体与团簇、团簇与团簇，以及团簇与衬底之间的相互作用机制。目前，虽然已有理论研究聚焦于非支撑式的自由组装结构及其电子性质，并揭示了一些吸引人的物理特性，但在实验操作和实际应用中仍面临诸多困难和挑战。

因此，从理论和实验两方面进一步加强对配体与团簇、团簇与团簇，以及团簇与衬底之间相互作用的研究变得尤为迫切。这些研究不仅将帮助我们深入理解基元团簇是否能够通过足够强的耦合作用形成稳定的低维材料（即在室温环境中稳定，且能承受自身重量），还将揭示这种耦合是否足够弱，以确保在组装体系中基元团簇的结构和性质得以保持，从而实现其功能的最大化利用。

展望未来，随着对团簇组装低维材料研究的持续深入，基元团簇合成、结构组装及性能调控等关键难题的攻克，有望开辟材料科学新方向，为微电子、能源、催化等领域带来变革性突破，让这类新兴的材料体系从实验室探索走向更广阔的实际应用舞台。

致谢：国家自然科学基金（批准号：12474271，12222403，1247416，12464040）。

参考文献

作者简介

郭宇，大连理工大学物理学院副教授。主要从事团簇组装低维材料的计算设计等方面的工作。主持国家自然科学基金面上项目、青年基金项目、博士后创新人才支持计划等。获辽宁省优秀博士学位论文。在知名国际期刊发表 40 余篇论文，包括 4 篇 ESI 高被引论文、2 篇期刊封面文章，在团簇组装和物性调控方面取得了一系列创新性成果，多次被诺贝尔奖获得者 K. Novoselov 教授等知名科学家引用，目前总引用 1600 余次（单篇最高引用 370 余次）。

刘志锋，重庆大学理学博士，现任内蒙古大学教授，博士生导师。内蒙古杰出青年基金获得者，入选国家级课程思政教学名师和团队、内蒙古"青年科技英才"支持计划、内蒙古新时代专业技术人才选拔项目。曾获全国高等学校物理基础课程授课比赛华北区一等奖。主要从事计算物理、团簇物理研究，目前已在国内外知名学术期刊上发表 SCI 论文 50 余篇，参编中英文学术专著各 1 部。主持国家自然基金项目 4 项、省级科研项目 4 项。

周思，华南师范大学物理学院教授。长期从事低维凝聚态物理和团簇物理的理论研究，在团簇和低维材料的结构预测物性调控和器件设计方面取得了一系列原创性成果，以第一作者或通讯作者在高水平期刊发表 SCI 论文 100 余篇，总引用 10000 余次，H 因子 49。入选国家自然科学基金优秀青年科学基金、人力资源社会保障部高层次留学回国人才等人才计划，获得辽宁省自然科学奖二等奖两项。

赵纪军，华南师范大学物理学院教授，国务院学位委员会学科评议组成员，国家级人才计划入选者。主要从事团簇物理与原子制造、低维凝聚态物理、智能材料设计等方面的工作。出版英文专著 1 部，在国际期刊上发表 800 多篇论文，总引用 30000 多次。入选斯坦福大学发布的全球顶尖科学家终身影响力榜单前 16000 名（纳米科技领域第 207 名）。主持国家自然科学基金项目 7 项，牵头获教育部自然科学奖二等奖 1 项、辽宁省自然科学奖二等奖 2 项。